絶対反応速度論 上

アイリング著
長谷川繁夫
平井西夫
後藤春雄訳

物理学叢書
23

吉岡書店

The Theory of
RATE PROCESSES

The Kinetics of Chemical Reactions, Viscosity, Diffusion and Electrochemical Phenomena

by SAMUEL GLASSTONE

KEITH J. LAIDLER
Associate Professor of Chemistry, Catholic University of America, Washington, D. C.

and HENRY EYRING, PH.D.
Dean of the Graduate School and Professor of Chemistry, University of Utah

Copyright © 1964

McGRAW-HILL BOOK COMPANY, INC.
NEW YORK AND LONDON
1941

◆物理学叢書◆

【編集】
小谷正雄
(東京理科大学学長)
小林　稔
(京都大学名誉教授)
井上　健
(京都大学教授)
山本常信
(京都大学教授)
高木修二
(大阪大学教授)

*Dean of the Graduate School
and Professor of Chemistry,
University of Utah*

Foreword to Japanese Translation
"THE THEORY OF RATE PROCESSES"

It is a pleasure to write a foreword to the Japanese translation of the *Theory of Rate Processes*. The English edition published over twenty years ago is partly a record of accomplishments and partly a program. Its programmatic nature arises from the provisional nature of many of the calculations which charted a course for dealing with problems that can only be put into final form by extensive calculations, most of which still remain to be carried out. Because of its programmatic nature, the book remains, in part at least, as timely as it was when first written. The big advances made in methods of calculation should make it possible to calculate usable potential surfaces and significant theoretical reaction rates for the simpler reactions in the near future.

As astronomers have known for a long time the general problem of three bodies is not soluble in closed form. Since the simplest chemical reactions of interest involve three bodies and since quantum mechanics does not particularly simplify such calculations, the general problem of even three bodies is troublesome. Fortunately, at stationary points on the surface where the potential energy can be written as a quadratic and because this is always possible for the kinetic energy, one can get periodic solutions of Lagrange's equations of motion. One can then use these solutions to calculate the equilibrium number of activated complexes passing per second, in the forward direction, over a saddle point. A transmission coefficient near unity then corrects the equilibrium rate to the non-equilibrium value. Thus the concept that the activated complex located at the saddle point, or transition state, is the important reacting species converts a nearly impossible problem into a tractable one. An exact calculation of the transmission coefficient, κ, raises the old difficulties of obtaining a solution (away) from the stationary points on the surface. This difficult problem is quite properly receiving a great deal of attention at the present time.

Absolute reaction rate theory and irreversible thermodynamics are both predicated on the applicability of equilibrium theory and of detailed balance. It follows that when a back recation almost balances the forward reaction the reaction rate theory reduces to irreversible thermodynamics including the Onsager relations.

Because reaction kinetics is still a rapidly evolving field, it may be hoped that the present translation of the *Theory of Rate Processes* will be a useful contribution to the development, in Japan, of this difficult but important field. It has been my pleasure to meet all three translators and I have had the very great pleasure of extensive scientific collaboration with Dr. Hirai so that I'm sure the translations will faithfully portray the point of view of the authors.

July, 1964

Henry Eyring

序

　物理化学の未解決の主な問題の一つは，反応する分子の配置，大きさ，原子間の力などのような基礎的性質だけを用いて，根本的な原理から化学反応の速度を計算するということであった。過去10年の間に，量子力学および統計力学の方法を応用した結果 "絶対反応速度論" (theory of absolute reaction rate) として知られるようになった理論が発展し，これが上述の問題の解決に顕著な糸口を与えるに至った。その解決が完全であると主張することはできないが，本書の目的の一つは，それがどれ程進歩したかを示すことである。

　なお，絶対反応速度論は単なる化学反応の動力学の理論ではないことを指摘しておこう；それは原理的には，物質の再配列の関与するすべての過程，換言すると，すべての "速度過程" (rate process) に適用することのできる理論である。本書では種々の型——均一および不均一——の化学反応について特に述べるとともに，さらに粘性流動，拡散，双極子廻転，イオンの移動および溶液からのイオンの放電についても述べている。しかしこれらの題目は決してこの方法の可能性の全部を尽しているわけではなく，むしろそれらはこの理論が如何に有力であるかを示すのに役立っている。そして既に解かれたこれらの題目によって刺戟された人々が，絶対反応速度論をさらに応用しようと試みることを著者らは望んでいる。本書の主題の多くは今までは種々の科学的定期刊行物中で論文の形でしか利用できなかった；必然的に，これらは非常に簡潔であったし，従って，関与している主題に馴れていない人々にとってはむづかしいように思われたかも知れない。それ故，この機会を利用して，余分の頁を割いて，それらの理論的根拠を展開し，多少詳細に，実際の応用について述べることにした。しかし本書が努力しなくても読むことができるというと嘘になるであろう。ここにある題目を完全に理解するには明らかに注意力の集中を必要とするが，必要な努力をした人々には必ず報われるところが大であることを著者らは固く信ずるものである。量子力学の方法を知らない読者にとって，最もむづかしい部分はおそらく第II章であろう；しかし，本書はこの章を省略してもあとの部分の理解には大して差し支えないように書いてある。第IV章の最初の部分の種々の形の統計の展開に対しても同じことがいえる。

本書に用いた資料は原報に引用されているよりもっと多数の人々の労作である。著者たちの同僚および協同者によってなされたこれら貴重な貢献を讃えて，これを記録に留めることを深く望む次第である。著者らは American Institute of physics および New York Academy of Science に対しそれぞれ Journal of Chemical Physics および著書 "Kinetics in Solution" より図およびその他の資料を転載することを許可されたご厚意に対し，深く謝意を表するものである。

Princeton, N. J.,	Samuel Glasstone,
May, 1941.	Keith J. Laidler,
	Henry Eyring.

訳　者　序

　絶対反応速度論は Eyring 教授の畢生の仕事であります。量子力学が確立されて以来，誰しも抱いた夢は化学反応を計算だけで予測しようということであったと言えるでしょうが，この夢の実現に向って大胆な一歩を進め，具体的な方法を最初にわれわれに提供してくれたのが本書であります。

　原著 "The Theory of Rate Processes" は Eyring 教授が初めて活性錯合体の明確な概念を用いて絶対反応速度の理論を発表してから約 5, 6 年の間のこの理論の発展の結果をまとめたもので，初版以来すでに二十数年に及んでいます。その間における物理学および化学の進歩は目覚ましいものがありますが，絶対反応速度論も Eyring 教授を中心として著しい発展を遂げてきました。それらの結果は本書以後の Eyring 教授の著書によって知ることができます。しかし絶対反応速度論がどのように発展しても，その基本理念は，もちろん少しも変わりはありません。したがって現在の段階において，もう一度この理論の成立の歴史的経過を振り返えり，その基本概念を把握することは決して無駄ではないと信じます。

　本書は必要なだけの量子力学と統計力学を説明し，それよりポテンシャル・エネルギー面と分配函数の概念を導き，化学上の最もありふれた基本法則に立脚しながら，化学反応の絶対速度を計算する方法を与えています。この理論の厳密な適用は，実際の複雑な化学反応に対してはもちろん，もっとも簡単な化学反応に対しても，まだ成功しているとは言えません。それは主として物理学の宿命的な多体問題の困難さや，量子力学がもつ数学的困難さによるものであります。したがって電子計算機が自由に駆使できる現在では，このような困難さは次第に取り除かれて，この方法は普通の化学反応に対してもその真価を発揮するようになるものと思われます。しかしこの理論の他の重要な意義は，すべての速度過程に対して，たとえそれらの厳密な数値計算はできなくても，本質的な見通しを可能にし，有用な洞察を与えるというところにあります。本書中にもこの方法の応用例が極めて簡単な反応からかなり複雑ないろいろの反応に対して具体的に示されていますが，すべて上述のような見地から眺めるべきでしょう。特に不均一反応に

おける気体の吸着や固体表面の反応に対して絶対反応速度論を応用して得られた結果は触媒の研究に不可欠のものでありましょう。また粘性と拡散現象に対する応用はレオロジーや高分子・金属の物性の研究に極めて有力な武器となっています。その他この理論は生物物理などの新しく興りつゝある多数の境界領域の科学に対しても常に強力な援助を与えてくれるでありましょう。このように本書は物理・化学の分野のみならず，生物，医学の分野において創造的な活動を志すものにとって必読の書といわなければなりません。原著者の一人 Henry Eyring 教授は1924年アリゾナ大学を卒業後，1927年カリフォルニア大学で学位をとり，1929年ベルリンに留学，帰国後プリンストン大学教授 (1936—1946) を経て，現在ユタ大学教授であります。また1963年にはアメリカ化学会長となられ，同年日本化学会の招きにより来日されました。本書 Theory of Rate Processes の他にも重要な論文や有名な著書が多数あります。また他の著者 Samuel Glasstone 及び Keith J. Laidler は多数の物理化学関係の教科書および専門書の著者として定評があります。

訳者らは原著のできるだけ忠実な訳を心がけたため，ぎこちない訳となった場所もなくはありませんが，これによって原著者の真意を正確に伝えるよう最大の努力を払いました。しかし訳者らの不注意により，誤訳あるいは不明瞭な点があるかと思いますが，これらについては読者諸賢の御批判，御教示を頂ければ幸です。

終りに翻訳の機会を与えられ，日本語版へ序文を寄せられ，さらにいろいろの御助言，御声援を賜わった Eyring 教授に深くお礼を申し上げたいと思います。特に本書下巻には教授の「絶対反応速度理論の思い出」と題する文章が附録として加えられています。これは訳者の一人平井が1956年から2年間 Eyring 教授の研究室に留学している間，教授に特に準備していただいた思い出話しであります。この訳文は雑誌「化学」に一度掲載されたものですが，まことに貴重なものであり，またこの訳書にはもっともふさわしいと思われますので，化学同人社の許可を得てここに転載致しました。絶対反応速度理論が如何にして着想され，発表され，そして発展して行ったかを直接原著者の口から聞くことによって，読者はこの理論に対する親しみを一層深くし，本書を読まれる場合の大きな助けとなるものと信じる次第です。

1964年7月

長谷川繁夫
平井西夫
後藤春雄

目　次

一上　巻一

写　　真
日本版への序文
著者序文
訳　者　序
第Ⅰ章　緒　　論

　Arrhenius の方程式 …………………………………………… 1
　活性化エネルギーの計算 ……………………………………… 2
　頻度因子：衝突説 ……………………………………………… 5
　単分子反応 ……………………………………………………… 8
　絶対反応速度論 ………………………………………………… 10
　熱力学的公式化 ………………………………………………… 13
　分配函数 ………………………………………………………… 14
　衝突説と統計的理論との比較 ………………………………… 15
　確率因子の解釈 ………………………………………………… 19
　活性化エントロピー …………………………………………… 21
　単分子反応 ……………………………………………………… 25

第Ⅱ章　量子力学

Schrödinger の波動方程式

　輻射の二重性 …………………………………………………… 27
　不確定性原理 …………………………………………………… 27
　波としての電子 ………………………………………………… 29
　波動方程式 ……………………………………………………… 30

演算子の代数

　演算子代数 ……………………………………………………… 32
　線型演算子 ……………………………………………………… 34

エルミート演算子……………………………………………………35
　　　固有函数と固有値……………………………………………………37

量子力学の前提

　　　量子力学の一般的な公式化…………………………………………38

量子力学的な演算子および函数の性質

　　　演算子の線型性およびエルミート性………………………………42
　　　規格化と直交性………………………………………………………44
　　　行　　列………………………………………………………………47

角運動量とスピン演算子

　　　角運動量………………………………………………………………49
　　　電子スピン……………………………………………………………50
　　　スピン演算子…………………………………………………………51

一個または多数個の電子の固有函数

　　　電子の完全な固有函数………………………………………………55
　　　Pauli の排他原理……………………………………………………57
　　　多電子系に対する反対称固有函数…………………………………58
　　　結合固有函数…………………………………………………………59
　　　結合固有函数とスピン………………………………………………61

波動方程式の解

　　　変　分　法……………………………………………………………63

近似法の応用

　　　四電子問題……………………………………………………………68
　　　クーロンおよび交換（共鳴）エネルギー…………………………77
　　　三電子問題……………………………………………………………78
　　　四個より多い電子の系………………………………………………79
　　　水素分子………………………………………………………………80
　　　クーロン・エネルギーと交換エネルギーの比率…………………83

第Ⅲ章　ポテンシャル・エネルギー面

活性化エネルギー

ポテンシャル・エネルギー曲線と活性化状態 …… 87
電子の問題としての化学反応 …… 89
三原子系 …… 90
四原子系 …… 93

ポテンシャル・エネルギー面の作図

半経験的方法 …… 94
簡単化したポテンシャル・エネルギー面 …… 96
完全なポテンシャル・エネルギー面 …… 98
古典的および零点活性化エネルギー …… 101
逐次反応 …… 103

ポテンシャル・エネルギー面の性質

運動エネルギーの対角化 …… 104
並進と振動のエネルギーの相互転換 …… 107
原子の結合 …… 110

水素原子を含む反応

パラ-オルト水素転移反応 …… 111
三個の粒子を含む反応 …… 116
エネルギーを除去剤 (energy remover) としての水素 …… 118
三個の水素原子の非直線状配置 …… 119

活性化状態の振動数

基準振動数 …… 119
三原子の系 …… 123

四原子反応

結合空間におけるポテンシャル・エネルギー面 …… 125
振動数 …… 129
対称的な活性錯合体 …… 130

解離および会合反応

回転エネルギーの障壁……………………………………………… 131
遊離ラジカルの結合……………………………………………… 136

安定および不安定な錯合体

ポテンシャル・エネルギーの盆地………………………………… 138
H_3 錯合体…………………………………………………………… 138
Cl_3 錯合体…………………………………………………………… 139
CH_5 錯合体………………………………………………………… 140

共鳴（交換）エネルギー

ポテンシャル・エネルギー面の交差……………………………… 141
共鳴エネルギーの大きさ………………………………………… 143

ポテンシャル・エネルギーの側面図

ポテンシャル・エネルギー面の断面……………………………… 145
ポテンシャル・エネルギー側面図の形に影響する諸因子……… 147
ポテンシャル・エネルギー側面図の作図………………………… 148
反撥エネルギー…………………………………………………… 150
反応熱と活性化エネルギー……………………………………… 151

透過係数

断熱反応…………………………………………………………… 154
非断熱反応………………………………………………………… 156

活性化状態に対する経験則

第IV章 反応速度の統計論的取扱い

エネルギーの分布

統計力学の前提…………………………………………………… 160
箱の中の一粒子…………………………………………………… 160
エネルギー準位と自由度………………………………………… 163
温度計としての粒子……………………………………………… 166
Maxwell-Boltzmann の方程式…………………………………… 168
対称性による制限………………………………………………… 169

古典統計································170
　　　Bose-Einstein の統計························172
　　　Fermi-Dirac の統計·························174
　分配函数
　　　分配函数の定義······························176
　　　分配函数の決定······························176
　　　並進エネルギー······························177
　　　原子および一原子分子··························178
　　　二原子分子································180
　　　振動の分配函数······························180
　　　廻転の分配函数······························182
　　　多原子分子································187
　　　分配函数と平衡定数····························188
　絶対反応速度の理論
　　　反応速度の統計的計算··························191
　　　エネルギー障壁を通り抜ける漏れ······················197
　比速度式
　　　単分子反応································198
　　　二分子反応································199
　　　古典的および実験的活性化エネルギー····················200
　反応速度の熱力学
　　　活性化自由エネルギー··························201
　　　実験的活性化エネルギー························203
　逐次反応
　　　活性化状態································206

第V章　均一気相反応
　序······································208
　水素の原子一分子反応

反応速度式	209
活性化エネルギー，その他	211
透過係数	213
討　論	216

水素一分子反応

交換反応	217

水素原子の結合

第三体のない反応	219
分子状水素の解離	221
三原子反応	222

水素分子―イオン反応

H_3^+ の形成	225

水素―ハロゲン反応

三電子問題	228
水素―塩素反応	229
交換反応	232
H-Cl-H 錯合体	234
他の塩素―水素反応	234
水素―臭素反応	236
交換反応	238
水素―沃素反応	239
水素―弗素反応	243
水素―ハロゲン反応の結果の討論	243
水素――塩化沃素反応	246

炭化水素―ハロゲン反応

エチレン―ハロゲン反応	250
ハロゲン原子による触媒作用	252
二重結合への三原子ハロゲンの付加	254
共役二重結合へのハロゲンの付加	256

ベンゼンへの付加‥‥‥‥‥‥‥‥‥‥‥‥‥‥‥‥‥‥‥‥‥‥‥‥‥ 260

炭化水素の反応

　水素交換反応‥‥‥‥‥‥‥‥‥‥‥‥‥‥‥‥‥‥‥‥‥‥‥‥‥ 262
　反転反応‥‥‥‥‥‥‥‥‥‥‥‥‥‥‥‥‥‥‥‥‥‥‥‥‥‥‥ 263
　炭化水素―水素反応‥‥‥‥‥‥‥‥‥‥‥‥‥‥‥‥‥‥‥‥‥‥ 265
　遊離ラジカルの結合とエタンの解離‥‥‥‥‥‥‥‥‥‥‥‥‥‥‥ 268
　ジエン―付加反応‥‥‥‥‥‥‥‥‥‥‥‥‥‥‥‥‥‥‥‥‥‥‥ 272
　エチレンの二量体化‥‥‥‥‥‥‥‥‥‥‥‥‥‥‥‥‥‥‥‥‥‥ 275
　ブタジエンの重合‥‥‥‥‥‥‥‥‥‥‥‥‥‥‥‥‥‥‥‥‥‥‥ 278

三分子反応

　酸化窒素を含む反応‥‥‥‥‥‥‥‥‥‥‥‥‥‥‥‥‥‥‥‥‥‥ 281
　酸化窒素―酸素反応‥‥‥‥‥‥‥‥‥‥‥‥‥‥‥‥‥‥‥‥‥‥ 283
　酸化窒素―塩素反応‥‥‥‥‥‥‥‥‥‥‥‥‥‥‥‥‥‥‥‥‥‥ 287
　その他の三分子反応‥‥‥‥‥‥‥‥‥‥‥‥‥‥‥‥‥‥‥‥‥‥ 288

単分子反応

　衝突による取扱い‥‥‥‥‥‥‥‥‥‥‥‥‥‥‥‥‥‥‥‥‥‥‥ 289
　絶対反応速度論‥‥‥‥‥‥‥‥‥‥‥‥‥‥‥‥‥‥‥‥‥‥‥‥ 293
　単分子反応の透過係数‥‥‥‥‥‥‥‥‥‥‥‥‥‥‥‥‥‥‥‥‥ 294
　エネルギー移動‥‥‥‥‥‥‥‥‥‥‥‥‥‥‥‥‥‥‥‥‥‥‥‥ 297
　単分子反応におけるエントロピー変化‥‥‥‥‥‥‥‥‥‥‥‥‥‥ 303

参照頁数のうち
　…頁は訳本頁数
　p. …は原著頁数

下　巻　内　容

第Ⅵ章　励起電子状態を含む反応
第Ⅶ章　不均一過程
第Ⅷ章　溶液反応
第Ⅸ章　粘性と拡散
第Ⅹ章　電気化学的過程

第I章 緒論

Arrhenius の方程式

p. 1
　反応速度論の近代的な発展はしょ糖の転化速度に対する温度の影響を説明するために S. Arrhenius[1] の行なった提唱から始まったといってよいであろう．彼は反応物質の不活性分子と活性分子との間に平衡が存在し，後者だけが転化過程にあずかることができると考えた．不活性分子と活性分子との間の平衡に反応定容式を適用すると，温度による比反応速度の変化が

$$\ln k = \ln A - \frac{E}{RT} \qquad (1)$$

という形の式で表わされることが容易に示される．ここで E は活性分子と不活性分子との間の熱含量の差であり，A は温度に無関係あるいは比較的少ししか変わらない量である．その後 Arrhenius の式 (1) はこれと等価な形

$$k = Ae^{-E/RT} \qquad (2)$$

に書かれるようになり，現在では，この種の関係式はほとんどすべての化学反応およびさらにある種の物理的過程（第IXおよびX章を見よ）の比速度の温度に対する依存性を表わすものであることが一般に認められている．温度範囲が大きくなければ，量 A および E は一定とみなすことができる．後ででてくる理由から，因子 A は時には"衝突数"(collision number) と呼ばれたことがあるが，"頻度因子"(frequency factor) の方が一層適切な語であるので，本書全体でもこれを用いることにする．量 E は反応の"活性化
p. 2
熱"(heat of activation) または"活性化エネルギー"(energy of activation) と呼ばれ，* 過程が物理的であれ化学的であれ，初めの状態の分子が反応にあずかる前に獲得しなければならないエネルギーを表わす．故に，最も簡単

---

1) S. Arrhenius, *Z. physik. Chem.*, **4**, 226 (1889).
　* 厳密にいえば，(1) および (2) 式の量 E は"実験的活性化エネルギー"と定義した方が一層正しい．というのは，それは実際には (1) 式の要求に従って，$\ln k$ の実測値を $1/T$ に対してえがいた直線のグラフから得られるからである．"活性化熱"という表わし方は E に関連したある量に用いるためとっておいた方がよい．これについては後で述べる．

な形で反応速度を絶対的に計算する問題には二つの独立した面がある．これはそれぞれ活性化エネルギーおよび頻度因子を導くことである．

活性化エネルギーの計算

化学反応の輻射説は，一時は多くの注意を集めたが，この理論によると，活性（または活性化された）分子の過剰エネルギーは，反応物質が吸収する輻射に由来する．[2] 分子は，そのスペクトルの吸収帯の位置に対応して，一定の振動数の輻射だけを吸収できるから，輻射説では，1分子あたりの活性化エネルギーは $nh\nu$，あるいはおそらく二つまたはそれ以上の $nh\nu$ の項の和でなければならないことがわかる．ただし h は Planck の定数，ν は吸収された輻射の振動数，n は整数である．いいかえれば，活性化エネルギーは吸収された一種または数種の輻射の量子の整数倍に等しくなければならない．最初は，この期待を支持する証拠が存在すると思われたが，日がたつとともに，反応の活性化エネルギーと反応分子の吸収の振動数との間には，一般に何の関連もないことがあきらかとなり，したがって活性化エネルギーを計算する問題をこのような方法で処理することは断念されなければならなかった．活性化エネルギーの本質に関して種々の示唆，たとえば振動エネルギーや，

p. 3

または二個の衝突分子の中心をむすぶ線に沿う運動エネルギーがあげられたけれども，1928年に F. London[3] が量子力学の方法によってこの問題がどのように解けるかを示すまでは，このほかに反応物質の基本的性質から活性化エネルギーを導くための満足すべき方法は提出されなかった（第Ⅱ章を見よ）．彼は多くの化学反応が"断熱的"（adiabatic）であることを示唆した．その

---

2) たとえば J. Perrin, *Ann. phys.*, [9] **11**, 1 (1919); W. C. McC. Lewis, *J. Chem. Soc.*, **113**, 471 (1918); *Trans. Faraday Soc.*, **17**, 573 (1922) を見よ．また G. N. Lewis and D. F. Smith, *J. Am. Chem. Soc.*, **47**, 1508 (1925); F. O. Rice, H. C. Urey and R. N. Washburne, 同誌, **50**, 2402 (1928); L. S. Kassel, 同誌, **51**, 54 (1929); F. Daniels, *Chem. Rev.*, **5**, 29 (1924) を見よ．

3) F. London, "Probleme der modernen Physik (Sommerfeld Festschrift)," p. 104, 1928; *Z. Elektrochem.*, **35**, 552 (1929). 活性化エネルギーを計算する他の試みについては, R. M. Langer, *Phys. Rev.*, **34**, 92 (1929); D. S. Villars, *J. Am. Chem. Soc.*, **52**, 1733 (1930); J. Franck and E. Rabinowitsch, *Z. Elektrochem.*, **36**, 794 (1930) を見よ．

意味はそれらが電子の遷移をともなわないということである．したがって，電子状態は化学反応の全過程にわたって適用できるただ一つの函数で表わすことができるのである．ある近似を用いて London は，おのおのが対になっていない s- 電子1個をもつ3個の原子 X, Y, Z の系のポテンシャル・エネルギー E の原子間距離による変化を与える式 (77頁を見よ) を導いた．この式は

$$E = A + B + C - \left\{ \tfrac{1}{2} [(\alpha - \beta)^2 + (\beta - \gamma)^2 + (\gamma - \alpha)^2] \right\}^{1/2} \quad (3)$$

である．ここで A, B, C はそれぞれ原子 X と Y, Y と Z, Z と X の電子の対のクーロン相互作用であり，それに対応して α, β, γ はそれぞれ電子が遊離原子のときについていたのと同じ核のまわりに局在するとみてしまえないという量子力学的な帰結からくる"共鳴"(resonance) または"交換"(exchange) エネルギーである．A, B, C および α, β, γ の値は原子間距離に依存し，適当な積分を解けば，すべての可能な原子間距離に対するポテンシャル・エネルギーの変化を与える"ポテンシャル・エネルギー面"(potential energy surface) が得られるはずである．そうすると，3個の原子 X, Y, Z 間の反応，たとえば

$$X + YZ \rightarrow XY + Z$$

は，この面上の路に沿っておこらねばならない．たいていの系は当然もっとも容易な路をたどるであろう．実際は，s- 電子の関与する反応では，3原子の場合には直線配置，4原子の場合には平面配置が最小のエネルギーをとる構造であることが示されるから，このような配置を仮定すると，実際には問題は簡単化されるが，クーロンおよび交換エネルギーを別々に与える積分を正確に解くことはもっとも簡単な場合，すなわち2個の水素原子の場合ですら極めて困難なことである．H. Eyring および M. Polanyi[4] は，活性化エネルギーの計算の近似解法の可能性を考えて，"半経験的方法"(semi-empirical

---

4) H. Eyring and M. Polanyi, *Z. physik. Chem.*, B, **12**, 279 (1931). また H. Eyring, *J. Am. Chem. Soc.*, **53**, 2537 (1931); *Chem. Rev.*, **10**, 103 (1932); *Trans. Faraday Soc.*, **34**, 3 (1938) も見よ．

method) として知られるようになった方法を提案した (第Ⅲ章). 1対の原子, たとえば X と Y との全結合エネルギー* は, $A+\alpha$ で与えられ, 距離による変化はスペクトルの測定資料から導くことができて, 周知の Morse の式 (95頁) の形で表わされる. A は全体の $A+\alpha$ の一定部分, 一般には10から20%であって, 関与する原子の性質によって変わるものと仮定すると, A と α との個々の値を得ることができる. 同様にまた, B と β および C と γ の値を種々の原子間距離について得ることができる. このようにして, (3)式によって, ポテンシャル・エネルギー面を作るためのすべての量が得られる. この面の性質は第Ⅲ章で詳しく考察するが, 差当りのところはある種の様相をあげるだけで十分であろう. 反応物質 X がもっとも都合のよい反応径路に沿って YZ に近づくにつれて, 系のポテンシャル・エネルギーは始めは緩やかに, ついでもっと速く増加して極大に達し, それからは生成物質 XY+Z が生じるにつれて, 減少するように思われる. この径路上の最高点は活性化状態の位置を与えるが, この点と未反応物質を表わす水準との間のエネルギー差は, 事実上反応の活性化エネルギーに等しい. このように, 考えている系のポテンシャル・エネルギーから活性化エネルギーを計算することが可能であり, したがって半経験的方法は, ある場合には, 反応する原子が一時的に一つの対をつくると考えて得られる分子のスペクトルの知識から反応の活性化エネルギーを計算する手続きを与える. この方法は, 一部には London の式の誘導の際に含まれる近似のために, 一部には全結合エネルギーを一定の割合でクーロン・エネルギーと交換エネルギーとに分割するという仮定のために, いくらかの批判をうけたが, しかし第Ⅴ章に見るように, 実験と一致する満足な結果を与える. それ故, この取扱いは不完全であることは認めるが, 活性化エネルギーを計算するのに他にもっと良い方法がないから, この半経験的方法は反応速度論の発展に前進を与える重要な一つの段階であるとみなされてよい.

---

* 多原子より成る系のポテンシャル・エネルギーは普通原子が離れた状態にある場合を零として表わされるから, 結合した状態では, 系のポテンシャル・エネルギーは一般に負である.

頻度因子：衝突説[5]

（2）式の指数函数因子 $e^{-E/RT}$ は活性化状態ができる確率，または反応にあずかることができるために必要な活性化エネルギーをもつ分子数の全分子数に対する割合のどちらかの尺度とみなしてよい．したがって（2）式の因子 A は振動数の次元をもち，積 $Ae^{-E/RT}$ は比反応速度をあたえることが明らかである．今世紀の10年代から20年代にかけて反応速度論の分野の多くの研究者達から支持をうけた一つの見解は，少くとも二分子気体反応に関しては，A は気体の中の反応分子間の衝突頻度に等しいということであった．故に二つの分子種 A および B の間の反応の比速度は，標準状態を 1 cc 当り 1 分子ととると，式

$$k = Ze^{-E/RT} \quad \text{cc molecule}^{-1} \text{ sec}^{-1} \quad (4)$$

で表わされる．ここで衝突の頻度，すなわち衝突数 Z は気体運動論の式

$$Z = \sigma_{A,B}^2 \left[8\pi kT \left(\frac{m_A + m_B}{m_A m_B} \right) \right]^{1/2} \quad (5)$$

で与えられる．ただし $\sigma_{A,B}$ は A と B との平均分子（衝突）直径で，m_A および m_B はそれぞれの分子の実際の質量，k は Boltzmann の定数すなわち 1 分子当りの気体定数である．Z を表わす式は $T^{1/2}$ を含むから（4）および（5）式から

$$\ln k = (B + \tfrac{1}{2}\ln T) - \frac{E}{RT} \quad (6)$$

となる．ここで B は与えられた反応物質に対して定数である．頻度因子 A は（6）式の $B + \tfrac{1}{2}\ln T$ と関連しており，温度によって変わることが見られるから，$\ln k$ を $1/T$ に対してプロットしたものは正確には直線とならない．しかし温度範囲が大きくなければ，直線からのずれは小さく，（4）式す

---

5) W. C. McC. Lewis, *J. Chem. Soc.*, **113**, 471 (1918); M. Polanyi, *Z. Elektrochem.*, **26**, 48, 228 (1920); K. F. Herzfeld, 同誌, **25**, 301 (1919); *Ann. Physik*, **59**, 635 (1919); C. N. Hinshelwood, "Kinetics of Chemical Change," Oxford University Press, 1940; *J. Chem. Soc.*, 635 (1937) を見よ．

なわち化学反応の簡単な形の"衝突説"の数学的な表現は（2）式と等価とみなすことができ，頻度因子は衝突数で与えられる．

粘度の実測値から導かれる分子直径を用いるか，またはその他の方法で見積って，衝突数 Z はたやすく計算され，また E は温度による比反応速度の変化からきめられるので，（4）式から得られる結果が実験とどれ程良く一致するかを見れば，この簡単な衝突説が成立つかどうかを吟味できるはずである．このことは気相および溶液内で起る種々の二分子反応について行われたが，いくつかの例では，計算された速度定数は因数10以内で，実験値とよく合う．[6] 簡単な分子を含む気相反応，たとえば水素と沃素との結合および沃化水素の分解は，それらの速度が（4）式の要請と合理的に一致するという点で"正常"（normal）反応といわれる．一般に，簡単なイオンを含む液相反応，たとえばハロゲン化エチルと水酸イオンあるいはある種のアルコキシルイオンとの間の反応の速度はこの衝突仮説と定量的にかなりよくあう．しかし（4）式から予想されるよりずっと遅い速度をもつ，溶液内のいわゆる"遅い"（slow）反応の数多くの例がある．Menschutkin 型の反応，すなわち沃化アルキルの第三級アミンへの附加反応は計算値の 10^{-8} 倍程も小さい速度で起る溶液内の多くの反応のうちの代表的なものである．かつては，溶液内の多くの反応が遅いのは，溶媒分子と衝突して活性分子が失活するためと考えられたが，同じ過程のいくつかのものは気相でも同じ位あるいはもっと遅く起ることが示された．[7] 数多くの他の気相反応もまた単純な衝突説から期待されるよりもはるかに遅く起ることがわかり，この"遅い"反応の存在によって生じる困難にうち克つために，因数 P を導入して，（4）式は

---

6) 総括については，E. A. Moelwyn-Hughes, "Kinetics of Reactions in Solution", p. 74, Oxford University Press, 1933 を見よ．

7) E. A. Moelwyn-Hughes and C. N. Hinshelwood, *J. Chem. Soc.*, 230 (1932); *Proc. Roy. Soc.*, 131, A, 177 (1931); E. J. Bowen, E. A. Moelwyn-Hughes and C. N. Hinshelwood, 同誌, 134, A, 211 (1931); G. H. Grant and C. N. Hinshelwood, *J. Chem. Soc.*, 258 (1933); H. W. Thompson and E. E. Blandon, 同誌, 1237 (1933); H. W. Thompson, C. F. Kearton and S. A. Lamb, 同誌, 1033 (1935).

$$k = PZe^{-E/RT} \qquad (7)$$

のように修正された．P は "確率"(probability) または "立体"(steric) 因子と呼ばれる．P は実際の反応が単純な衝突説の "理想的な" 振舞いからどれだけはずれるかの尺度である．補足的な仮説を導入して，"遅い" 反応中の 10^{-1} から 10^{-8} まで変わる P の小さな値を説明しようとする多くの企てがなされたが，それらは到底適当であるとみなすことはできない．[8] P が1よりずっと大きい反応が，特に溶液中のイオン間の反応に，存在することによって，この困難を一層大きくしていることも述べておこう (p.435参照)．

可逆反応を考えると，衝突説の本質的な弱点がはっきりする．[9] 例えば反応

$$A_2 + B_2 \rightleftarrows 2AB$$

に対して，正の反応の比速度は

$$k_1 = Z_1 e^{-E_1/RT} \qquad (8)$$

で与えられ，逆の反応の比速度は

$$k_2 = Z_2 e^{-E_2/RT} \qquad (9)$$

で与えられる．Z_1/Z_2 は1とあまりちがわないから，系の平衡定数に等しい k_1/k_2 は

$$K = \frac{k_1}{k_2} = e^{-(E_1-E_2)/RT} \qquad (10)$$

と書くことができる．

p. 8
　正および逆反応の活性化エネルギーの差は，生成物質と反応物質との熱含量の差 ΔH に等しく，従って，単純な衝突説から

$$K = e^{-\Delta H/RT} \qquad (11)$$

であることが要請される．しかしこれは絶対零度かまたは反応がエントロピー変化を含まないかどちらかの場合だけしか正しくない．立体因子 P_1 およ

---

8) C. N. Hinshelwood and C. A. Winkler, 同誌, 371 (1936); R. A. Fairclough and C. N. Hinshelwood, 同誌, 538 (1937); C. N. Hinshelwood, 同誌, 635 (1937) 参照.
9) A. E. Stearn and H. Eyring, *J. Chem. Phys.*, 3, 113 (1937).

び P_2 をこの二つの反応に入れると，

$$K=\frac{k_1}{k_2}=\frac{P_1Z_1}{P_2Z_2}e^{-\varDelta H/RT} \tag{12}$$

となるから，P_1Z_1/P_2Z_2, または近似的には P_1/P_2 は一般にエントロピーの項を含まねばならない．平衡定数 K は正および逆反応の比速度の比に等しく，この反応の標準自由エネルギー変化を $\varDelta F°$ とすると，平衡定数は $e^{-\varDelta F°/RT}$ に等しい．従って何年も前に[10] 示唆された通り，

$$k=Ae^{-\varDelta F\ddagger/RT} \tag{13}$$

$$=Ae^{-\varDelta H\ddagger/RT}e^{\varDelta S\ddagger/R} \tag{14}$$

と書いた方が一層合理的であると思われる．ここに $\varDelta F\ddagger$, $\varDelta H\ddagger$ および $\varDelta S\ddagger$ は，それぞれ活性化自由エネルギー，活性化熱および活性化エントロピーである．衝突説の式を(14)式の形のように修正したもの，すなわち

$$k=Ze^{-\varDelta H\ddagger/RT}e^{\varDelta S\ddagger/R} \tag{15}$$

も，実験的な活性化エネルギーの温度による変化を考慮するために提唱された．[11] 本書で発展させられる反応速度の理論に従うと，反応速度を決定する因子は活性化熱ではなくて，活性化自由エネルギーであり，(13)および(14)式の形の式を用いるべきである．もし単純な式(2)を用いるならば，実測の活性化エネルギー E はある程度温度によって変わり，また A はエントロピー項を含むことを忘れてはならない．

単分子反応

単分子反応の速度は反応気体の濃度，すなわち与えられた容積内の分子数に比例するが，衝突頻度は単位容積内の単一反応物質の分子数の二乗に依存するから，化学変化は衝突からの直接の帰結であるとは考えられない．従っ

---

10) P. Kohnstamm and F. E. C. Scheffer, *Proc. Akad. Wetensch. Amst.*, 13, 789 (1911); F. E. C. Scheffer and W. F. Brandsma, *Rec. trav. chim.*, 45, 522 (1926); W. F. Brandsma, 同誌, 47, 94 (1928); 48, 1205 (1929).

11) V. K. LaMer, *J. Chem. Phys.*, 1, 289 (1933); また V. K. LaMer and M. L. Miller, *J. Am. Chem. Soc.*, 57, 2674 (1935); E. A. Moelwyn-Hughes, *Proc. Roy. Soc.*, 164, A, 295 (1938) も見よ．

て A は反応分子の結合のうちの一つの結合の振動数 (ν) と同じものであるとして

$$k=\nu e^{-E/RT} \tag{16}$$

と書くのが合理的であるように思われた．何故ならば，$\nu e^{-E/RT}$ は，十分なエネルギーが利用されて結合が壊れる程振動がはげしくなり，結合が切れて，その結果分子が分解を起す速度をあたえるとみなされるからである．頻度因子 A が振動数を表わすとする見解は，また数人の著者達によって二分子反応にも適用されるとみなされた．[12]

しかし A を振動数に等しいとしても，分子がどのようにしてその活性化エネルギーを獲得するかということの説明の困難は解決しない．しかし F. A. Lindemann[13] が表明した見解は多くの支持をうけた．反応分子は衝突の結果その活性化エネルギーを得るが，それが分解するまでに一定の時間のおくれがあることが示唆された．しかし，もし活性化と分解との間の平均の時間間隔が，引き続いておこる衝突の間の時間間隔に較べて大きければ，衝突には二つの分子が関与するにかかわらず，その過程は速度論的には一次となる（290頁を見よ）．このような事情のもとでは，（4）式は最大の反応速度を与えるべきものと思われるが，実際には，多くの単分子気体反応の実測されている比速度は，この式から計算したものより10の数乗倍も大きいことが見出されている．しかしながら必要な活性化エネルギーを獲得する衝突分子の分率を表わすために $e^{-E/RT}$ を用いるのは，そのエネルギーには<u>2個の二乗項</u>，例えば時々想定されたように，中心線に沿う各分子の並進エネルギー，または振動のエネルギーだけが用いられるという仮定に基づいていることを忘れてはならない．もし数個の二乗項からのエネルギーが活性化エネルギーに寄与しうるならば，衝突に際して活性化される分子の割合は非常に大きくなり

---

12) E. K. Rideal, *Phil. Mag.*, **40**, 461 (1920); S. Dushman, *J. Am. Chem. Soc.*, **43**, 397 (1921); K. F. Herzfeld, "Kinetische Theorie der Wärme," Lehrbuch der Physik, vol. III (2), Müller-Pouillet, p. 197, 1925. また M. Polanyi and E. Wigner, *Z. physik. Chem.*, **139**, 439 (1928); H. Pelzer, *Z. Elektrochem.*, **39**, 608 (1933) も見よ．

13) F. A. Lindemann, *Trans. Faraday Soc.*, **17**, 598 (1922).

(291頁)，反応分子の複雑さと実測される反応速度を説明するために仮定する必要のあるエネルギーの二乗項の数との間にはほぼ平行関係があるように思われる．[14] 外見上は，提案されたある修正 (292頁) [15] をほどこせば，上に述べた単分子反応の一般的理論は，満足なもののように見える．しかし数個の自由度からのエネルギーが単分子反応の活性化エネルギーには寄与できるのに，比較的複雑な分子が関与しているときでさえ，なぜ二分子反応では寄与しないのかという根本的な問題が存在する．

絶対反応速度論

いわゆる "絶対反応速度の理論" (theory of absolute reaction rates) を用いて頻度因子 A を計算する方法は第IV章で詳細に記載する．これは化学反応あるいは他の速度過程は初めの配置から終りの配置へ座標の連続的変化によって特徴づけられるとする概念を基礎においている．しかしその過程に臨界的であるある中間的配置が常に存在する．その意味は，この系がそこに達すると，反応がそのまま完結する確率が高いということである．この臨界的な配置は反応の "活性錯合体" (activated complex)* と呼ばれ，一般にポテンシァル・エネルギー面上の最も起り易い反応径路の最高点に位置している．この面については4頁でのべた．活性錯合体は，一つの方向すなわち反
p. 11
応座標に沿う運動は，一定速度で分解を起すということの他は，すべて通常の熱力学的性質をもつ通常の分子とみなすことができる．このように仮定すると，活性錯合体が活性化状態の臨界配置を通過するときの濃度と速度とを統計的方法によって導くことができ，またすぐ後でわかるように，これらの量の積が反応速度に等しい．これと多少同じ考えが提出されたことは注目し

---

14) C. N. Hinshelwood, *Proc. Roy. Soc.*, 113, A, 230 (1926); R. H. Fowler and E. K. Rideal, 同誌, 113, A, 570 (1927); また Lewis and Smith, 参考文献2を見よ．
15) O. K. Rice and H. C. Ramsperger, *J. Am. Chem. Soc.*, 49, 1617 I (1927); 50, 617 (1928); L. S. Kassel, *J. Phys. Chem.*, 32, 225 (1928).
* これはときには "遷移状態" とも呼ばれる．例えば M. Polanyi and M. G. Evans, *Trans. Faraday Soc.*, 31, 875 (1935) を見よ．
16) A. Marcelin, *Ann. phys.*, 3, 158 (1915); しかし R. C. Tolman, *J. Am. Chem. Soc.*, 42, 2506 (1920); 44, 75 (1922); E. P. Adams, 同誌, 43, 1251 (1921) を参照せよ．また A. March, *Physik. Z.*, 18, 53 (1917) も見よ．

てよいであろう. すなわち A. Marcelin[16] は, 過程の速度は分子が"位相空間内の臨界面"を横切るときの速度によって与えられると考え, W. H. Rodebush[17] やまた特に O. K. Rice および H. Gershinowitz[18] は, 反応が起るためには, 系は"位相空間中のある部分"に存在しなければならぬと仮定した. けれどもこれらの著者の誰一人として, 活性錯合体の正確な性格, すなわち位相空間の臨界領域を定義するポテンシャル・エネルギー面の性質を利用せず, 従って絶対反応速度を計算することはできなかった. この方面で初めて成功した試みは, オルト-パラ均一熱転移反応で起る水素原子と水素分子との間の反応速度の計算において, H. Pelzer および E. Wigner[19] によってなされた. 他の種々の著者達[20] も反応速度の理論的取扱いに統計的方法を応用はしたが, H. Eyring があらゆる速度過程の臨界的中間体であることを示した"活性錯合体"の明瞭な概念が欠けていたため, 大した進歩はなかった. M. Polanyi および M. G. Evans もこの問題を扱い, この中間の相に対して"遷移状態" (transition state) という語を提案した.[21]

p. 12
反応物質 A, B などの関与する過程を考え,

$$A+B+\cdots\cdots \rightarrow M^{\ddagger} \rightarrow 生成物質$$

の反応で活性錯合体 $M^{\ddagger}$ ができるものとしよう. 反応速度は障壁の頂点にある活性錯合体の濃度と障壁を通過する頻度との積に等しい. 障壁の頂点の活性化状態を表わす長さ δ の間にある単位体積中の活性錯合体の数を $c_1^{\ddagger}$, そこを横切るときの平均速度を $\bar{v}$ とすると, 活性錯合体が障壁を越える頻度は $\bar{v}/\delta$ であり, 従って

---

17) W. H. Rodebush, 同誌, **45**, 606 (1923); *J. Chem. Phys.*, **1**, 440 (1933); **3**, 242 (1935); **4**, 744 (1936).

18) O. K. Rice and H. Gershinowitz, 同誌, **2**, 853 (1934); **3**, 479 (1935); G. B. Kistiakowsky and J. R. Lacher, *J. Am. Chem. Soc.*, **58**, 123 (1936).

19) H. Pelzer and E. Wigner, *Z. physik. Chem.*, B, **15**, 445 (1932).

20) R. C. Tolman, "Statistical Mechanics," p. 259, Chemical Catalog Co., Inc., New York, 1927; La Mer, 参考文献 11.

21) H. Eyring, *J. Chem. Phys.*, **3**, 107 (1935); W. F. K. Wynne-Jones and H. Eyring, 同誌, **3**, 492 (1935); M. G. Evans and M. Polanyi, *Trans. Faraday Soc.*, **31**, 875 (1935); **33**, 448 (1937); M. Polanyi, *J. Chem. Soc.*, 629 (1937).

$$\text{反応速度} = c_{\ddagger}' \frac{\bar{v}}{\delta} \tag{17}$$

となる．活性錯合体が正常の分子と異なる点は振動の自由度の一つが反応座標に沿う並進運動におき換っていることである．しかしこれらの錯合体は障壁の頂点での濃度を

$$c_{\ddagger}' = c_{\ddagger} \frac{(2\pi m^* kT)^{1/2} \delta}{h}$$

と書くことによって，正常分子として取扱うことができる．ただし m^* は反応座標における活性錯合体の有効質量である．因子 $(2\pi m^* kT)^{1/2} \delta/h$ は反応径路上の並進の分配函数 (195頁) で，活性錯合体が障壁の頂点で存在する確率を表わす．古典的方法によると，一方向すなわち分解の起る方向に障壁を横切る平均速度 $(\bar{v})$ は $(kT/2\pi m^*)^{1/2}$ となるから，(17)式は

$$\text{反応速度} = c_{\ddagger} \frac{(2\pi m^* kT)^{1/2} \delta}{h} \left(\frac{kT}{2\pi m^*}\right)^{1/2} \frac{1}{\delta} \tag{18}$$

$$= c_{\ddagger} \frac{kT}{h} \tag{19}$$

となる．

以上の取扱いの極めて重要な帰結は，活性錯合体がエネルギー障壁を越える有効速度は kT/h に等しく，普遍的な振動数であって，温度だけに依存し，反応物質の種類や反応の型に無関係であるということである．[22]

前述の誘導ではエネルギー障壁を越えるすべての系は分解してしまうと仮定しているが，種々の理由から，これらの系の幾つかには活性化状態を通過した後も初めの状態に帰ってくる可能性がある．従ってこの確率をとり入れるために，"透過係数"(transmission coefficient) として知られている因子 κ を導入しなければならない．二原子の関与する反応，電子の多重度の変化を伴うある過程および多くの単分子反応では，κ は1より小さいが，他の大抵の場合は恐らく1に近い．従ってさしあたり，障壁の頂点に達した活性錯

---

[22] H. Eyring, 参考文献 21. 展望には同著者, *Chem. Rev.*, **17**, 65 (1935); *Trans. Faraday Soc.*, **34**, 41 (1938) を見よ．

合体はすべて振動数 kT/h で分解するとし,その透過係数は1であると仮定しよう.

熱力学的公式化

k を比反応速度とすると,考えている反応の速さは,周知のようにして

$$\text{反応速度} = kc_A c_B \cdots \tag{20}$$

なる式で与えられ,したがって (19) および (20) 式から

$$k = \frac{kT}{h} \cdot \frac{c_{\ddagger}}{c_A c_B \cdots} \tag{21}$$

$$= \frac{kT}{h} K^{\ddagger} \tag{22}$$

となる.ここで $K^{\ddagger}$ は反応物質と活性錯合体との間に存在すると思われる関係

$$A + B + \cdots \cdots \leftrightarrows M^{\ddagger}$$

の平衡定数である.そして,さしあたり,系は理想的であって,活動度のかわりに濃度が用いられるものと仮定する*.定数 $K^{\ddagger}$ は他のいかなる平衡定数とも正しく類似し,したがって反応物質が活性化状態を形成するとき,これに伴う $\Delta F^{\ddagger}$,$\Delta H^{\ddagger}$ および $\Delta S^{\ddagger}$ すなわちそれぞれ標準自由エネルギー変化,標準熱含量変化および標準エントロピー変化と,よく知られた熱力学関係によって関係づけられている.このようにして (22) 式は

$$k = \frac{kT}{h} e^{-\Delta F^{\ddagger}/RT} \tag{23}$$

$$= \frac{kT}{h} e^{-\Delta H^{\ddagger}/RT} e^{\Delta S^{\ddagger}/R} \tag{24}$$

の形に書けるが,この式は前に考えた (13) および (14) 式と比べることができる.

---

 * 理想的な振舞いからのずれ,ポテンシャルの障壁からの量子力学的な漏れおよび透過係数が1より外れることに対する補正は以下の章で考えることにし,これらの因子はさしあたり無視しておく.

(23) および (24) 式は反応速度が活性化自由エネルギーによって定まるという要求を満しているが，それらは頻度因子に正確で簡単な意義をあたえているという点で以前の関係よりも進歩していることがわかる．熱力学の要求によれば，$\varDelta F^{\ddagger}$, $\varDelta H^{\ddagger}$ および $\varDelta S^{\ddagger}$ は慣習的な零という肩付添字は省いてあるが，標準状態にある反応物質と活性錯合体とに関して得られる活性化の自由エネルギー，熱含量およびエントロピーを指していることに注意すべきである．熱力学量を表わすために選ばれる特別の標準状態は，もちろん比反応速度に適用されるものでなければならない．もし濃度を反応動力学でよく使う単位，すなわち $1\,\mathrm{cm}^3$ 当りのモル数で表わすと，標準状態は $1\,\mathrm{mole\,cc^{-1}}$ となるが，反応物質の濃度を気圧で表わすと，標準状態は気体の熱力学で最もよく使われるのと同じもの，すなわち $1\,\mathrm{atm}$ の気体となる．

分 配 函 数

絶対反応速度論の展開における次の段階は，平衡定数 $K^{\ddagger}$ を関与する分子種の "分配函数" (partition function) で表わした等価なものでおきかえることである．これらは第IV章で説明するように，統計力学的方法で導かれる．与えられた分子の単位体積当りの分配函数 F は，特定の体積内にその分子が存在する確率の尺度であって，分子のもつあらゆる形のエネルギー ϵ, すなわち並進，廻転，振動，核および電子のエネルギーの $e^{\epsilon/kT}$ の項に特定のエネルギー準位の縮重に従って適当な重みをつけたものの和に等しい．分子の大きさからその慣性能率が導かれるから，もしその大きさと分子の基準振動数がわかればかなり正確に分配函数を計算することは比較的簡単である．安定な分子，特にそのスペクトルがわかっている分子では，分配函数は完全に正確にわかる．しかし他の場合でも，その値には大した誤差がない．任意の系の平衡定数は，関与する分子の分配函数で表わされるから，(22) 式は

$$k = \frac{kT}{h} \cdot \frac{F_{\ddagger}}{F_A F_B \cdots} e^{-E_0/RT} \qquad (25)$$

の形に書ける．ここで $F_{\ddagger}$, F_A, F_B などはそれぞれ活性錯合体および反応物

質 A, B などの単位体積当りの分配函数，E_0 は，絶対零度で 1 mole の活性錯合体のエネルギーから反応物質のエネルギーの和を引いたもの，すなわち絶対零度における反応の活性化エネルギーである．一般に反応物質の分配函数は容易に得られるし，また系のポテンシャル・エネルギー面が描かれれば活性錯合体の $F^{\ddagger}$ の値が得られる．最も好都合な反応径路の頂点における活性錯合体の位置からその大きさがわかり，それからその慣性能率が計算される．またポテンシャル・エネルギー面とともに微小振動の理論 (120頁) を用いると，活性錯合体の基準振動数が得られる．この知識を用いて求める分配函数が計算される．最後に，絶対零度における活性化エネルギー（E_0）もまたポテンシャル・エネルギー面から得られ，したがって (25) 式により比反応速度をきめるために必要なすべての数値が得られる訳である．ポテンシャル面を描くことはスペクトルのデータを用いるだけでよく，F_A, F_B などもまたスペクトルの測定から導かれるので，少くとも原理的には，関与する分子のある種の物理的性質の知識から，化学反応の絶対速度を計算することは明らかに可能である．たとえポテンシャル・エネルギー面が得られなくても，同様な構造の安定な分子との類似によって，大した誤りのない $F^{\ddagger}$ の値を見積ることができる．この場合には，量

$$\left(\frac{kT}{h}\right)\frac{F^{\ddagger}}{F_A F_B \cdots}$$

p. 16
は，簡単な速度式 $k = Ae^{-E/RT}$ の頻度因子 A にほぼ等しく，計算が可能である．このように，絶対反応速度の完全な統計的理論を用いれば，二つの因子 A と E の双方が得られ，これによって反応速度を表わすことができる．しかしこの重要な二つの量のうち，後者の計算に必要なだけの充分な知識が得られない場合でも，前者を導くことができる場合がしばしばある．

衝突説と統計的理論との比較[23]

二分子反応の衝突説では，頻度因子は (7) 式の量 PZ と同じであると

---

23) Eyring, 参考文献 21; C. E. H. Bawn, *Trans. Faraday Soc.*, **31**, 1536 (1935); **32**, 178 (1936); C. N. Hinshelwood, *J. Chem. Soc.*, 635 (1937); R. P. Bell, *Ann. Rep. Chem. Soc.*, **36**, 82 (1939).

したが，上で考えた統計的理論では，これは実質的に

$$\left(\frac{kT}{h}\right)\frac{F_{\ddagger}}{F_A F_B}$$

と同等である．分配函数の因子 $F_{\ddagger}/F_A F_B$ は分母の中に反応物質のある性質，たとえば質量を含んでいるが，一方衝突数 Z は分子の中に同じ量を含んでいるので，衝突説と統計論の結果は互に相容れないように見えるであろう．しかし活性錯合体は反応物質から作られ，従ってそれらの性質がまた $F_{\ddagger}/F_A F_B$ の分子にも現われることを思い出す必要がある．しかし予想されるように，この二つの取扱い方から必ずしも同じ結果が導かれるとは限らない．

　反応速度の問題の処理方法である統計的方法と単純な衝突説の方法とを比較するに当って，まず二つの原子，すなわち質量 m_A および m_B をもち，衝突直径 σ_A および σ_B をもつ A と B の反応を考えることは教訓的である．単位体積当り原子 A が1個，B が1個の濃度のときの衝突数 Z は (5) 式で与えられるが，この場合平均の分子直径 $\sigma_{A,B}$ は $\frac{1}{2}(\sigma_A+\sigma_B)$ ととれる．この反応の活性錯合体は二原子分子 $AB^{\ddagger}$ であろう．これの自由度は並進が三つと廻転が二つであるが，二原子分子のもつ基準振動は分解座標内の並進で置きかえられる．したがって

$$F_{\ddagger}=\frac{[2\pi(m_A+m_B)kT]^{3/2}}{h^3}\left(\frac{8\pi^2 I kT}{h^2}\right) \quad (26)$$

となる．ここで右辺第一項は三つの並進自由度 (178頁) に対する分配函数，第二項は二原子分子の廻転の自由度に対する分配函数である．活性錯合体の慣性能率 I は

$$I=\sigma_{A,B}^2 \frac{m_A m_B}{m_A+m_B} \quad (27)$$

で与えられる．ここで $\sigma_{A,B}$ は活性化状態にある原子の中心間の距離という明確な意味をもっている．原子 A と B は並進の自由度しかもたないから，それぞれの分配函数は

$$F_A=\frac{(2\pi m_A kT)^{3/2}}{h^3} \quad (28)$$

および

$$F_B = \frac{(2\pi m_B kT)^{3/2}}{h^3} \tag{29}$$

である. 従って (26), (28) および (29) 式と頻度因子 A に統計的に等価なものとから

$$A \approx \frac{kT}{h} \cdot \frac{F_\ddagger}{F_A F_B} = \sigma_{A,B}^2 \left[8\pi kT \left(\frac{m_A + m_B}{m_A m_B} \right) \right]^{1/2} \tag{30}$$

となり, これは (5) 式で与えられる衝突数と同じものである. このことは統計的取扱いと衝突説の取扱いとが同じ結果になるとすれば当然のことである. しかし, 統計的な手続きは量 $\sigma_{A,B}$ に明瞭な解釈を与えていることを指摘してもよいであろう. すなわち $\sigma_{A,B}$ は単に反応している物質の衝突直径の平均とはみなし得ないのであって, 活性錯合体の配置によってきまるものなのである.

二原子について行った取扱いは, 分子の関与する反応にも拡張されるが, 複雑になるので簡略化した手続きを採用してよい. まず, おのおのの型のエネルギーに対する分配函数は, 各自由度に一つづつのいくつかの<u>等しい項</u>から成るとみなす近似をとる. それで並進, 廻転および振動の各自由度の全分配函数 F への寄与をそれぞれ f_T, f_R および f_V と書くと

$$F = f_T^t f_R^r f_V^v \tag{31}$$

となる. ただし t, r および v は寄与する各自由度の数である. 二原子間の反応に対しては

$$F_A = f_T^3, \quad F_B = f_T^3 \quad \text{および} \quad F_\ddagger = f_T^3 f_R \tag{32}$$

$$\therefore A \approx \frac{kT}{h} \cdot \frac{F_\ddagger}{F_A F_B} \approx \frac{kT}{h} \cdot \frac{f_R^2}{f_T^3} \tag{33}$$

従って量 $(kT/h) f_R^2/f_T^3$ は, 上に示したように, 気体運動論の衝突数 Z と同じとみなしてよいであろう. さて A と B とがそれぞれ n_A および n_B (両方共2より大きい) 個の原子を含む非直線状分子であるという最も一般的な場合をとりあげると,

$$F_A = f_T^3 f_R^3 f_V^{3n_A-6} \tag{34}$$

$$F_B = f_T^3 f_R^3 f_V^{3n_B-6} \tag{35}$$

$$F_{\ddagger} = f_T^3 f_R^3 f_V^{3(n_A+n_B)-7} \tag{36}$$

であり，活性錯合体は (n_A+n_B) 個の原子より成る正常分子よりも振動自由度が一つだけ少い．従って近似として，A, B および錯合体に対する f_T, f_R および f_V のそれぞれの値が同じであると仮定すれば

$$A \approx \frac{kT}{h} \cdot \frac{F_{\ddagger}}{F_A F_B} \approx \frac{kT}{h} \cdot \frac{f_V^5}{f_T^3 f_R^3} \tag{37}$$

となる．衝突数 Z は近似的に

$$\left(\frac{kT}{h}\right)\left(\frac{f_R^2}{f_T^3}\right)$$

と等価であるから，一般の場合には統計論と衝突説とでは，速度は因子 $(f_V/f_R)^5$ だけ異なる．単純な衝突説の式（4）は実際には成立せず，（7）式のように確率因子 P を導入する必要があることはすでに述べた（6頁）．故に統計論によれば，P は近似的に $(f_V/f_R)^5$ と同じであるとしてよいことになる．従って

$$P \approx \left(\frac{f_V}{f_R}\right)^5 \tag{38}$$

上の計算は反応分子はともに非直線状であり，おのおの三つあるいはそれ以上の原子を含むという仮定に基づいている．違った型の反応物質についても同様な計算が行われ，その結果が第Ⅰ表にまとめられている．

第Ⅰ表　反応物質の型と確率因子との関係

反応物質の型	P
Ⅰ．二つの原子	1
Ⅱ．原子と二原子分子	
a．非直線状錯合体	f_V/f_R
b．直線状錯合体	$(f_V/f_R)^2$
Ⅲ．原子と多原子分子	$(f_V/f_R)^2$

確率因子の解釈

  IV. 二つの二原子分子
    a. 非直線状錯合体 ……………… $(f_V/f_R)^3$
    b. 直線状錯合体 ………………… $(f_V/f_R)^4$
  V. 二原子分子と多原子分子 ………… $(f_V/f_R)^4$
  VI. 二つの多原子分子 ………………… $(f_V/f_R)^5$

確率因子の解釈

 振動と廻転の分配函数で P 因子を解釈すると，いくつかの興味深い結論が得られる．常温で f_V は一般に1の数位である．ただし振動数が低いとき，すなわち原子同志がゆるく結合しているときはもっと数位が高いこともある．分配函数 f_R は10から100の数位であり，従って f_V/f_R はほぼ 10^{-1} から 10^{-2} である．多原子分子間の反応の場合の確率因子は約 10^{-5} から 10^{-10} のはずである．さらに，分子が大きい程 f_R の値は大きくなり，従って P 因子は小さくなる．このようにして統計的理論は気相や溶液内の多くの反応について実測された P の低い値を説明する．一般にこのような反応には比較的複雑な分子が関与する．反応物質の一方が原子または二原子分子ならば，確率因子は1とあまり違わないであろう．このような小さい分子では，f_R は10より小さいことがあり，従って $(f_V/f_R)^3$ は 10^{-1} または 10^{-2} の数位になる．このことは P を1とした単純な衝突説が反応

$$2HI = H_2 + I_2$$

および

$$H_2 + I_2 = 2HI$$

の速度に対してなぜ近似的には正しい値を与えたかを説明する．簡単なイオン，例えば I⁻ や OH⁻ が反応物質の一つである過程もまた，予想されることではあるが，1に近い確率因子をもっている．しかし比較的複雑なイオンでさえ単純な衝突説の仮説からのずれは必ずしも大きくないようである．第I表によれば，活性錯合体の配置は確率因子に，従って反応速度にいくらかの影響を与えるはずである．直線状錯合体ができるときは，非直線状錯合体の場合よりも，もし活性化エネルギーが二つの場合について同じであれば，

その速度は因子 f_V/f_R だけ小さいはずである．反応分子が，反応する前に特別な位置をとらねばならないとすれば，活性錯合体ができる確率はそうした制限のないときよりも小さく，従って反応もゆっくり起るであろう．このようにして出てくる P 因子と，衝突説の支持者達が仮定する立体効果との間にはあきらかにある種の対応が存在する．

統計的理論で得られる結果の物理的な像は化学反応の衝突説によっても与えられる．反応物質が共に多原子分子のときは，活性錯合体ができると，これに伴って3つの並進の自由度と3つの廻転自由度がなくなり，5つの新しい振動の自由度と反応座標に沿う1つの並進の自由度とができる．確率因子が小さく出てくるのは，明らかに活性錯合体形成の際にエネルギーが遷移するとき，分子に制限が加わるからである．反応に必要なエネルギーをもつ二分子が近づくことがあっても，エネルギーが適当な自由度に移されなければ，活性錯合体をつくることはできない．反応する分子が簡単であればある程，その間にエネルギーが遷移しなければならない自由度の数は少くなり，従って確率因子は1に近づくのである．

衝突説と統計論とは，前者が適当な方法で適用された場合には，基本的には常に同じ結果を与えるべきことを言っておかねばならない．[24] 単純な衝突説によると，反応物質は内部自由度のない剛体とみなされている．しかしこのことは関与する物質が原子のときだけ正しい．上で見たように，この場合には両者の処理方法は同じ結論になる．衝突数の計算の際に相互作用する分子はその内部自由度の中に，変化をうけるエネルギーをもっているという事実を適当に考慮に入れることができれば，反応速度は統計的方法で得られるものと同じになるであろう．それにしても，統計的方法の手続きは大した困難もなく使用できるが，一方統計的手法が衝突説ともみなせる場合を除いては，完全な衝突説で成功した試みはまだなされていないという事実は依然として残されている．

---

24) Hinshelwood, 参考文献 23; Bell, 参考文献 23; R. H. Fowler and E. A. Guggenheim, "Statistical Thermodynamics," Chap. XII Oxford University Press, 1939 参照.

活性化エントロピー[25]

 (24) 式によると，頻度因子 A は $(kT/h)e^{\Delta S^{\ddagger}/R}$ と等価と思われるが，$\Delta H^{\ddagger}$ は実測の活性化エネルギーに等しくないから，このことは厳密には正しくない．第IV章 (205頁) で示すが，濃度を用いて表わすと，二分子気相反応について，比反応速度は

$$k = e^2 \frac{kT}{h} e^{\Delta S_c^{\ddagger}/R} e^{-E/RT} \qquad (39)$$

および

$$k = e^2 \frac{kT}{h} RT e^{\Delta S_p^{\ddagger}/R} e^{-E/RT} \qquad (40)$$

のどちらかで表わすことができる．ただし $\Delta S_c^{\ddagger}$ および $\Delta S_p^{\ddagger}$ は，それぞれ標準状態として単位濃度または単位圧力をとるときの活性化エントロピー，E は実測の活性化エネルギーである．ゆえに頻度因子は $e^2(kT/h)e^{\Delta S_c^{\ddagger}/R}$ で与えられ，また単純な衝突説に従うためには，すなわち条件

$$Z = e^2 \frac{kT}{h} e^{\Delta S_c^{\ddagger}/R} \qquad (41)$$

または

$$Z = e^2 \frac{kT}{h} RT e^{\Delta S_p^{\ddagger}/R} \qquad (42)$$

が適用されるためには，活性化エントロピーがどんな値をとらねばならないかを見てみると面白い．比反応速度が cc mole^{-1} sec^{-1} 単位で表わされ，従って標準状態が 1 mole cc^{-1} の濃度のとき，二体の衝突では Z は 10^{14} の数位である．また $e^2(kT/h)$ は常温で約 5×10^{13} であるから，この標準状態に対して，$e^{\Delta S_c^{\ddagger}/R}$ の値はほぼ2でなければならないことになる．ゆえにもし単純な衝突説が適用されるものならば，標準状態が 1 mole cc^{-1} の濃度の気体であるとして，活性化エントロピーは明らかに 1 cal deg^{-1} mole^{-1} すなわち 1 E.U. mole^{-1} 程度のはずである．衝突数は温度の平方根を含むが，絶

---

25) Kohnstamm and Scheffer, 参考文献 10; Scheffer and Brandsma, 参考文献 10; Brandsma, 参考文献 10; La Mer, 参考文献 11; Wynne-Jones and Eyring, 参考文献 21.

対反応速度論の対応する因子は温度に正比例するから，衝突説を適用できるようにする特別な $\Delta S_p^{\ddagger}$ の値は明らかに温度に依存する．しかし大ざっぱな一般法則として，もし $\Delta S_p^{\ddagger}$ が相当な正の値をとれば，実測の反応速度は単純な衝突説の仮説で与えられる値より大きいが，もし $\Delta S_p^{\ddagger}$ が相当の負値であれば，その速度はこの理論で計算される値より小さくなるということができる．

二つの原子または簡単な分子を含む反応では，活性化状態を形成するときの種々の自由度の間に行われるエネルギーの再配列は比較的小さいことを見た (20頁) が，このような状況の下では $\Delta S_p^{\ddagger}$ は小さいことが期待され，従っ

第II表 活性化のエントロピーと頻度因子との比較

| | エントロピー ||| $\Delta S_p^{\ddagger}$ | $\Delta S_c^{\ddagger}$ | A |
	並進	廻転	振動			
$2H \to H_2 (300°K):^{26)}$						
2H	52.4	0	0	-14.8	5.3	……
$H_2^{\ddagger}$	28.2	9.4	0			
$2Cl \to Cl_2 (300°K):^{26)}$						
2Cl	73.2	0	0	-18.0	2.1	……
$Cl_2^{\ddagger}$	38.7	16.5	0			
$H_2+I_2=HI(300°K):^{27)}$						
H_2	28.2	2.1	0			
I_2	42.8	17.0	0	-20.3	-0.2	$\sim 10^{14}$
$H_2I_2^{\ddagger}$	42.8	23.1	3.9			
エチレンの二量体化 $(300°K):^{28)}$						
$2C_2H_4$	72.4	31.8	1.32	-30.1	-10.0	$\sim 10^{11}$
$C_4H_8^{\ddagger}$	38.3*	32.7*	4.4*			
ブタジエンの二量体化 $(600°K):^{29)}$						
$2C_4H_6$	81.2	64.8	31.6	-38.5	-17.0	$\sim 10^{10}$
$C_8H_{12}^{\ddagger}$	43.7	51.4†	44.0			

* 1-ブテンと同じと仮定した．
† 電子多重度に基づく寄与を含む．

26) H. Eyring, H. Gershinowitz and C. E. Sun, *J. Chem. Phys.*, 3, 786 (1935).
27) A. Wheeler, B. Topley and H. Eyring, 同誌, 4, 178 (1936).
28) K. S. Pitzer, 同誌, 5, 473 (1937).
29) G. B. Kistiakowsky and W. W. Ransom, 同誌, 7, 725 (1939).

て絶対反応速度論と衝突説とは同じ数位の結果になる．これに反して反応が複雑な分子の間に起り，自由度の間に著しいエネルギーの再配列が行われる場合は，活性錯合体ができるとエントロピーは減少し，反応速度は衝突説の仮説で計算されたものより小さくなるであろう．これらの定性的な結論は，第II表の逐次複雑さを増している五種の反応に対する値で説明される．反応物質および活性錯合体の個々の並進，廻転および振動のエントロピーは適当な分配函数から周知の方法によって計算され，活性錯合体の場合に必要な知識はポテンシャル・エネルギー面またはこれらの錯合体の構造に関して合理的な仮定を作ることから得られたものである．引用したエントロピーは熱力学の文献に一般に見られるもの，すなわち 1 atm の標準状態の気体に対するもので，これらから適当な $\varDelta S_p^{\ddagger}$ の値が導いてある．(41)および(42)式から二分子気相反応について

$$\varDelta S_c^{\ddagger} = \varDelta S_p^{\ddagger} + R\ln RT \tag{43}$$
$$= \varDelta S_p^{\ddagger} + R\ln pv \tag{44}$$

が導かれるから，この事実を用いて $\varDelta S_c^{\ddagger}$ を求めた．今の場合 p は 1 atm，v は温度 T で 1 mole の気体が占める体積を cc で表わした値，すなわち 22,412 T /273 cc である．従ってエントロピーを cal deg^{-1} mole^{-1} で表わすと，300°K では

$$\varDelta S_c^{\ddagger} = \varDelta S_p^{\ddagger} + 20.1 \tag{45}$$

となる．ゆえに $\varDelta S_c^{\ddagger}$ の欄は 300°K の $\varDelta S_p^{\ddagger}$ に 20.1 を加えて得たもので，600°K では対応するその差は 21.5 である．実測の頻度因子も最後の欄に示されているが，もし単純な衝突説の仮説が正しければ，これは約 10^{14} となるはずである．

　反応で発生する過剰エネルギーを持ち去るために第三体が必要である (116頁) という限りでは原子間の反応は例外的である．このことを考慮すれば，$\varDelta S_c^{\ddagger}$ と A の予想値と実際の値との差を比べることは全く不可能である．しかし他の三種の反応では実験値は予想と合っている．標準状態が 1 cc 当り 1 mole の場合には，$\varDelta S_c^{\ddagger}$ が零または小さい正の値のときに限り頻度因子は

単純な衝突説の仮説で要求される値をもち，活性化エントロピーがかなりの負の値であれば，反応は単純な理論の要求よりも遅くなる．

活性化エントロピーの物理的意味をちょっと考えてみると面白い．エントロピーと確率との関係を考えれば，負の $\Delta S^{\ddagger}$ は活性化状態のできる確率が小さいことを意味することは明らかである．22頁で，活性錯合体形成に伴う種々の自由度間のエネルギーの再配列の考察から同様な結論に達した．この二つの見解はもちろん同一の基本的な問題の二つの異なる面である．明らかに双方の場合とも，必要な量のエネルギーをもっているあらゆる衝突が必ずしも活性錯合体を形成するとは限らないが，この形成の確率は反応速度をきめる本質的な因子となっているのである．

多くの反応では活性化状態が終りの状態と極めてよく似ていることが期待される．[30] もしそうであれば，活性化エントロピー $\Delta S^{\ddagger}$ は完全な反応に伴うエントロピー変化 ΔS とあまり違わないであろう．それ故，多くの例では，$e^{\Delta S/R}$ と衝突説の確率因子との間に平行関係が期待される．F. G. Soper[31] は幾らか違った線に沿ってこの結論に達した．彼が編集した値を第Ⅲ表に示す．上に述べた一般的な議論は気相反応と同様に溶液内の反応にも適用できるので，いくつかの溶液反応も含まれている．

P と $e^{\Delta S/R}$ の値の間の一般的な平行関係は非常に顕著である．ここに見ら

第Ⅲ表 エントロピーの全変化と確率因子

反　　　応	P	$e^{\Delta S/R}$
ジメチルアニリン＋沃化メチル	0.5×10^{-7}	0.9×10^{-8}
酢酸エチルのけん化	2.0×10^{-5}	5.0×10^{-4}
フェノールエーテルの塩素化	1.5×10^{-5}	2.2×10^{-5}
亜砒酸ナトリウム＋テルル酸塩	10^{-5}	10^{-11}
エチレン＋水素	0.05	10^{-6}
沃化水素の解離	0.5	0.15
シアン酸アンモニウムの異性化	1	0.1
亜酸化窒素の解離	1	1

30) 例えば, I. Welinsky and H. A. Taylor, 同誌, **6**, 466 (1938).
31) F. G. Soper, *J. Chem. Soc.*, 1393 (1935).

れる食い違いは，活性錯合体が終りの状態とほとんど同じエントロピーをもつという仮定が正しくないために違いない．

単分子反応

研究されたもののうちで，連鎖機構とかその他の複雑さの全くない簡単な過程は，あったとしても，少ないという事実のために，単分子反応の問題はこみ入っている．しかし9頁で述べたように，実測される速度はしばしば単純な衝突説から計算されるよりも大きいように思われる．この困難は，数個の自由度が活性化エネルギーに寄与するという示唆によって克服された．しかし反応速度の統計的理論は，この点については，単分子過程と二分子過程との差別を必要としない．分子 ABC が単分子分解をうけるとき，適当な衝突で適当な自由度に必要なエネルギーを獲得する結果として，分子は反応物質と本質的には異ならない活性化状態 ABC‡ を経過するであろう．このとき起る唯一のエネルギーの遷移は，一つの振動の自由度から分解座標に沿う新しい並進の自由度への変化である．ゆえに活性化状態ができる確率は十分に高く，そのため反応は単純な衝突説から計算されるより速いものになることができる．

適当な形の (25) 式の考察から，別の方法でも同じ結論に到達する．17頁の場合のように，第一近似でおのおのの型のエネルギーの分配関数はいくつかの同一の項の積に等しいと仮定すると，最も簡単な場合，速度式は

$$k = \frac{kT}{h} \cdot \frac{f_T^3 f_R^3 f_V^{3n-7}}{f_T^3 f_R^3 f_V^{3n-6}} e^{-E_0/RT} \tag{46}$$

と書ける．ただし反応物質も活性錯合体もともに n 個の原子を含む非直線状分子であるとする．並進の自由度は初めの状態と活性化状態では同じであり，廻転および振動の自由度は大して違わないであろう．従って (46) 式は

$$k = \frac{kT}{h} \cdot \frac{1}{f_V} e^{-E_0/RT} \tag{47}$$

となり，頻度因子は近似的に $(kT/h)/f_V$ と同等である．もし頻度因子の値が単純な衝突説で与えられるものと同じならば，それは大略 $(kT/h) f_R^3/f_T^3$

であるはずであり,従って統計論によって要求される値は $f_{\mathrm{r}}^{3}/f_{\mathrm{r}}^{2}f_{\mathrm{v}}$ の因子だけ大きい. f_{r} は一般に 10^8 の数位であるから,この量は非常に大きくてもよく,また実際にそのような場合もしばしば見出されている.しかし以下に述べる理由で,この食い違いはこの結果の意味する程には大きくない.

一般に活性錯合体は反応物質よりゆるい構造をもつから,活性化状態では運動の乱雑さは一層大きいであろう.ゆえにそれができるときエントロピーの増大をともない,すでに見たように,$\varDelta S^{\ddagger}$ のかなりの正の値は反応速度が単純な衝突説で要求されるより大きいことを意味するであろう.*

単分子反応ではすべてが大きい速さをもつというわけではないことが指摘できる,これは時として活性錯合体が初めの状態より一層剛い構造をもち(304頁を見よ),従って $\varDelta S^{\ddagger}$ が負であるという事実による.多くの単分子反応の速さが上に考察した単純な式から期待されるより小さくなる別の因子は,透過係数 (12頁) が1より相当小さいことである.このことは活性錯合体がエネルギー障壁の頂点を越えて分解する平均の頻度が kT/h より著しく小さいことを意味する.小さい透過係数が可能である理由については,第VおよびⅥ章でもっと十分に考察するであろう.

---

* 単分子過程では比反応速度は濃度の単位,すなわち標準状態に無関係であり,従って $\varDelta S_{c}^{\ddagger}$ と $\varDelta S_{p}^{\ddagger}$ とは同じである.

第Ⅱ章 量 子 力 学

Schrödinger の波動方程式

輻射の二重性

p. 28

　光が廻折される事実は輻射が波動であることを示すが，一方光電現象や Compton 効果[1]は，輻射が一般に"光子"と呼ばれている微粒子の形で伝播することを示している．この相異なる性質を検出する手段を吟味すると，この逆説を解明し得る方法が明白になる．検出方法として輻射のいわゆる波長にくらべて少し大きい廻折格子のような物体を使えば，例えば波動的性質が明らかになり，検出器が小さく，それが例えば Compton 効果における電子であれば，輻射は粒子の流れのように振舞う．この結論は別な言い方で表わすこともできる：すなわちもし輻射を光子の流れとみなすならば，測定装置として電子を用いると，光子の位置がほとんど正確に定まり，また線を引いた格子あるいは細長い孔を用いると，光子の流れはもはや方向が一定とならず，そこに得られる廻折模様は内在する不確定性の現われである．しかし Compton の実験で光子の位置を見出すことはできても，電子との衝突が運動量の変化をもたらすから，以下に見るように，波長の測定は全く正確さを失ってしまうことを意味していることに注意すべきである．ところが格子を用いると，波長すなわち運動量は正確に求められるが，上に見たように，光子の位置は不正確になる．ゆえに一般に光子の位置と運動量すなわち波長の測定の正確さの間には相反する関係が存在すると思われる．

不確定性原理[2]

　他の粒子，例えば電子についても幾分違った方法でこれと同じ結論が得ら

---

1) A. H. Compton, *Phys. Rev.*, **21**, 483 (1932); **22**, 409 (1923).
2) W. Heisenberg, *Z. Physik*, **43**, 172 (1927).

れる．電子の位置と運動量を測ろうとする場合を考えよう；そして電子を見ることができるような顕微鏡があるとする．電子 A を波長 λ の光で照らし，それをレンズ B (第1図) で観察することによって，その位置は，光学の理論により，λ/sinθ の正確さで見出される．ただし θ はレンズの開きの角である．位置の座標を x で表わすと，測定の不確定さ Δx は

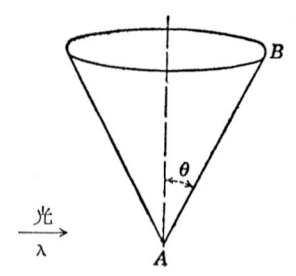

第1図　電子の位置の不確定さ

$$\Delta x = \frac{\lambda}{\sin\theta} \tag{1}$$

で与えられる．位置を正確に決定するためには，Δx ができるだけ小さいことが必要である；すなわち λ が小さくなければならず，したがって短い波長の光，例えば γ 線を使うべきである．しかしそうすると今度は Compton 効果が顕著になり，電子は γ 線の光子と衝突して反撥をうけ，そのため運動量が変化する．光子は運動量 mc をもつ粒子のように振舞う．ただし c は光速度である．ところで粒子の質量 m とエネルギー E とは $E=mc^2$ なる相対論の関係式で結ばれるので，

$$p = mc = \frac{E}{c} \tag{2}$$

となる．p は量子論によれば，h を Planck の定数，ν を輻射の振動数とすると，$E=h\nu$ であり，振動数と波長 (λ) との積が光の速さを与えるので，(2)式から

$$p = \frac{h\nu}{\lambda\nu} = \frac{h}{\lambda} \tag{3}$$

となる．しかし衝突の後では散乱された光子は h/λ とは違った運動量をもっている．それでも運動量が $(1-\sin\theta)h/\lambda$ と $(1+\sin\theta)h/\lambda$ との間にあれば，光子は顕微鏡のレンズを通りぬけて焦点に集まるであろう．従って光子から電子へ $\pm(\sin\theta)h/\lambda$ より少ない運動量の移動があっても，顕微鏡では検知されないことになる；従って電子の運動量には $(\sin\theta)2h/\lambda$ という不確定さ Δp が存在する．すなわち

$$\Delta p = \frac{(\sin\theta)2h}{\lambda} \quad (4)$$

故に位置と運動量の不確定さの積は

$$\Delta x \Delta p = 2h \quad (5)$$

で与えられ，光の波長に無関係となる．従って短い波長の光を用いることによって位置をどんなに正確に測ろうと試みても，運動量を決定する際に正確さが失われるため相殺されてしまう．もし波長の長い光で運動量を正確に測れば，今度は位置が大きな不正確さで測られるにすぎない．位置と運動量，またはエネルギーと時間のような共役変数を決定するときの不確定さについての関係は全く一般的なものであって，二つの量の積は常に近似的に Planck 定数の数位で，

$$\Delta p \Delta q \approx h \quad (6)$$

となる．これが Heisenberg の "不確定性原理" (uncertainty principle) の式であって，自然の基本法則であると考えられる．

波としての電子

不確定性原理を受け入れると，もはや粒子に確定した位置と運動量とを付与することはできないから，古典力学を放棄しなければならないことを意味する．かなりの大きさの対象に対しては，くいちがいは重要ではないが，電子のように小さい粒子では，それがその点に存在するとはいい切れないので，与えられた点において与えられた運動量をもつ粒子が存在する確率を表わすような函数を用いる新しい力学を採用しなければならない．輻射は一般

的な波動方程式

$$\frac{\partial^2 w}{\partial x^2}+\frac{\partial^2 w}{\partial y^2}+\frac{\partial^2 w}{\partial z^2}=\frac{1}{c^2}\cdot\frac{\partial^2 w}{\partial t^2} \qquad (7)$$

に従う電磁的な攪乱から成るという仮定に基づいて，Clerk Maxwell は光の性質を説明した．ここに x, y, z は位置座標，c は光の速さ，w は波の振幅で x, y, z と時間 t の函数である．この見解は，光子は波のいかなる部分にもはっきりとは存在せず，任意の点で光子を見出す確率は，その点における振幅の二乗すなわち w^2 で与えられる，と述べることにすればその粒子性と結びつけることができる．

Heisenberg が不確定性原理を発表する前に，L. de Broglie[3] はすでに電子が光子のように振舞うこと，および丁度光子が電磁波によって支配されるとみなしうるように，電子もまたその運動を支配する波をともなうことを示唆していた．いいかえると，de Broglie によれば，適当な条件の下では電子線もまた廻折のような，波の伝播に随伴する諸性質を示すと期待してよい．光波に対して推論された運動量に対する関係式 (3)，すなわち $p=h/\lambda$ が電子に対しても成立すると仮定し，m と v とをそれぞれ電子の質量と速さとすれば，p は mv に等しく，したがって電子線の有効波長は

$$\lambda=\frac{h}{mv} \qquad (8)$$

で与えられるはずである．これらの注目すべき示唆は，それが提唱されて間もなく L. H. Germer と C. Davisson[4] および G. P. Thomson[5] の研究によって確かめられた．すなわち電子線束を廻折することができ，その結果から得られる見かけの波長が (8) 式で計算されるものと極めてよく合うことが示されたのである．

波動方程式

一個の電子または他の微粒子の波動方程式も光子のそれと同じであると仮

---

3) L. de Broglie, *Ann. phys.*, [10], **3**, 22 (1925).
4) C. Davisson and L. H. Germer, *Phys. Rev.*, **30**, 707 (1927).
5) G. P. Thomson, *Nature*, **119**, 890 (1927); *Proc. Roy. Soc.*, **117A**, 600 (1928).

定すると，（7）式は

$$\frac{\partial^2 \Phi}{\partial x^2}+\frac{\partial^2 \Phi}{\partial y^2}+\frac{\partial^2 \Phi}{\partial z^2}=\frac{1}{u^2}\cdot\frac{\partial^2 \Phi}{\partial t^2} \tag{9}$$

の形に書かれる．ここに u は電子波の伝播速度*，Φ はその振幅である．もし Φ が実数ならば，$\Phi^2 dxdydz$，略記して $\Phi^2 d\tau$ は時刻 t に配置空間の体積素片 $dxdydz$，すなわち $d\tau$ の中に一個の電子を見出す確率である．

p. 32

ν を振動数，λ を電子波の波長とすると，速度 u は $\lambda\nu$ でおきかえられ，さらに上に導いたように $p=h/\lambda$ であり，また量子論より $E=h\nu$ であるから

$$u=\lambda\nu=\frac{E}{p} \tag{10}$$

となり，（9）式に代入すると

$$\frac{\partial^2 \Phi}{\partial x^2}+\frac{\partial^2 \Phi}{\partial y^2}+\frac{\partial^2 \Phi}{\partial z^2}=\frac{p^2}{E^2}\cdot\frac{\partial^2 \Phi}{\partial t^2} \tag{11}$$

が得られる．もし波が絃に起る波のように定常波の形をとるならば，Φ は

$$\Phi=\psi(x,y,z)(A\cos 2\pi\nu t+B\sin 2\pi\nu t) \tag{12}$$

なる式に従わねばならない．ここで $\psi(x,y,z)$ は x, y, z だけの函数，A と B とは定数である．**（12）式を（11）式に代入すると

$$\frac{\partial^2 \psi}{\partial x^2}+\frac{\partial^2 \psi}{\partial y^2}+\frac{\partial^2 \psi}{\partial z^2}=-\frac{4\pi^2 p^2}{h^2}\psi \tag{13}$$

となり，t が消去される．V を粒子のポテンシャル・エネルギーとすると，運動のエネルギー T は $E-V$ に等しい．さらに

$$T=\frac{1}{2}mv^2=\frac{p^2}{2m} \tag{14}$$

であるから，

$$E-V=\frac{p^2}{2m} \tag{15}$$

---

* 時としてこれは位相速度と呼ばれ，光速度の二乗を電子の速度で割ったものに等しい．
** A または B のどちらかが虚数ならば，$\overline{\Phi}$ を Φ の複素共役とすると，確率分布函数は Φ^2 の代りに $\Phi\overline{\Phi}$ となる．量 $\Phi\overline{\Phi}$ または同様な積を時に $|\Phi|^2$ と書くことがある．記号 $|\Phi|$ は Φ の"絶対値"を表わす．

となり，これを (13) 式の p^2 に代入すれば

$$\frac{\partial^2\psi}{\partial x^2}+\frac{\partial^2\psi}{\partial y^2}+\frac{\partial^2\psi}{\partial z^2}+\frac{8\pi^2 m}{h^2}(E-V)\psi=0 \qquad (16)$$

となる．この関係は単一粒子に対する Schrödinger の方程式として知られ，波動力学の基礎になっている．[6]

演算子の代数

演算子代数

p. 33
　主題をさらに発展させるためには，演算子の代数を理解しておくことが望ましい．この目的のため少しわき道に外れよう．ある変数の函数 u が，一定の規則を適用することによって，同じ変数あるいは他の変数の別な函数 v に変わるとき，この操作を"演算"(operation) と呼び

$$\mathbf{F}u=v \qquad (17)$$

で表わす．ここに $\mathbf{F}$ は演算子の記号で，u は演算されるもの (operand)，v は結果である．* 例えば簡単な演算の一例は独立変数 x の函数 $f(x)$ にその変数を乗ずる場合である：そのときの演算子 $\mathbf{A}$ は

$$\mathbf{A}f(x)=xf(x) \qquad (18)$$

で定義される。他の演算子，例えば $\mathbf{B}$ には独立変数に関する微分すなわち

$$\mathbf{B}f(x)=\frac{\partial f(x)}{\partial x} \qquad (19)$$

がある．演算は一変数の函数に限られない；例えば二つの独立変数の函数がそのうちの一変数について微分されることがある．このときは，

$$\mathbf{C}f(x,y)=\frac{\partial f(x,y)}{\partial x} \qquad (20)$$

である．重要な演算子に，

---

　[6] E. Schrödinger, *Ann. Physik*, **79**, 361 (1926); なお同著者，同誌，**79**, 489; **80**, 437; **81**, 109 (1926) も見よ．
　* (17)式は "演算子 $\mathbf{F}$ が函数 u に作用して函数 v を与える" と読むべきものである．

演算子代数

$$\nabla^2 f(x,y,z) = \frac{\partial^2 f}{\partial x^2} + \frac{\partial^2 f}{\partial y^2} + \frac{\partial^2 f}{\partial z^2} \tag{21}$$

で表わされる"デル二乗"(del. squared) と呼ばれる Laplace 演算子がある．

そうすると Schrödinger の方程式 (16) 式は

$$\nabla^2 \psi + \frac{8\pi^2 m}{h^2}(E-V)\psi = 0 \tag{22}$$

の形に書ける．二つの演算子 **A** と **B** の和 **S** は

$$\mathbf{S}f(x) = (\mathbf{A}+\mathbf{B})f(x) = \mathbf{A}f(x) + \mathbf{B}f(x) \tag{23}$$

p. 34
で定義され，さらに同じ二つの演算子の積 **P** は

$$\mathbf{P}f(x) = \mathbf{AB}f(x) = \mathbf{A}[\mathbf{B}f(x)] \tag{24}$$

となるであろう．これは函数 $f(x)$ にまず **B** が作用し，その結果に **A** が作用するという意味である．**A** と **B** を上の (18) および (19) 式で定義されたようなものであるとすると，

$$\mathbf{AB}f(x) = x\frac{\partial f(x)}{\partial x} \tag{25}$$

となる．二つの演算子が続いて作用しても，作用された函数が変化しないならば，それらは互に逆数であるといわれる．それらは例えば **A** と $\mathbf{A}^{-1}$ で表わされて

$$\mathbf{A}\mathbf{A}^{-1} = \mathbf{A}^{-1}\mathbf{A} = \mathbf{I} \tag{26}$$

となる．この **I** は"恒等演算子"(identity operator) として知られている．同じ演算子を続けて作用させるとき $\mathbf{A}^n$ と書く．ここで n は **A** が作用する回数である．例えば，**A** を $\partial/\partial x$ とすれば，$\mathbf{A}^2$ は $\partial^2/\partial x^2$，すなわち函数の二次微分である．

二つの異なる演算子が作用するときその順序は重要であることに注意すべきである．例えば (25) 式に与えられた場合では，$\mathbf{AB}f(x)$ は $\mathbf{BA}f(x)$ とは異なる．というのは後者は

$$\mathbf{BA}f(x) = \frac{\partial}{\partial x}[xf(x)] = f(x) + x\frac{\partial f(x)}{\partial x} \tag{27}$$

となる．もし **A** と **B** が **AB** と **BA** とが等しいようなものであるならば，

この演算子は"交換可能"(commute) であるといわれる．しかし上の例では演算子が交換可能ではなく，**AB−BA** なる差を演算子 **A** と **B** との"交換子"(commutator) と呼ぶ．

線型演算子

演算子が二個またはそれ以上の函数の和に作用したとき，それが個々の函数に作用して得られた結果の和と同じものを与えるとき，その演算子は線型であるという．すなわち線型演算子 **A** に対して

$$\mathbf{A}[f_1(x)+f_2(x)]=\mathbf{A}f_1(x)+\mathbf{A}f_2(x) \tag{28}$$

である．また c を実数または複素数の任意の定数とすれば

$$\mathbf{A}cf(x)=c\mathbf{A}f(x) \tag{29}$$

である．(28)式と (29) 式とを組合わすと，線型演算子に対して

$$\mathbf{A}[c_1 f_1(x)+c_2 f_2(x)]=c_1\mathbf{A}f_1(x)+c_2\mathbf{A}f_2(x) \tag{30}$$

となることが示される．**A** と **B** が共に線型演算子であるとすると，これらの演算子の線型函数

$$\mathbf{S}=c_1\mathbf{A}+c_2\mathbf{B} \tag{31}$$

やその積，例えば

$$\mathbf{P}=c_3\mathbf{AB} \tag{32}$$

もまた線型演算子であることを容易に証明することができる．ここに c_1, c_2 および c_3 は任意の定数である．

線型演算子を含むある種の方程式の一つの重要な性質は，その方程式の別々の解の任意の線型結合もまた一つの解であるということである．すなわち **A** をそれが作用する函数 $f(x_1, x_2, \cdots, x_n)$ ——略して $f(x)$ と書こう——と同じ変数，例えば $x_1, x_2, \cdots, x_n$ だけを含む線型演算子として，

$$\mathbf{A}f(x)=0 \tag{33}$$

なる関係が成立するとする．同じ変数の函数 $f_1(x)$ と $f_2(x)$ がこの方程式の解であるとすると，

エルミート演算子

$$\mathbf{A}f_1(x)=0 \quad \text{および} \quad \mathbf{A}f_2(x)=0 \qquad (34)$$

であり，(29) 式より

$$c_1\mathbf{A}f_1(x)+c_2\mathbf{A}f_2(x)=\mathbf{A}[c_1f_1(x)+c_2f_2(x)]=0 \qquad (35)$$

となるから，従って単純な解 $f_1(x)$ と $f_2(x)$ の線型結合 $c_1f_1(x)+c_2f_2(x)$ もまた (33) 式の解である．この一般法則はもとの方程式の任意の数の単純な解にも拡張できる．

エルミート演算子

u_1 と u_2 がある特定の類に属する変数 $x_1,\cdots,x_n$ の函数であるとき，すなわちこの函数が下に示すようなある特別の条件：

$$\int\cdots\int \bar{u}_1\mathbf{A}u_2 dx_1\cdots dx_n=\int\cdots\int u_2\bar{\mathbf{A}}\bar{u}_1 dx_1\cdots dx_n \qquad (36)$$

またはその簡略形

$$\int \bar{u}_1\mathbf{A}u_2 d\tau =\int u_2\bar{\mathbf{A}}\bar{u}_1 d\tau \qquad (36a)$$

を満足するとき，それに適当する演算子 $\mathbf{A}$ をエルミート型 (Hermitian) という．* ここに記号の上の棒線は複素共役であることを示す．**

積分の上下限は関係する函数の類によって定まる．量子力学で特に興味のあるのは無限大も含まれる変数の全領域にわたって一価連続な函数である．函数の絶対値の二乗，例えば，$|\psi|^2$ は変数の全域にわたって積分すると有限とならねばならない．ψ がこのような函数であり，$\bar{\psi}$ をその複素共役とすると，この条件は $\int \psi\bar{\psi} d\tau$ が有限であることを要求する．ここに $d\tau$ は配置空間素片を表わす．これらの条件を満足する函数はしばしば"良好な振舞いの函数"[7] (well-behaved function) と呼ばれ，(36) 式または (36a) 式の積分は配置空間の全域にわたってとられる．

---

　　* (36) 式の左辺から右辺を得るには，函数 u_1 と u_2 の位置を交換して $\bar{u}_2\mathbf{A}u_1$ とし，ついでその全体の複素共役をとる．
　　** $\mathbf{A}$ および u が実数であるならば $\mathbf{A}=\bar{\mathbf{A}}$ および $\bar{u}=u$ である．
　　7) V. Rojansky, "Introductory Quantum Mechanics," Prentice-Hall, Inc., 1938 参照．

エルミート演算子の線型結合はまたエルミート型であるが，このような演算子の積は必ずしもそうはならないことが容易に示される．**A** と **B** は特定の類の函数と共に用いるのに適するエルミート型演算子であり，従ってその結果できる函数，例えば $\mathbf{A}u_1$ および $\mathbf{B}u_2$ もまたこの類に属するものとしよう；そうすると **B** を演算子と考えて，(36) 式のエルミート条件を用いると

$$\int (\overline{\mathbf{A}\bar{u}_1}) \mathbf{B} u_2 d\tau = \int u_2 (\overline{\mathbf{B}\mathbf{A}\bar{u}_1}) d\tau \tag{37}$$

となることがわかる．**A** を演算子とすると，同様にして，

$$\int (\overline{\mathbf{B}\bar{u}_2}) \mathbf{A} u_1 d\tau = \int u_1 (\overline{\mathbf{A}\mathbf{B}\bar{u}_2}) d\tau \tag{38}$$

となる．(37) 式の左辺の複素共役は

$$\int (\mathbf{A} u_1)(\overline{\mathbf{B}\bar{u}_2}) d\tau = \int (\overline{\mathbf{B}\bar{u}_2})(\mathbf{A} u_1) d\tau \tag{39}$$

であり，この右辺は (38) 式の左辺と同じものであることがわかるから，従って (37) 式と (38) 式の右辺は互いに複素共役でなければならない．すなわち

$$\int \bar{u}_2 (\mathbf{B}\mathbf{A} u_1) d\tau = \int u_1 (\overline{\mathbf{A}\mathbf{B}\bar{u}_2}) d\tau \tag{40}$$

演算子 **A** と **B** とについては，それらがともにエルミート型であるということ以外は何の仮定も設けていないから，同様に

$$\int \bar{u}_2 (\mathbf{A}\mathbf{B} u_1) d\tau = \int u_1 (\overline{\mathbf{B}\mathbf{A}\bar{u}_2}) d\tau \tag{41}$$

となる．積 **AB** がエルミート型であるときは，

$$\int \bar{u}_2 (\mathbf{A}\mathbf{B} u_1) d\tau = \int u_1 (\overline{\mathbf{A}\mathbf{B}\bar{u}_2}) d\tau \tag{42}$$

となる．従って (41) 式と (42) 式を比べると，**AB** が **BA** と同じであるときだけ **AB** はエルミート型でありうることを示している．すなわち二つのエルミート型演算子の積はその二つの演算子が交換可能であるときだけそれ自身エルミート型となるのである．二つの演算子が同一であるときは交換可能な演算子の特別な場合である．故に **A** がエルミート型であれば **AA** す

なわち $\mathbf{A}^2$ もまたエルミート型であるということになる．

固有函数と固有値

　函数 $f(x)$ に演算子 $\mathbf{A}$ が作用するとき，その結果がただそのある定数倍となるだけの場合，すなわち a をある定数として

$$\mathbf{A}f(x)=af(x) \tag{43}$$

であるような函数 $f(x)$ が与えられた類の中にあるとき，その類の中のこの規則に従う函数は演算子 $\mathbf{A}$ の"固有函数"(eigenfunction) として知られる．これらの固有函数はしばしば (43) 式の解であるといわれ，また a の種々の可能な値はその演算子の"固有値"(eigenvalue) と呼ばれる．

　ψ と ϕ とが"良好な振舞い"の類 (35頁) に属する函数であって，また $\mathbf{A}$ がエルミート演算子ならば，

$$\int \bar{\phi} \mathbf{A} \psi d\tau = \int \psi (\overline{\mathbf{A}\phi}) d\tau \tag{44}$$

が成り立つ．さらにもし (43) 式の条件が満足されれば，

$$\mathbf{A}\psi = a\psi \tag{45}$$

であり，a は演算子 $\mathbf{A}$ の固有値である．(45) 式の量の複素共役をとると

$$\overline{\mathbf{A}\psi} = \bar{a}\bar{\psi} \tag{46}$$

となる．(45) 式の両辺に $\bar{\psi}$ を，また (46) 式の両辺に ψ を乗じ，そのおのおのの場合について得られた式を全配置空間にわたって積分すると，

$$\int \bar{\psi}(\mathbf{A}\psi) d\tau = a \int \bar{\psi}\psi d\tau \tag{47}$$

および

$$\int \psi(\overline{\mathbf{A}\psi}) d\tau = \bar{a} \int \psi\bar{\psi} d\tau \tag{48}$$

となる．もし $\mathbf{A}$ がエルミート型であれば (47) および (48) 式の左辺は等しくなければならない．また $\psi\bar{\psi}$ と $\bar{\psi}\psi$ とは同じものであるから，

$$a = \bar{a} \tag{49}$$

となる．このことは a が実数のときにだけ成立するから，"良好な振舞い"の函数に対しては，エルミート演算子の固有値は実数でなければならないことになる．

量子力学の前提

量子力学の一般的な公式化

次の問題は，これまで述べてきたのと違った方法で，量子力学の基礎方程式を導くことである；すなわち基礎として波動方程式を用いないで，ある他の前提を設けよう．これらの前提は幾何学の公理に似て，直接に証明することはできないが，それからの多くの結論，特に水素原子やヘリウム原子のエネルギー準位に関する結論は実験で確かめられているから，これらの前提は受け入れてよく，またその結果は多くの粒子を含む系の研究に用いてもよいものである．

f 個の自由度をもち，従って f 個の独立な力学変数，例えば運動量 p_1, $p_2, \cdots, p_f$ および同数の独立で，力学的に共役な変数，* 例えば位置座標 q_1, $q_2, \cdots, q_f$ で記述することができるような一つの系を考える．そこで次の三つの前提をおく．

I. 系の任意の状態が"良好な振舞い"の類に属する函数 $\psi(q_1, q_2, \cdots, q_f)$ によってできるだけ十分に記述され，その結果 $\psi\bar{\psi}dq_1dq_2\cdots dq_f$ は，変数 q_1 が q_1 と q_1+dq_1, q_2 が q_2 と $q_2+dq_2\cdots\cdots$ などの間にある確率を表わしている．各変数はなんらかの値をもたねばならないから，全確率は 1 でなければならず，従って

$$\int\cdots\cdots\int\psi\bar{\psi}dq_1\cdots dq_f = 1 \tag{50}$$

すなわち

$$\int\psi\bar{\psi}d\tau = 1 \tag{50a}$$

---

* 力学的に共役な変数は一般化された Hamilton の運動方程式によって相互に関係づけられる（113頁を見よ）．

である．ただし積分は q のすべての可能な値にわたってとる．

Ⅱ．各力学変数には一つの線型のエルミート演算子が対応しており，これは次の規則によって得られる：

a. もし変数が運動量，すなわち p のうちの一つであれば演算子は

$$\frac{h}{2\pi i}\cdot\frac{\partial}{\partial q}$$

である．

b. もしそれが位置座標，すなわち q のうちの一つであれば，演算は q を乗ずることである．*

後に示されるが，p と q に対するこれらの演算子は線型で，しかもエルミート型である．

c. もし変数が p と q とで表わすことのできる任意の他の力学変数，例えばエネルギーであるとすると，演算子はその変数を表わす代数式の中の p と q とにそれぞれそれらに対応する演算子を代入して得られる．ただし各因子の順序はその演算子をエルミート型にするようにとる．

Ⅲ．ある与えられた状態において実数の一つ，例えばエネルギーが正確に a という値をもつことがわかると，函数 ψ は固有値 a をもった対応する演算子 **A** の固有函数であり，従って

$$\mathbf{A}\psi = a\psi \tag{51}$$

である．このような状態をその変数の"固有状態"（eigenstate）と呼ぶ．**

これらの前提の用い方を説明するために，位置の函数であるポテンシャル $V(x, y, z)$ に対応する力の場の中で運動する質量 m の一個の粒子，例えば電子から成る系を考える．q を粒子の直交座標 x, y, z に選ぶと，その粒子の状態は一つの函数 $\psi(x, y, z)$ で記述することができ，従って座標 x, y, z に対応する演算子はそれぞれ x, y, z を乗ずることになる．直交する三方

---

* 本書では用いないが，q を演算子 $(h/2\pi i)(\partial/\partial p)$ で置き換え，p に掛け算を用いることも数学的には等価な前提である．

** もし一つの状態が"縮重"（47頁脚註を見よ）しているとき，二つまたはそれ以上の固有函数が同じ固有値に対応する．

向の共役な運動量に対する演算子はそれぞれ

$$\frac{h}{2\pi i}\cdot\frac{\partial}{\partial x}, \quad \frac{h}{2\pi i}\cdot\frac{\partial}{\partial y} \quad \text{および} \quad \frac{h}{2\pi i}\cdot\frac{\partial}{\partial z}$$

である．系のハミルトン函数（H）は座標と運動量とを用いて全エネルギーすなわち $T+V$ を表わした式である．ここで T は運動のエネルギー，V はポテンシャル・エネルギーである．T は $p^2/2m$〔(13) 式〕に等しいから，p をベクトル量として取扱うと，ハミルトン函数は

$$H=\frac{1}{2m}(p_x^2+p_y^2+p_z^2)+V(x,y,z) \tag{52}$$

の形*に書かれ，これに対応するハミルトン演算子 **H**，すなわちエネルギーに対する演算子は，それ故前提 IIc により

$$\mathbf{H}=\frac{1}{2m}\left[\left(\frac{h}{2\pi i}\cdot\frac{\partial}{\partial x}\right)^2+\left(\frac{h}{2\pi i}\cdot\frac{\partial}{\partial y}\right)^2\right.$$
$$\left.+\left(\frac{h}{2\pi i}\cdot\frac{\partial}{\partial z}\right)^2\right]+V(x,y,z) \tag{53}$$

となる．もしある与えられた状態において全エネルギーが正確に E であることがわかれば，前提IIIから ψ は方程式

$$\mathbf{H}\psi=E\psi \quad \text{または} \quad \mathbf{H}\psi-E\psi=0 \tag{54}$$

を満足する函数で，従ってエネルギー状態はハミルトン演算子の固有状態になる．すぐ後 (43頁) でわかるように，この演算子はエルミート型であるから，37頁で推論したところによってエネルギー値は実数でなければならない．

H の式 (53) を展開して (54) 式に入れると

$$\left[-\frac{h^2}{8\pi^2 m}\left(\frac{\partial^2}{\partial x^2}+\frac{\partial^2}{\partial y^2}+\frac{\partial^2}{\partial z^2}\right)+V(x,y,z)\right]\psi-E\psi=0 \tag{55}$$

すなわち

---

* もし T を $\frac{1}{2m}\left(\frac{1}{x}p^2_x x+\frac{1}{y}p^2_y y+\frac{1}{z}p^2_z z\right)$ と書いたとすれば，これは (52) 式に与えられる形と代数的には同等であるが，得られる演算子はエルミート型ではない．これは p_x と x などが交換可能でないためである．

量子力学の一般的な公式化

$$\left(-\frac{h^2}{8\pi^2 m}\nabla^2 + V\right)\psi - E\psi = 0 \tag{56}$$

$$\therefore \quad \nabla^2\psi + \frac{8\pi^2 m}{h^2}(E-V)\psi = 0 \tag{57}$$

となり，Schrödinger 方程式 (32頁) になることがわかる．ここで考えている場合では上に行った三つの前提は38頁の前提と同じ結果に導く．多くの目的には，(54) 式で与えられる Schrödinger 方程式の形を用いると便利で，この場合演算子 **H** は (53) 式に示した意味，またはもっと簡潔には，(56) 式からわかるように，

$$\mathbf{H} = -\frac{h^2}{8\pi^2 m}\nabla^2 + V \tag{58}$$

の意味をもっていると理解される．数個の粒子より成る系では，ハミルトン演算子は通常

$$\mathbf{H} = -\frac{h^2}{8\pi^2}\sum_i \frac{1}{m_i}\nabla_i^2 + V \tag{59}$$

の形で書かれる．ここに m_i は i 番目の粒子の質量，∇_i^2 はラプラス演算子であって，求和はあらゆる粒子についてとられる．

二電子からなる系のハミルトン演算子に対する固有函数を ψ とすると，(54) 式と (59) 式によって，Schrödinger 方程式は

$$-\frac{h^2}{8\pi^2 m}(\nabla_1^2 + \nabla_2^2)\psi + (V-E)\psi = 0 \tag{60}$$

すなわち

$$(\nabla_1^2 + \nabla_2^2)\psi + \frac{8\pi^2 m}{h^2}(E-V)\psi = 0 \tag{61}$$

となる．ここに

$$\nabla_1^2 = \frac{\partial^2}{\partial x_1^2} + \frac{\partial^2}{\partial y_1^2} + \frac{\partial^2}{\partial z_1^2} \quad \text{および} \quad \nabla_2^2 = \frac{\partial^2}{\partial x_2^2} + \frac{\partial^2}{\partial y_2^2} + \frac{\partial^2}{\partial z_2^2} \tag{62}$$

である．x_1, y_1, z_1 は一方の電子の座標，x_2, y_2, z_2 は他方のそれである．もし二電子間に相互作用がないとすると，両者共存の系の全エネルギーおよびポテンシャルはそれぞれ E_1 と E_2 および V_1 と V_2 なる成分に分割される．ここでその種々の成分は示された電子が孤立しているときもつ値と同

じものであり，従ってこれらの条件の下で (61) 式は

$$\left[\nabla_1^2\psi + \frac{8\pi^2 m}{h^2}(E_1-V_1)\psi\right] + \left[\nabla_2^2\psi + \frac{8\pi^2 m}{h^2}(E_2-V_2)\psi\right] = 0 \quad (63)$$

と書ける．ϕ_1 と ϕ_2 とを一電子固有函数，すなわち各粒子単独のときのハミルトン演算子に対する固有函数とすれば

$$\nabla_1^2\phi_1 + \frac{8\pi^2 m}{h^2}(E_1-V_1)\phi_1 = 0 \quad (64)$$

および

$$\nabla_2^2\phi_2 + \frac{8\pi^2 m}{h^2}(E_2-V_2)\phi_2 = 0 \quad (65)$$

となり，(63), (64) および (65) 式から

$$\psi = c\phi_1\phi_2 \quad (66)$$

と書けることが容易に示される．ここで c は定数である．従って二つの電子の間に相互作用がないとき，その系の固有函数は一電子固有函数の積に比例する．この規則は任意の数の電子の系に拡張することができる．c の値は一般に規格化条件として知られているものによってきめられるが，これは次に論ずることにする．

量子力学的な演算子および函数の性質

演算子の線型性およびエルミート性

演算子 **p** と **q** が (28) および (29) 式を満足することの証明は簡単であり，従って明らかにこれらの演算子は線型である．これらの演算子の和や積もやはり線型であるから，ハミルトン演算子は線型でなければならないことになる．

演算子 **q** はただ変数を乗ずることであるから，その性質は明らかにエルミート型であるが，**p** もまたエルミート型であることは次のようにして示すことができる．ψ と ϕ を"良好な振舞い"の類に属する二つの函数である

演算子の線型性およびエルミート性

としよう．さらにそれらを含む次の積分 I を考える．

$$I = \int \cdots \int \overline{\psi} \mathbf{p}_k \phi \, dq_1 \cdots dq_n \tag{67}$$

ここに積分は q のすべての可能な値について行う．演算子 $\mathbf{p}_k$ に対応する値を入れ，$dq_1 \cdots dq_n$ の代りに $d\tau$ と書くと，これは

$$I = \int \cdots \int \overline{\psi} \frac{h}{2\pi i} \cdot \frac{\partial \phi}{\partial q_k} d\tau \tag{68}$$

となり，q_k について部分積分すれば

$$I = \int \cdots \int \left(\overline{\psi} \frac{h}{2\pi i} \phi \right)_{q_k = -\infty}^{q_k = +\infty} d\tau' - \int \cdots \int \phi \frac{h}{2\pi i} \cdot \frac{\partial \overline{\psi}}{\partial q_k} d\tau \tag{69}$$

を得る．ただし $d\tau'$ は dq_k を含まない．"良好な振舞い"の函数はその変数の全領域で一価連続であり，$\int \cdots \int \psi \overline{\psi} d\tau$ および $\int \cdots \int \phi \overline{\phi} d\tau$ は有限でなければならない（35頁）．この条件は ψ および ϕ が $+\infty$ および $-\infty$ で零になるときだけ満足される．それ故"良好な振舞い"の函数に対して明らかに (69) 式の左側の積分は零であり，従って，この式は

$$I = \int \cdots \int \phi \left(-\frac{h}{2\pi i} \cdot \frac{\partial \overline{\psi}}{\partial q_k} \right) d\tau \tag{70}$$

となる．演算子 $\mathbf{p}_k$ の複素共役，すなわち $\overline{\mathbf{p}}_k$ は $-\dfrac{h}{2\pi i} \cdot \dfrac{\partial}{\partial q_k}$ であり，従って明らかに (70) 式は

$$I = \int \cdots \int \phi \overline{\mathbf{p}}_k \overline{\psi} d\tau \quad \text{または} \quad \int \cdots \int \phi \overline{\mathbf{p}}_k \overline{\psi} dq_1 \cdots dq_n \tag{71}$$

と書いてもよい．(67) 式と (71) 式とを比べると，$\mathbf{p}_k$ がエルミート型でなければならぬことが直ちにわかる．エルミート型演算子の平方および二つあるいはそれ以上のこのような演算子の和もまたエルミート型であることを見た．それ故，ハミルトン演算子は $\mathbf{p}_k^2$ の型の項の和や実定数を含んでいるから，やはりエルミート型であることは明らかである（36頁を見よ）．ハミルトン演算子は i を含まないから，それはその複素共役と同じものである．従って

$$\int \overline{\phi} \mathbf{H} \psi d\tau = \int \psi \mathbf{H} \phi d\tau \tag{72}$$

および

$$\int \overline{\psi} \mathbf{H} \psi d\tau = \int \psi \overline{\mathbf{H} \psi} d\tau \tag{73}$$

と書くことができる．**H** がエルミート型であることの重要性は 37 頁の議論に従って (54) 式のエネルギー E の固有値が常に実数でなければならないという事実にある．

p. 44
規格化と直交性

二つの函数 $f_1(x)$ および $f_2(x)$ がある区間 a, b で

$$\int_a^b \overline{f_1(x)} f_2(x) dx = 0 \tag{74}$$

の性質をもつとき，これらの函数をその区間内で"直交"(orthogonal) するという．区間 a, b 内でその任意の二つが直交するような函数の組 $f_1(x), f_2(x), \ldots, f_i(x)$ をその区間内で"直交する組"(orthogonal set) と呼ぶ．

$f_i(x)$ が x の任意の函数で，条件

$$\int_a^b \overline{f_i(x)} f_i(x) dx = 1 \tag{75}$$

が成立するとき，その函数は"規格化"(normalized) されているという．条件 (74) および (75) が共に成り立つとき，その函数全部は区間 a, b 内で規格化され，相互に直交する．"良好な振舞い"の類に属する函数を特に問題とする量子力学では，区間は全配置空間に及ぶから，規格化条件は

$$\int \overline{\psi}_i \psi_i d\tau = 1 \tag{76}$$

直交条件は

$$\int \overline{\psi}_i \psi_j d\tau = 0 \tag{77}$$

と書かれることが多い．

規格化された直交函数の重要な性質は，任意のある函数，例えば"良好な振舞い"の類に属する函数が直交函数の級数で展開できることである．例えば $f(x)$ をある与えられた区間 a, b 内で直交函数の級数に展開できる任意の函数とすれば，

$$f(x) = c_1 \phi_1 + c_2 \phi_2 + \cdots\cdots + c_i \phi_i + \cdots\cdots \tag{78}$$

規格化と直交性

となる。ただし係数 $c_1, c_2, \cdots, c_i, \cdots$ は定数，$\phi_1, \phi_2, \cdots, \phi_i, \cdots$ は変数 x の相互に直交する函数である。(78) 式の両辺に $\overline{\phi_i}$ を乗じ，区間全域にわたって積分すると，結果は

$$\int_a^b \overline{\phi_i} f(x) dx = c_1 \int_a^b \overline{\phi_i}\phi_1 dx + c_2 \int_a^b \overline{\phi_i}\phi_2 dx + \cdots + c_i \int_a^b \overline{\phi_i}\phi_i dx + \cdots \quad (79)$$

となる。ϕ は直交するから，ϕ_i を含む積分の他はすべて零となり，しかもこの特別の積分は函数が規格化されておれば，1に等しい。従って

$$c_i = \int_a^b \overline{\phi_i} f(x) dx \quad (80)$$

となる。故に展開が正しければ，係数 $c_1, c_2, \cdots, c_i, \cdots$ を見出すことができる。この結果は，便宜上別な形に書くことができる。規格化された直交函数 $\psi_1, \psi_2, \cdots, \psi_i, \cdots$ が量子力学で出てくるような与えられた演算子の固有函数であるならば，任意の状態の固有函数 Ψ は ψ を用いて展開できる。従って

$$\Psi = \sum_i c_i \psi_i \quad (81)$$

この式は (78) 式と同じものである。ここで (80) 式によって，

$$c_i = \int \overline{\psi_i} \Psi d\tau \quad (82)$$

であり，一般に $d\tau$ を配置空間の素片にとり，積分はこの空間の全域にわたって行う。

もし Ψ がある規格化された直交函数の組を用いて表わすことができる固有函数で，$\overline{\Psi}$ がその複素共役であるとすると，

$$\Psi = c_1\psi_1 + c_2\psi_2 + \cdots \quad (83)$$

および

$$\overline{\Psi} = \overline{c_1}\overline{\psi_1} + \overline{c_2}\overline{\psi_2} + \cdots \quad (84)$$

となる。Ψ が規格化されておれば，

$$\int \Psi \overline{\Psi} d\tau = \int (c_1\psi_1 + c_2\psi_2 + \cdots)(\overline{c_1}\overline{\psi_1} + \overline{c_2}\overline{\psi_2} + \cdots) d\tau = 1 \quad (85)$$

である。$\int \psi_i \overline{\psi_j} d\tau$ なる型の積分のすべての項は直交性のために，$i \neq j$ のと

きは零であり，函数が規格化されているため $i=j$ のとき1となり，従って

$$c_1\bar{c}_1+c_2\bar{c}_2+\cdots+c_i\bar{c}_i+\cdots\cdots=1 \tag{86}$$

すなわち，

$$\sum_i c_i\bar{c}_i=1 \tag{86a}$$

となる．これは固有函数 Ψ が規格化される条件とみなされる．

任意のエルミート演算子の固有函数はその変数の全域に対応した区間，例えば配置空間全域にわたって直交函数であることを証明することができる．ψ_1 および ψ_2 を演算子 $\mathbf{A}$ の固有函数，それに対応する固有値を a_1 および a_2 とすれば

$$(1)\quad \mathbf{A}\psi_1=a_1\psi_1 \quad \text{および}\quad (2)\quad \mathbf{A}\psi_2=a_2\psi_2 \tag{87}$$

である．(1)の両辺に $\bar{\psi}_2$ を乗じ，全配置空間にわたって積分すると，

$$\int \bar{\psi}_2 \mathbf{A}\psi_1 d\tau = a_1 \int \bar{\psi}_2 \psi_1 d\tau \tag{88}$$

となる．さらに $\mathbf{A}$ はエルミート演算子であるから，

$$\int \bar{\psi}_2 \mathbf{A}\psi_1 d\tau = \int \psi_1 \overline{\mathbf{A}\psi_2} d\tau = a_1 \int \bar{\psi}_2 \psi_1 d\tau \tag{89}$$

が成立つ．(87, 2) 式の両辺の複素共役をとり，ψ_1 を乗じて積分して，演算子がエルミート型であることを用いると，

$$\int \bar{\psi}_2 \mathbf{A}\psi_1 d\tau = \bar{a}_2 \int \psi_1 \bar{\psi}_2 d\tau \tag{90}$$

となることがわかる．上に示したようにエルミート演算子の固有値は実数でなければならない．すなわち $\bar{a}_2=a_2$ であるから，(90) 式は，

$$\int \bar{\psi}_2 \mathbf{A}\psi_1 d\tau = a_2 \int \psi_1 \bar{\psi}_2 d\tau \tag{91}$$

となり，(89) 式と (91) 式とを比べると

$$a_1 \int \bar{\psi}_2 \psi_1 d\tau = a_2 \int \psi_1 \bar{\psi}_2 d\tau \tag{92}$$

を得る．もし $a_1 \neq a_2$ ならば

$$\int \bar{\psi}_2 \psi_1 d\tau = 0 \tag{93}$$

となる．故に同じエルミート演算子の相異なる固有値に対応する固有函数は直交する．もちろんこれはハミルトン演算子についても成立ち，従って Schrödinger 方程式 $\mathbf{H}\psi = E\psi$ の解である固有函数 ψ は直交する組を作る．

二つまたはそれ以上の独立な固有函数が同一の固有値に対応するとき，すなわち状態が"縮重"(degenerate)* しているときは，直交性に関する今までの議論を多少修正する必要がある．一つの固有値に対応する固有函数は，他の固有値に対応する函数と直交するが，ある特別な固有値に属する数個の固有函数では必ずしも相互に直交しない．しかしもし必要であれば容易にそれらが直交し合うようにすることができる．同一の固有値 a に対応する線型演算子 $\mathbf{A}$ の二つの縮重した規格化固有函数 ψ_1 および ψ_2 があるとき，

$$\mathbf{A}\psi_1 = a\psi_1 \quad \text{および} \quad \mathbf{A}\psi_2 = a\psi_2 \tag{94}$$

である．ここで ψ_1 と ψ_2 とは直交していない．ψ_2' を $\psi_2 - b\psi_1$ と定義すれば，ψ_2' もまた正しい解であることが容易に示される．しかしもし ψ_1 と ψ_2' とが相互に直交するとすれば，

$$\int \overline{\psi_1}\psi_2' d\tau = \int \overline{\psi_1}(\psi_2 - b\psi_1)d\tau = \int \overline{\psi_1}\psi_2 d\tau - b\int \overline{\psi_1}\psi_1 d\tau = 0 \tag{95}$$

でなければならない．ψ_1 は規格化されているから，$\int \overline{\psi_1}\psi_1 d\tau$ は 1 に等しく，従って直交条件は

$$b = \int \overline{\psi_1}\psi_2 d\tau \tag{95a}$$

である．それ故 ψ_1 と ψ_2 とが直交していなくても，この要求を満足するそれらの線型結合を見つけることができる．

行　列

一つの演算子の固有函数 ϕ_j に他の変数の演算子を作用することによってある函数 ψ が得られるとき，例えば，

$$\psi = \mathbf{A}\phi_j \tag{96}$$

---

* 同一の固有値をもつ Schrödinger 方程式の解である n 個の一次独立な固有函数が存在するとき，エネルギー準位または状態が，"n 重" (n-fold) に縮重しているという (39頁を見よ)．

なるとき(81)式の展開の重要な形のものが現われる．ここに(81)式によって

$$\psi = \sum_i c_i \phi_i \tag{97}$$

である．この特別な場合では，(82)式により係数 c_i は，$\int \bar{\phi}_i \psi d\tau$ に等しく，またこれは(96)式により $\int \bar{\phi}_i \mathbf{A} \phi_j d\tau$ である．この量は演算子と同じ文字を使って記号 A_{ij} で表わされる．例えば

$$c_i = \int \bar{\phi}_i \mathbf{A} \phi_j d\tau \equiv A_{ij} \tag{98}$$

$$\therefore \psi = \sum_i c_i \phi_i = \sum_i A_{ij} \phi_i \tag{99}$$

$$= A_{1j}\phi_1 + A_{2j}\phi_2 + \cdots + A_{nj}\phi_n \tag{99a}$$

(99a)のようにあらゆる函数を展開することによって見出される量 A_{ij} の組を演算子 $\mathbf{A}$ の"行列"(matrix)と呼び，それは通常次に示すような方陣*の形に書かれる．

$$\begin{matrix} A_{11} & A_{12} & A_{13} & \cdots & A_{1n} \\ A_{21} & A_{22} & A_{23} & \cdots & A_{2n} \\ A_{31} & A_{32} & A_{23} & \cdots & A_{3n} \\ \vdots & \vdots & \vdots & & \vdots \\ A_{n1} & A_{n2} & A_{n3} & & A_{nn} \end{matrix}$$

任意の特別な値 A_{ij} を固有函数 ϕ_i と ϕ_j の間の演算子 $\mathbf{A}$ の"行列成分"(matrix component) または"行列要素"(matrix element)と呼び，その $i=j$ なる成分，例えば A_{11}, A_{22} などを"対角要素"(diagonal element)と呼ぶ．

演算子 $\mathbf{A}$ がエルミート型ならば

$$A_{ij} = \int \bar{\phi}_i \mathbf{A} \phi_j d\tau = \int \phi_j \overline{\mathbf{A}} \bar{\phi}_i d\tau = \bar{A}_{ji} \tag{100}$$

である．従ってエルミート行列では，その対角要素に対して対称な成分は互

---

* 行列は例えば 66頁にあるようにしばしば行列式の部分を構成することはあるが，行列を作るこの方陣を行列式と混同してはいけない．

角運動量

に複素共役である．磁気的相互作用を含む項が無視できるときのハミルトン演算子のように，演算子が虚数 i を含まず，固有函数 ϕ_i と ϕ_j が実数ならば，$\overline{A_{ji}}$ は A_{ij} 等しく，従ってこの特別の場合には $A_{ij}=A_{ji}$ である．

角運動量とスピン演算子

角運動量

p. 49

　角運動量に関係のある演算子は量子力学では重要である．この主題について一般的に述べてはいくが，ここでは結果をスピン角運動量に応用するにとどめる．原点から r の距離にあり，速さ v で運動する質量 m の単一粒子の角運動量 M は $m\mathbf{r}\times\mathbf{v}$ で与えられる．ただし $\mathbf{r}$ と $\mathbf{v}$ はベクトルである．原点のまわりの角運動量の三つの成分 M_x, M_y, M_z は

$$M_x = yp_z - zp_y \tag{101}$$

$$M_y = zp_x - xp_z \tag{102}$$

$$M_z = xp_y - yp_x \tag{103}$$

で定義されることが示される．ここに x, y, z は座標，p_x, p_y, p_z は対応する直線運動量の成分である．(101), (102) および (103) 式の中の座標と運動量を適当な量子力学的演算子 (39頁) で置き換え，前提 II c (39頁) で要求されるようにその結果がエルミート型になるように因子の順序をとると，角運動量の演算子は

$$\mathbf{M}_x = \frac{h}{2\pi i}\left(y\frac{\partial}{\partial z} - z\frac{\partial}{\partial y}\right) \tag{104}$$

$$\mathbf{M}_y = \frac{h}{2\pi i}\left(z\frac{\partial}{\partial x} - x\frac{\partial}{\partial z}\right) \tag{105}$$

$$\mathbf{M}_z = \frac{h}{2\pi i}\left(x\frac{\partial}{\partial y} - y\frac{\partial}{\partial x}\right) \tag{106}$$

となる．これらは交換可能ではなく，(104), (105) および (106) 式から実際の値を代入すると種々の交換子は

$$\mathbf{M}_x\mathbf{M}_y-\mathbf{M}_y\mathbf{M}_x=\frac{ih}{2\pi}\mathbf{M}_z \qquad (107)$$

$$\mathbf{M}_y\mathbf{M}_z-\mathbf{M}_z\mathbf{M}_y=\frac{ih}{2\pi}\mathbf{M}_x \qquad (108)$$

および

$$\mathbf{M}_z\mathbf{M}_x-\mathbf{M}_x\mathbf{M}_z=\frac{ih}{2\pi}\mathbf{M}_y \qquad (109)$$

となることがわかる．全角運動量 M は式

$$M^2=M_x^2+M_y^2+M_z^2 \qquad (110)$$

または演算子の形で書くと，

$$\mathbf{M}^2=\mathbf{M}_x^2+\mathbf{M}_y^2+\mathbf{M}_z^2 \qquad (111)$$

によって各成分と関係づけられる．演算子 $\mathbf{M}_x-i\mathbf{M}_y$ と $\mathbf{M}_x+i\mathbf{M}_y$ との積は展開することができる．

$$(\mathbf{M}_x-i\mathbf{M}_y)(\mathbf{M}_x+i\mathbf{M}_y)=\mathbf{M}_x^2+i(\mathbf{M}_x\mathbf{M}_y-\mathbf{M}_y\mathbf{M}_x)+\mathbf{M}_y^2 \qquad (112)$$

それ故 (107), (111) および (112) 式から

$$\mathbf{M}^2=(\mathbf{M}_x-i\mathbf{M}_y)(\mathbf{M}_x+i\mathbf{M}_y)+\frac{h}{2\pi}\mathbf{M}_z+\mathbf{M}_z^2 \qquad (113)$$

となる．**p** と **q** の性質を調べたときに用いたと同じ方法で，$\mathbf{M}_x$, $\mathbf{M}_y$ および $\mathbf{M}_z$ は線型であると共にエルミート型であることを示すことができる．

電子スピン

G. E. Uhlenbeck および S. Goudsmit[8] は原子スペクトルのある微細構造を説明するために，電子はスピンと同等な一種の内部角運動量をもつことを示唆した．実験値を満足に説明するためには，通常の形の角運動量を用いて書き表わしたスピンの全角運動量の平方すなわち

$$M^2=l(l+1)\left(\frac{h}{2\pi}\right)^2$$

は $½(½+1)(h/2\pi)^2$ に等しく，従って任意の与えられた軸に平行な成分は

---

8) G. E. Uhlenbeck and S. Goudsmit, *Naturwissenschaften*, **13**, 953 (1925); *Nature*, **117**, 264 (1926).

スピン演算子

$$+\frac{1}{2}\frac{h}{2\pi} \quad \text{または} \quad -\frac{1}{2}\frac{h}{2\pi}$$

なる値だけしかもたないことを仮定する必要がある．電子の角運動量は通常 $h/2\pi$ 単位で表わされるので，電子のいわゆる"スピン量子数"(spin quantum number) は $+\frac{1}{2}$ または $-\frac{1}{2}$ だけであるということになる．

スピン演算子

スピン角運動量が上に考えた角運動量と類似のものであるとの仮定に立って，W. Pauli は x, y, z 軸にそれぞれ平行な三つのスピン成分 S_x, S_y, S_z に対応するスピン演算子 $\mathbf{S}_x, \mathbf{S}_y, \mathbf{S}_z$ を導入した．全スピン運動量はその成分と通常の式

$$S^2 = S_x^2 + S_y^2 + S_z^2$$

によって関係づけられ，それに対応する演算子は

$$\mathbf{S}^2 = \mathbf{S}_x^2 + \mathbf{S}_y^2 + \mathbf{S}_z^2 \tag{114}$$

で与えられる．スピン角運動量の三成分のうち同時に正確にきめられるものは唯一つだけであって，これは慣例的に z 軸に平行な成分にとり，スピン角運動量の z 成分は $+h/4\pi$ および $-h/4\pi$ の値だけをもつことができる．

α と β とが演算子 $\mathbf{S}_z$ の固有函数であり，そのスピン量子数がそれぞれ $+\frac{1}{2}$ と $-\frac{1}{2}$ であるとする．上述の前提によって，それに対応する固有値はそれぞれ $+\frac{1}{2}h/2\pi$ と $-\frac{1}{2}h/2\pi$ でなければならない．従って，

$$\mathbf{S}_z \alpha = +\frac{1}{2}\left(\frac{h}{2\pi}\right)\alpha \tag{115}$$

および

$$\mathbf{S}_z \beta = -\frac{1}{2}\left(\frac{h}{2\pi}\right)\beta \tag{116}$$

が成立する．さらに上で見たように，全スピン角運動量の平方は，

$$S^2 = \frac{1}{2}\left(\frac{1}{2}+1\right)\left(\frac{h}{2\pi}\right)^2 \tag{117}$$

で与えられるので，

$$S^2\alpha=\frac{3}{4}\left(\frac{h}{2\pi}\right)^2\alpha \quad \text{および} \quad S^2\beta=\frac{3}{4}\left(\frac{h}{2\pi}\right)^2\beta \qquad (118)$$

が成立する．

演算子 $S_z(S_x-iS_y)$ が固有函数 α に作用する場合を考える．掛け合わせると

$$S_z(S_x-iS_y)\alpha=(S_zS_x-iS_zS_y)\alpha \qquad (119)$$

となることがわかる．角運動量の演算子について導かれた交換法則がスピン角運動量にも適用されると仮定してよければ，(107)，(108) および (109) 式との類推によって，

$$S_xS_y-S_yS_x=\frac{ih}{2\pi}S_z \qquad (120a)$$

$$S_yS_z-S_zS_y=\frac{ih}{2\pi}S_x \qquad (120b)$$

$$S_zS_x-S_xS_z=\frac{ih}{2\pi}S_y \qquad (120c)$$

となる．(120c) および (120b) 式から得られる S_zS_x および S_zS_y を (119) 式に代入すると，

$$S_z(S_x-iS_y)\alpha=\left(\frac{ih}{2\pi}S_y+S_xS_z-\frac{h}{2\pi}S_x-iS_yS_z\right)\alpha \qquad (121)$$

$$=(S_x-iS_y)S_z\alpha-\frac{h}{2\pi}(S_x-iS_y)\alpha \qquad (122)$$

を得る．(115) 式により $S_z\alpha$ を $(h/4\pi)\alpha$ でおきかえると

$$S_z(S_x-iS_y)\alpha=\frac{h}{4\pi}(S_x-iS_y)\alpha-\frac{h}{2\pi}(S_x-iS_y)\alpha \qquad (123)$$

$$\therefore \quad S_z[(S_x-iS_y)\alpha]=-\frac{h}{4\pi}[(S_x-iS_y)\alpha] \qquad (124)$$

となる．これから $[(S_x-iS_y)\alpha]$ が S_z の固有函数であることが示され，(124) 式を (116) 式と比べると

$$(S_x-iS_y)\alpha=c\beta \qquad (125)$$

となることがわかる．ここに c は定数で，この c の値をきめなければなら

スピン演算子

ない．スピン固有函数 α および β が規格化されているように選ぶとする．すなわち

$$\int \alpha \bar{\alpha} d\omega = 1 \quad \text{および} \quad \int \beta \bar{\beta} d\omega = 1 \tag{126}$$

であるとすれば，

$$\int (c\beta)(\bar{c}\bar{\beta}) d\omega = c\bar{c} \tag{127}$$

である．これらの積分はスピン座標 ω について行う．

(125) 式によると，函数 $c\beta$ は $(\mathbf{S}_x - i\mathbf{S}_y)\alpha$ に等しく，この複素共役，すなわち $\bar{c}\bar{\beta}$ は $(\bar{\mathbf{S}}_x + i\bar{\mathbf{S}}_y)\bar{\alpha}$ すなわち $(\bar{\mathbf{S}}_x\bar{\alpha} + i\bar{\mathbf{S}}_y\bar{\alpha})$ である．それ故 (127) 式により，

$$c\bar{c} = \int (\mathbf{S}_x - i\mathbf{S}_y)\alpha (\bar{\mathbf{S}}_x\bar{\alpha}) d\omega + \int (\mathbf{S}_x - i\mathbf{S}_y)\alpha i(\bar{\mathbf{S}}_y\bar{\alpha}) d\omega \tag{128}$$

である．この式で $\bar{\mathbf{S}}_x$ と $\bar{\mathbf{S}}_y$ をそれぞれ第一と第二の積分内で演算子として取扱うことができる．また $\mathbf{M}_x$ および $\mathbf{M}_y$ との類似から，それらはエルミート型であるから，

$$c\bar{c} = \int \bar{\alpha} \mathbf{S}_x (\mathbf{S}_x - i\mathbf{S}_y) \alpha d\omega + \int \bar{\alpha} i\mathbf{S}_y (\mathbf{S}_x - i\mathbf{S}_y) \alpha d\omega \tag{129}$$

$$= \int \bar{\alpha} (\mathbf{S}_x + i\mathbf{S}_y)(\mathbf{S}_x - i\mathbf{S}_y) \alpha d\omega \tag{130}$$

$$= \int \bar{\alpha} (\mathbf{S}_x^2 + \mathbf{S}_y^2 - i\mathbf{S}_x\mathbf{S}_y + i\mathbf{S}_y\mathbf{S}_x) \alpha d\omega \tag{131}$$

となる．(114) 式から $\mathbf{S}_x^2 + \mathbf{S}_y^2 = \mathbf{S}^2 - \mathbf{S}_z^2$；(120a) 式から

$$-i\mathbf{S}_x\mathbf{S}_y + i\mathbf{S}_y\mathbf{S}_x = \left(\frac{h}{2\pi}\right)\mathbf{S}_z$$

であるから，(131) 式は，

$$c\bar{c} = \int \bar{\alpha} \left(\mathbf{S}^2 - \mathbf{S}_z^2 + \frac{h}{2\pi} \mathbf{S}_z \right) \alpha d\omega \tag{132}$$

となる．(118) 式から $\mathbf{S}^2 \alpha$ は $3/4 (h/2\pi)^2 \alpha$ に等しい；(115) 式から $\mathbf{S}_z^2 \alpha$ は $1/4 (h/2\pi)^2 \alpha$ であり，一方 $\mathbf{S}_z \alpha$ は $1/2 (h/2\pi)\alpha$ である；従って (132) 式は

$$c\bar{c} = \int \bar{\alpha} \left(\frac{h}{2\pi}\right)^2 \left(\frac{3}{4} - \frac{1}{4} + \frac{1}{2}\right) \alpha d\omega \tag{133}$$

$$=\int\bar{\alpha}\Big(\frac{h}{2\pi}\Big)^2\alpha d\omega=\Big(\frac{h}{2\pi}\Big)^2\int\bar{\alpha}\alpha d\omega \qquad (134)$$

になってしまう．(126) 式によって，スピン固有函数は規格化されているから，$\int\bar{\alpha}\alpha d\omega$ の積分は1であり，したがって

$$c\bar{c}=\Big(\frac{h}{2\pi}\Big)^2 \qquad (135)$$

$$\therefore\quad c=\bar{c}=\frac{h}{2\pi}\text{*} \qquad (136)$$

従って (125) 式は，

$$(\mathbf{S}_x-i\mathbf{S}_y)\alpha=\frac{h}{2\pi}\beta \qquad (137)$$

と書ける．全く同じ議論により，

$$(\mathbf{S}_x-i\mathbf{S}_y)\beta=0 \qquad (138)$$
$$(\mathbf{S}_x+i\mathbf{S}_y)\alpha=0 \qquad (139)$$

および

$$(\mathbf{S}_x+i\mathbf{S}_y)\beta=\Big(\frac{h}{2\pi}\Big)\alpha \qquad (140)$$

となることが示される．(137) 式から (140) 式までの四つの式を加えたり引いたりして

$$\mathbf{S}_x\alpha=\Big(\frac{h}{4\pi}\Big)\beta,\qquad \mathbf{S}_x\beta=\Big(\frac{h}{4\pi}\Big)\alpha \qquad (141)$$

および

$$\mathbf{S}_y\alpha=\Big(\frac{ih}{4\pi}\Big)\beta,\qquad \mathbf{S}_y\beta=-\Big(\frac{ih}{4\pi}\Big)\alpha \qquad (142)$$

が得られる．(113) 式に対応するスピン演算子の式は

$$\mathbf{S}^2=(\mathbf{S}_x-i\mathbf{S}_y)(\mathbf{S}_x+i\mathbf{S}_y)+\frac{h}{2\pi}\mathbf{S}_z+\mathbf{S}_z^2 \qquad (143)$$

であり，また α と β に $(\mathbf{S}_x+i\mathbf{S}_y)$ と $(\mathbf{S}_x-i\mathbf{S}_y)$ とが作用した結果は (137)，(138)，(139) および (140) 式からわかるから，スピンを含むある特別な函

---

* 別な解は $c=\bar{c}=-h/2\pi$ である．これは普通の選び方とは違うが同じ結果になる．

電子の完全な固有函数

数が S^2 と S_z との両方の固有函数であるかどうかをきめることは比較的容易なことである．これが重要なことは後で明らかになる．

スピン演算子は対応する角運動量演算子と同じように線型であるとともにエルミート型であるから，そのスピン函数が数個の電子の種々のスピン函数の積より成る系では，

$$S_x \phi = (S_{x_1} + S_{x_2} + S_{x_3} + \cdots\cdots)\phi$$
$$= S_{x_1}\phi + S_{x_2}\phi + S_{x_3}\phi + \cdots\cdots * \qquad (144)$$

である．ここに S_{x_1}, S_{x_2}, S_{x_3} などは成分電子1，2，3などのそれぞれに対応するスピン角運動量の各 x 成分である．同様にスピン演算子の任意の結合に対しては

$$(S_x + iS_y)\phi = [(S_{x_1} + iS_{y_1}) + (S_{x_2} + iS_{y_2}) + (S_{x_3} + iS_{y_3}) + \cdots]\phi$$
$$= (S_{x_1} + iS_{y_1})\phi + (S_{x_2} + iS_{y_2})\phi + (S_{x_3} + iS_{y_3})\phi + \cdots \qquad (145)$$

数個の電子の系の全スピン函数にこのようなスピン演算子を作用させた結果はこの系を構成する個々の電子に対応する演算子を順番にこの函数に作用させて得られる値の和に等しい．

一個または多数個の電子の固有函数

電子の完全な固有函数

電子の完全な固有函数はスピンの寄与を含まねばならないから，満足な解としては，ときどき軌道と呼ばれている位置の固有函数とスピン固有函数との積を採るべきである．軌道函数はハミルトン（エネルギー）演算子の固有函数で，この演算子はスピンと軌道角運動量との間の磁気的相互作用にほとんど依存しないので，完全な固有函数を二つの部分に分離することは妥当で

---

* S_x または S_y のようにそれ以上添字をつけない記号を用いるときは，それが一電子系であれ多電子系であれ，系内のすべての電子にその演算子が作用することを意味し，S_{x_1}, S_{x_2}, S_{y_1}, S_{y_2} などのような記号は，その演算子がそれぞれ1，2などで示される電子にだけ作用するものであることを示す．

ある．任意の位置の固有函数 a は量子数 n, l, m だけに依存し，* これに対しては二つの可能なスピン固有函数，すなわち α と β とがあるので，完全な函数は $a\alpha$ か $a\beta$ である．

二電子 1 と 2 からなる系を考える．ここでは二つの位置だけが利用しうる，すなわち二つの軌道 a と b だけが可能であるとする．一電子固有函数には $a\alpha, a\beta, b\alpha$ および $b\beta$ をとり得るから，もし電子の間に相互作用がなければ，系の完全な固有函数は $a\alpha$ または $a\beta$ のどれかと $b\alpha$ または $b\beta$ のどれかとの積となる（42頁を見よ）．$(a\alpha)(a\beta)$ および $(b\alpha)(b\beta)$ のような積は，二つの電子が共に同じ軌道すなわち前者では a，後者では b を占めることを意味し，対応する状態は極性であるため無視される．** 故にどの電子がどの軌道を占めるのかを特に定めないときの一つの可能な固有函数は $(a\alpha)(b\alpha)$ となる．電子 1 が軌道 a を，2 が軌道 b を占めるとすると，その固有函数は $(a\alpha)_1(b\alpha)_2$ で表わされる．ところで電子の位置を交換したものも同様に可能であるから，固有函数 $(a\alpha)_2(b\alpha)_1$ も前のものと丁度同じように可能である．同じ固有値に対応する固有函数の任意の線型結合もまた波動方程式を満たす解である．二つのこのような解は

$$\Psi_1 = \frac{1}{\sqrt{2}}[(a\alpha)_1(b\alpha)_2 + (a\alpha)_2(b\alpha)_1] \qquad (146a)$$

$$\Psi_2 = \frac{1}{\sqrt{2}}[(a\alpha)_1(b\alpha)_2 - (a\alpha)_2(b\alpha)_1] \qquad (146b)$$

である．ここに因子 $1/\sqrt{2}$ は完全な固有函数を近似的に規格化するために導入した．また軌道およびスピンの固有函数はすでに規格化されていると仮定する．特にどちらの電子が他のものに優先するということはないので，上の二つの固有函数の他に，さらに 6 つのものが同様に満足な解である；すなわち

$$\Psi_3 = \frac{1}{\sqrt{2}}[(a\alpha)_1(b\beta)_2 + (a\alpha)_2(b\beta)_1] \qquad (147a)$$

---

* 数 n, l, m はそれぞれいゆわる全量子数，方位量子数，磁気量子数である．
** これは W. Heitler and F. London [*Z. Physik*, 44, 455 (1927)] が用い，J. C. Slater [*Phys. Rev.*, 37, 481 (1931)] と L. Pauling [*J. Am. Chem. Soc.*, 53, 1367 (1931)] が発展させた近似操作に対応する．

Pauli の排他原理

$$\Psi_4 = \frac{1}{\sqrt{2}}[(a\alpha)_1(b\beta)_2 - (a\alpha)_2(b\beta)_1] \quad (147b)$$

$$\Psi_5 = \frac{1}{\sqrt{2}}[(a\beta)_1(b\alpha)_2 + (a\beta)_2(b\alpha)_1] \quad (147c)$$

$$\Psi_6 = \frac{1}{\sqrt{2}}[(a\beta)_1(b\alpha)_2 - (a\beta)_2(b\alpha)_1] \quad (147d)$$

$$\Psi_7 = \frac{1}{\sqrt{2}}[(a\beta)_1(b\beta)_2 + (a\beta)_2(b\beta)_1] \quad (147e)$$

$$\Psi_8 = \frac{1}{\sqrt{2}}[(a\beta)_1(b\beta)_2 - (a\beta)_2(b\beta)_1] \quad (147f)$$

Pauli の排他原理

さて上にあげた 8 つの固有函数が可能かどうかの疑問が起るが，その一つの答は W. Pauli が最初に唱えた経験的な原理で与えられる.[9] 量子力学的な言葉でいえば，その原理は電子を二個以上含む系のすべての固有函数は電子のいかなる対に対しても反対称でなければならないというのである；*すなわち任意の二つの電子の座標を交換すると固有函数の符号が反対になる. この規則を二電子系の固有函数に適用すると $\Psi_2, \Psi_4, \Psi_6, \Psi_8$ だけが可能な解であることがわかる.

二つの電子が用いうる二つの軌道 a と b が同じであるときは特別な場合であって，このとき二つの電子は同じ三種の量子数 n, l, m をもっている. b を a でおき換えると Ψ_2 と Ψ_8 は零となり，従って Pauli の原理を満足する固有函数は ψ_4 と ψ_6 だけになる. この両者の場合では二電子は反対のスピンをもっている. この結果はこの原理をもとの形で示している. すなわち任意の系のいかなる二電子も同じ 4 種の量子数をもつことはできない. もし n, l, m が同じであれば，スピン量子数はそれぞれ $+\frac{1}{2}$ と $-\frac{1}{2}$ とでなければならないのである.

---

9) W. Pauli, *Z. Physik*, **31**, 765 (1925).
  * Pauli の原理は，系内の同種の基礎的物質粒子の任意の対に対して適用できるが，その固有函数が対称である光子には適用できない.

多電子系に対する反対称固有函数

二電子系[10]の固有函数を求める一般的な方法を J. C. Slater[11] は他の系にも拡張した．電子は相互作用しないと仮定して，"零次近似"(zero-order approximation) と呼ばれるものをつくると，可能な固有函数は一電子固有函数の積である．n 電子系の場合の一例は

$$\Psi = (a\alpha)_1 (b\alpha)_2 (c\beta)_3 (d\beta)_4 \cdots (n\alpha)_n \tag{148}$$

となる．ここに $a, b, c, \cdots, n$ は n 個の可能な軌道函数，α と β はスピン固有函数で，添字の数字はどの電子がおのおのどの軌道を占めるかを示している．これと同様に良い解が任意の電子の対，例えば2と4の電子の座標を交換することによっても得られる．このときは電子2が軌道 d を占め，4が b を占めることになり，

$$\Psi = (a\alpha)_1 (b\alpha)_4 (c\beta)_3 (d\beta)_2 \cdots (n\alpha)_n \tag{149}$$

である．故に一般的な式は

$$\Psi = \mathbf{P}(a\alpha)_1 (b\alpha)_2 (c\beta)_3 (d\beta)_4 \cdots (n\alpha)_n \tag{150}$$

と書ける．ここに $\mathbf{P}$ は交換演算子で，任意の電子対の座標，すなわち電子対の占める軌道を交換する操作を表わす．こうして作った固有函数はまだ Pauli の原理が要請するような反対称になっていない．しかしこの原理は

$$\Psi = \frac{1}{\sqrt{n!}} \Sigma \pm \mathbf{P}(a\alpha)_1 (b\alpha)_2 (c\beta)_3 \cdots (n\alpha)_n \tag{151}$$

のような形の線型結合をとることによって満足させることができる．ここに $1/\sqrt{n!}$ は近似的な規格化の目的で導入されたもので，〔+〕または〔-〕の符号は，特定の交換が最初の配置から電子の対の座標の交換をそれぞれ偶数回または奇数回行うことによって得られるかによって和の中の各項につけられる符号である．一回の交換ではどんな場合でも，明らかに Pauli の原理によって要求されるように固有函数の絶対値は変えないが，その符号を変え

---
10) W. Heitler and F. London, 同誌, **44**, 455 (1927).
11) J. C. Slater, *Phys. Rev.*, **38**, 1109 (1931).

結合固有函数

る．多電子系に対するこの型の零次近似を"反対称固有函数"(antisymmetrical eigenfunction) と呼ぶ．

(151) 式の求和は行列式

$$\Psi = \frac{1}{\sqrt{n!}} \begin{vmatrix} (a\alpha)_1 (b\alpha)_1 (c\beta)_1 \cdots (n\alpha)_1 \\ (a\alpha)_2 (b\alpha)_2 (c\beta)_2 \cdots (n\alpha)_2 \\ \vdots \quad \vdots \quad \vdots \quad \vdots \\ (a\alpha)_n (b\alpha)_n (c\beta)_n \cdots (n\alpha)_n \end{vmatrix} \quad (152)$$

の形に書け，(148) 式はその対角要素である．便宜上これは記号的な形[12]

$$\Psi = \begin{pmatrix} a & b & c & d \cdots n \\ \alpha & \alpha & \beta & \beta \cdots \alpha \end{pmatrix} \quad (153)$$

と略記され，これは第3列と第4列が β を，第1列，第2列および第 n 列が α を含む行列式を意味している．ただし (151)，(152) および (153) 式の表わす固有函数は (148) 式に示す特定のスピン配置に対応するものであることに注意しなければならない． n 個の電子はそのいずれもが α または β のどちらのスピン固有函数をもってもよいから， n 個の電子の間に α および β を配置する方法は明らかに 2^n 通りある．故に上に与えたような行列式は 2^n 個存在し，そのおのおのは n 電子系の満足すべき固有函数なのである．

結合固有函数

奇数個の電子を含むものやその他いくつかのものを除いて，大多数の化合物は常磁性をもたず，基底状態が一重項であるから，一般則として，安定な分子では電子スピンは対をつくって零になっている．それ故一つの化学結合中では二つの電子は反対のスピンをもっていると思われる．ここではすべてのスピンが対をつくり，結合の数が最大である系を考えよう．このような系は化学的に最も安定しているようである．例えば4つの利用できる軌道 a, b, c および d をもつ4電子を考えよう．結合が二つある系を得るにはスピンの二つが正，他の二つが負，すなわち二つが α で他の二つが β である固

---

12) H. Eyring and G. E. Kimball, *J. Chem. Phys.*, 1, 239 (1933).

有函数がなければならない．このとき6つの配置が可能である．すなわち

	a	b	c	d
Ψ_{I}	α	β	α	β
Ψ_{II}	α	α	β	β
Ψ_{III}	α	β	β	α
Ψ_{IV}	β	α	α	β
Ψ_{V}	β	α	β	α
Ψ_{VI}	β	β	α	α

これに対応する反対称固有函数が $\Psi_{\mathrm{I}}, \Psi_{\mathrm{II}}, \cdots, \Psi_{\mathrm{VI}}$ と名づけられている．これらはいずれも4電子問題の満足な解であり，それらの線型結合もまた解である．その結合固有函数は次のようにして得られる．いま $a-b\ c-d$ の結合固有函数を見つけようとする．すなわち a と b の軌道を占める電子が一つの結合を，c と d を占める電子がもう一つの結合をつくる．従って a と b とは反対のスピンをもち，また c と d とも反対のスピンをもつことになる．上に与えた6つの可能な配置のうち，I, III, IV および V だけがこの条件を満足しているから，$\Psi_{\mathrm{I}}, \Psi_{\mathrm{III}}, \Psi_{\mathrm{IV}}$ および Ψ_{V} だけが結合固有函数中に現われる．反対称固有函数のうちの一つ，例えば Ψ_{I} を正ときめ，α と β の順序を交換するごとに符号を変えることによって適正な符号が得られる．こうして α と β とが一回だけ逆転している Ψ_{III} と Ψ_{IV} とは負であり，α と β とが二回逆転している Ψ_{V} は正になる．このようにして $a-b\ c-d$ なる結合固有函数を Ψ_{A} で表わすと，

$$\Psi_{\mathrm{A}} = \frac{1}{\sqrt{4}}(\Psi_{\mathrm{I}} - \Psi_{\mathrm{III}} - \Psi_{\mathrm{IV}} + \Psi_{\mathrm{V}}) \tag{154}$$

で定義される．ここで $1/\sqrt{4}$ は近似的規格化因子である．4電子は三通りの方法で二つの結合を与える．すなわち

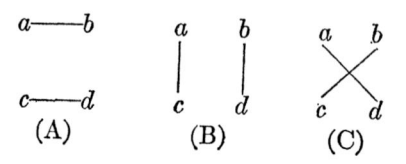

また B および C, すなわち $a-c\ b-d$ および $a-d\ b-c$ に対応する結合固有函数も上述の A の場合と全く同様に導くことができる：それらは

$$\Psi_B = \frac{1}{\sqrt{4}}(\Psi_{II} - \Psi_{III} - \Psi_{IV} + \Psi_{VI}) \qquad (155)$$

および

$$\Psi_C = \frac{1}{\sqrt{4}}(\Psi_I - \Psi_{II} + \Psi_V - \Psi_{VI}) \qquad (156)$$

である．しかし明らかに $\Psi_C = \Psi_A - \Psi_B$ であるから三つの結合函数は独立ではない．このように交差した結合をもつ系（C）は交差しない結合をもつ系で表わすことができる．G. Rumer[13] が提唱した一般的な通則は次の通りである．すなわち，どのような電子系においても単純に交差した結合は二つの交差しない結合で記述され，この交差しない結合だけが独立である．交差する結合をもたないこれら独立な構造は "Rumer の組"（Rumer set），すなわち "正準な組"（canonical set）を構成し，すべての可能な結合構造はこの独立な組で組立てられる．任意の n 個の電子からなる任意の系で理論的に可能な最多数の結合を含む種々の構造の数は

$$\frac{n^s(n-s)!}{2^{\frac{1}{2}(n-s)}[\frac{1}{2}(n-s)]!}$$

であるが，Rumer の組を作る独立な構造の数は

$$\frac{(s+1)n!}{[\frac{1}{2}(n+s)+1]![\frac{1}{2}(n-s)]!}$$

である．ここに s は n が偶数ならば零，奇数ならば 1 である．

結合固有函数とスピン

任意の系の電子のスピンが正負平等に分配されておれば，明らかに系の固有函数に演算子 S_z を作用させると零とならねばならない．化学的見地からすると，スピンのどのような配置が演算子 S_z だけでなく，演算子 S^2 に対しても零を与えるかを知ることは興味あることである．量子力学からこの状

---

13) G. Rumer, *Göttinger Nachr.*, 377 (1932); また H. Erying and C. E. Sun, *J. Chem. Phys.*, 2, 299 (1934) も見よ．

態には磁性がないことが知られており,さらに一般に磁性のない状態はエネルギーが最低の状態であるから,演算子 S_z および S^2 がともに零を与えるような状態は通常最も安定であろう.(139),(140),(143)および(145)式を適用すれば必要な知識が得られる.演算子 S_x+iS_y は α に作用すると零になり,β に作用すると $(h/2\pi)\alpha$ を与える.一方 S_x-iS_y はそれぞれ $(h/2\pi)\beta$ および零を与える.これらの演算を多数の電子に行った結果は,各電子の演算子を完全な固有函数に施して得られる値の和に等しい(55頁を見よ).結局(152)の型の反対称固有函数に S_x+iS_y が作用すると,その結果は,その行列式の α の各列を順次零で置きかえた行列式(ただしこの行列式は零となる)と β の各列を α に置きかえて得られる行列式の和の $h/2\pi$ 倍となる.同様に演算子 S_x-iS_y を反対称固有函数に作用させると,α の各列を順次 β で置き換え,さらに β の各列を零として得られるすべての行列式の和の $h/2\pi$ 倍となる.[14)] わかりよくするために二つの任意の例をあげよう.行列式の固有函数を59頁に与えた簡略形で表わせば

$$(S_x+iS_y)\begin{pmatrix} a & b & c & d \\ \alpha & \beta & \alpha & \beta \end{pmatrix} = \frac{h}{2\pi}\left[\begin{pmatrix} a & b & c & d \\ 0 & \beta & \alpha & \beta \end{pmatrix} + \begin{pmatrix} a & b & c & d \\ \alpha & \beta & 0 & \beta \end{pmatrix}\right.$$

$$\left. + \begin{pmatrix} a & b & c & d \\ \alpha & \alpha & \alpha & \beta \end{pmatrix} + \begin{pmatrix} a & b & c & d \\ \alpha & \beta & \alpha & \alpha \end{pmatrix}\right]$$

$$= 0$$

$$(S_x-iS_y)\begin{pmatrix} a & b & c & d \\ \alpha & \beta & \alpha & \alpha \end{pmatrix} = \frac{h}{2\pi}\left[\begin{pmatrix} a & b & c & d \\ \beta & \beta & \alpha & \alpha \end{pmatrix} + \begin{pmatrix} a & b & c & d \\ \alpha & \beta & \beta & \alpha \end{pmatrix}\right.$$

$$\left. + \begin{pmatrix} a & b & c & d \\ \alpha & \beta & \alpha & \beta \end{pmatrix} + \begin{pmatrix} a & b & c & d \\ \alpha & 0 & \alpha & \alpha \end{pmatrix}\right]$$

$$= \frac{h}{2\pi}\begin{pmatrix} a & b & c & d \\ \beta & \beta & \alpha & \alpha \end{pmatrix}$$

これらの規則を使えば,上の最初の例のように,最多数の結合に対応する任意の結合固有函数に S_x+iS_y が作用したとき常に零となることが容易に証明される.従ってこの同じ固有函数に $(S_x-iS_y)(S_x+iS_y)$ が作用した時もやはり零とならねばならない.最多数の結合をもつ結合固有函数に S_z を作用

---

14) Eyring and Kimball, 参考文献 12.

すると，その結果は零となるので，演算子 S^2 が作用してもやはり零とならねばならない*〔(143)式参照〕．ゆえに最も低い状態にある励起されていない原子の間の最多数の結合に対応する系は一般に化学的に最も安定な系である．

波動方程式の解

変　分　法

Schrödinger 方程式の完全な解が得られるのは，例えば水素原子のような，一電子系の場合に限られ，現在の目的に最も興味ある二個以上の電子の系では正確な解を得ることができない．それ故実際には 近似法を使う．このうちの一つはここに論ずる "変分"(variation) 法で，他の方法は "摂動論"(perturbation theory) に基づくもので，これは量子力学[15] の標準的な何らかの教科書を参照してもらうことにする．

任意の函数 ψ は任意の演算子，例えばエネルギーの演算子 H の規格化直交固有函数 ϕ_i で展開することができる (44頁を見よ)；すなわち

$$\psi = \sum_i a_i \phi_i \tag{157}$$

ここに

$$a_i = \int \bar{\phi}_i \psi d\tau \tag{158}$$

である．ψ の規格化は常に可能であるから，それを仮定すれば

$$\int \bar{\psi} \psi d\tau = \sum_i \bar{a}_i a_i \int \bar{\phi}_i \phi_i d\tau = 1 \tag{159}$$

$$\therefore \sum_i \bar{a}_i a_i = 1 \tag{160}$$

である．Schrödinger 方程式によると，$H\phi_i = E_i\phi_i$ であり，従って

$$\int \bar{\phi}_i H \phi_i d\tau = E_i \int \bar{\phi}_i \phi_i d\tau = E_i \tag{161}$$

---

* もし系が奇数の電子を含めば最大結合固有函数に S_z と S^2 とを作用させるとそれぞれ $\frac{1}{2}(h/2\pi)$ と $\frac{3}{4}(h/2\pi)^2$ を与える．これらは可能な最低値である．

15) 例えば L. Pauling and E. B. Wilson, "Introduction to Quantum Mechanics," Chap. VI, McGraw-Hill Book Company, Inc., 1935; S. Dushman, "Elements of Quantum Mechanics," Chap. IX, John Wiley & Son, Inc., 1938 を見よ．

となる. 積分 I を

$$I=\int \bar{\psi} \mathrm{H} \psi d\tau \qquad (162)$$

で定義すれば, (157) および (161) 式から

$$I=\sum_i \bar{a}_i a_i E_i \qquad (163)$$

となる. 固有函数 ϕ_i に対する H の最低の固有値を E_1 とすれば, $\bar{a}_1 a_1 = 1$ および $i \neq 1$ で $\bar{a}_i a_i = 0$ のとき I は最低値 (E_1) であることがわかる. ゆえにいわゆる"変分函数"(variation function) ψ を無作為に選ぶことによっては, エネルギー E_1, すなわち演算子 H の最低の固有値より低い I の値を与える函数は決して見出すことができないと結論してよい. また E_1 という最低値を与える ψ は E_1 に対する固有函数 ϕ_1 に他ならない.

もし準位が縮重していてエネルギー E_1 をもつ多くの状態があれば, ψ_1 に直交する規格化固有函数 ψ'_2, すなわち $\psi_2 - \left(\int \psi_2 \psi_1 d\tau\right)\psi_1$ を用い (47頁を見よ), 前と同様に ψ_2 を変化させて最低のエネルギー値を求めることによって, 第二の固有函数を見出すことができる. もし最低の準位が縮重していなければ, この変分により第二番目の最低準位が導かれる. このようにして変分の手続きを繰返して行けば, 原理的にはすべての準位を見出すことができる. ただし各段階で変分に用いる新しい函数はその前の段階で得られた函数と常に直交するようにとって行かねばならない.

上に導いた変分原理が有効に応用されるのは, 変分函数が一次独立な函数 χ の任意の組の和で表わせる場合である: すなわち

$$\psi = \sum_i c_i \chi_i \qquad (164)$$

χ も ψ もともに規格化されていると仮定しても一般性を失わないが, χ は H の固有函数でなくてもよく, また必ずしも直交した組でなくてもよい.

$$J = \int \bar{\psi}(\mathrm{H}-E)\psi d\tau \qquad (165)$$

によって定義される積分 J を考える. もし ψ と E とが H に対応した固有函数と固有値とであるならば, Schrödinger 方程式により J は零である.

変 分 法

もし (164) 式の x が函数の完全な組であれば，J を零にするような c の変分は ψ と E の求める値を与えるであろう．たとえ x の組が不完全であるとしても，変分原理によって E の最も良い値を得ることが可能である．上に見られたように，(162) 式で定義される積分 I の最低値は $\mathbf{H}$ の最低の固有値 E_1 を最も良く近似する．従って (165) 式から，たとえ J は零でなくても少くとも最小である．すなわち

$$\delta J = \frac{\partial J}{\partial c_1}\delta c_1 + \frac{\partial J}{\partial c_2}\delta c_2 + \frac{\partial J}{\partial c_3}\delta c_3 + \cdots + \frac{\partial J}{\partial c_n}\delta c_n = 0 \quad (166)$$

であるはずである．そこでもし $\delta c_1, \delta c_2, \cdots, \delta c_n$ が零でない独立な媒介変数ならば，δJ は

$$\frac{\partial J}{\partial c_1} = \frac{\partial J}{\partial c_2} = \cdots = \frac{\partial J}{\partial c_n} = 0 \quad (167)$$

p. 65
のときだけ零となる．(164) の展開で与えられる ψ と $\overline{\psi}$ の値を (165) 式に代入すれば

$$J = \int \sum_i \bar{c}_i \bar{x}_i (\mathbf{H} - E) \sum_i c_i x_i d\tau \quad (168)$$

また $\partial J/\partial c_1 = 0$ であるから

$$c_1 \left(\int \bar{x}_1 \mathbf{H} x_1 d\tau - E \int \bar{x}_1 x_1 d\tau \right) + c_2 \left(\int \bar{x}_1 \mathbf{H} x_2 d\tau - E \int \bar{x}_1 x_2 d\tau \right) + \cdots$$
$$+ c_n \left(\int \bar{x}_1 \mathbf{H} x_n d\tau - E \int \bar{x}_1 x_n d\tau \right) = 0 \quad (169)$$

となる．同様な式が $\partial J/\partial c_2 = 0$ などに対しても得られるから，結局次の n 個の連立一次方程式

$$\begin{aligned}
c_1(H_{11} - \Delta_{11}E) + c_2(H_{12} - \Delta_{12}E) + \cdots + c_n(H_{1n} - \Delta_{1n}E) &= 0 \\
c_1(H_{21} - \Delta_{21}E) + c_2(H_{22} - \Delta_{22}E) + \cdots + c_n(H_{2n} - \Delta_{2n}E) &= 0 \\
\vdots \quad \vdots \quad \vdots \quad \vdots & \quad (170) \\
c_1(H_{n1} - \Delta_{n1}E) + c_2(H_{n2} - \Delta_{n2}E) + \cdots + c_n(H_{nn} - \Delta_{nn}E) &= 0
\end{aligned}$$

が存在する．ここでは簡略記号 (48頁参照)

$$H_{ij} = \int \bar{x}_i \mathbf{H} x_j d\tau \qquad \Delta_{ij} = \int \bar{x}_i x_j d\tau \quad (171)$$

が用いてある．(170) 式の組を c_1 について解くと，その結果は

$$c_1 = \frac{\begin{vmatrix} 0 & (H_{12}-\Delta_{12}E) & (H_{13}-\Delta_{13}E) & \cdots & (H_{1n}-\Delta_{1n}E) \\ 0 & (H_{22}-\Delta_{22}E) & (H_{23}-\Delta_{23}E) & \cdots & (H_{2n}-\Delta_{2n}E) \\ \vdots & \vdots & \vdots & & \vdots \\ 0 & (H_{n2}-\Delta_{n2}E) & (H_{n3}-\Delta_{n3}E) & \cdots & (H_{nn}-\Delta_{nn}E) \end{vmatrix}}{\begin{vmatrix} (H_{11}-\Delta_{11}E) & (H_{12}-\Delta_{12}E) & \cdots & (H_{1n}-\Delta_{1n}E) \\ (H_{21}-\Delta_{21}E) & (H_{22}-\Delta_{22}E) & \cdots & (H_{2n}-\Delta_{2n}E) \\ \vdots & \vdots & & \vdots \\ (H_{n1}-\Delta_{n1}E) & (H_{n2}-\Delta_{n2}E) & \cdots & (H_{nn}-\Delta_{nn}E) \end{vmatrix}}$$

(172)

この分子は零であるから，分母の行列式が零であたときだけ c_1 が意味のある値，すなわち零でない値をもつことができる．すなわち，

p. 66

$$\begin{vmatrix} (H_{11}-\Delta_{11}E) & (H_{12}-\Delta_{12}E) & (H_{13}-\Delta_{13}E) & \cdots & (H_{1n}-\Delta_{1n}E) \\ (H_{21}-\Delta_{21}E) & (H_{22}-\Delta_{22}E) & (H_{23}-\Delta_{23}E) & \cdots & (H_{2n}-\Delta_{2n}E) \\ \vdots & \vdots & \vdots & & \vdots \\ (H_{n1}-\Delta_{n1}E) & (H_{n2}-\Delta_{n2}E) & (H_{n3}-\Delta_{n3}E) & \cdots & (H_{nn}-\Delta_{nn}E) \end{vmatrix} = 0$$

(173)

この行列式はしばしばこの問題の"永年方程式"(secular equation) と呼ばれる．この行列式の中のすべての H と Δ とはきまった数値をもち，従ってこれは E について n 次の方程式で，n 個の根 $E_1, E_2, \cdots, E_k, \cdots, E_n$ をもつ．

E の値に対応する固有函数を見出すには，根 E_k を (170) 式の組の E に代入し，その結果できた $(n-1)$ 個の式の各々を c_n で割れば，c_1/c_n から c_{n-1}/c_n までの $(n-1)$ 個の比を陽に解くことができる．この比の組と ψ の規格化条件，すなわち

$$\int \overline{\psi}\psi d\tau = \sum_{ij} c_i c_j \Delta_{ij} = 1 \tag{174}$$

とからすべての c の値が解として求まり，さらにエネルギー E_k に対応する固有函数 ψ_k が (164) 式からきまる．このようにして x_i で示した n 個

変　分　法

の函数の一次結合からつくられる近似的な固有函数とその固有値との可能な最良の組が得られる．摂動法を用いても ψ と E との同じ組に達することができる．

近 似 法 の 応 用

n 個の電子と n 個の固定した原子核からなる系に対するポテンシャル・エネルギーは

$$V = -\sum_{Ai} \frac{z_A \varepsilon^2}{r_{Ai}} + \sum_{AB} \frac{z_A z_B \varepsilon^2}{r_{AB}} + \sum_{ij} \frac{\varepsilon^2}{r_{ij}} \tag{175}$$

で与えられる．ここで ε は電子の（単位）電荷，r_{Ai} は核 A と第 i 電子との距離，r_{AB} はそれぞれ電荷 z_A および z_B をもつ任意の二つの核 A および B の距離，r_{ij} は任意の二電子 i と j との距離である（第2図参照）．ゆえにこの系のハミルトン演算子は

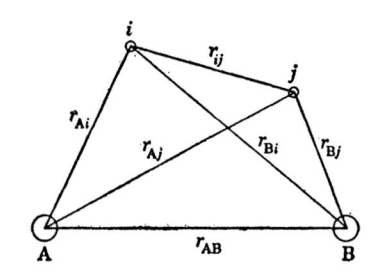

第2図　二つの核（A と B）および二つの電子（i と j）より成る系

$$\mathbf{H} = -\frac{h^2}{8\pi^2 m} \sum_i \nabla_i^2 - \sum_{Ai} \frac{z_A \varepsilon^2}{r_{Ai}} + \sum_{AB} \frac{z_A z_B \varepsilon^2}{r_{AB}} + \sum_{ij} \frac{\varepsilon^2}{r_{ij}} \tag{176}$$

となる．ここで原子核の相対的な運動エネルギーは核の質量が電子の質量にくらべて大きいので省略されている．項 $\sum_{ij} \frac{\varepsilon^2}{r_{ij}}$ は電子の対の間の相互作用を表わしている；もしこの項をはぶけば，固定した核に対する定数項を別にして，ハミルトン演算子は各電子に一つずつの n 個の演算子に分けることがきる．それで $\sum \frac{\varepsilon^2}{r_{ij}}$ を除くことは，電子間に相互作用のない無摂動系

の状態に対するハミルトン演算子を与えることを仮定することになる．この条件では反対称固有函数はかなり満足すべき解であることを見た (58頁)．したがってこれは無摂動状態に対して適用できるとしてもよい．しかし電子にはスピンがあるので，与えられた一つの固有値に対応して 2^n 個の可能な固有函数 (59頁) が存在する．すなわち n 電子系は 2^n 重のスピン縮重を示す．

四 電 子 問 題[16]

一般に n 個の電子よりなる系は縮重を含む変分問題として扱えることは明らかである．それを解くには明らかに (173) 式に類似する 2^n 個の根をもつ永年方程式をつくらねばならない．4電子のように少ないときでさえ，永年方程式は 2^4 すなわち16個の根をもっており，一見すると完全に解くことは非常にむずかしいように思われる．しかし実際は，4電子問題の16行の行列式は，(171) 式のように定義される量 H_{ab} および Δ_{ab} がスピンの和が ψ_a と ψ_b とについて同じでなければ零となるので (70頁を見よ)，多くの簡単な行列式に分離される．その永年方程式を作っている低次の行列式の各々は同じ合成スピンをもつ準位のものから成っている．例えば4電子問題の16行の行列式は，それぞれ $+2, +1, 0, -1, -2$ の合成スピンを含む状態に対応する5個のもっと簡単な行列式の積に分離される．ある工夫をすると簡単な場合には永年方程式はしばしば大した困難もなく解かれるものであるが，ここでは今それを議論する必要はない．

化学的見地からすると，最も重要な状態は最も安定な状態，すなわちその結合固有函数に $\mathbf{S}^2$ および $\mathbf{S}_z$ を作用させるとともに零となるような状態である．前に示したようにこれは最大数の結合をもつ場合であるから，4電子系では二つの独立な構造

$$a-b \quad c-d \qquad \text{および} \qquad a-c \quad b-d$$
$$\text{(A)} \hspace{5em} \text{(B)}$$

だけを考察すればよい．従って明らかに4電子問題は特に興味のある永年方

---

[16] Slater, 参考文献 11.

四電子問題

程式がもはや二次の行列式

$$\begin{vmatrix} H_{AA}-\Delta_{AA}E & H_{AB}-\Delta_{AB}E \\ H_{BA}-\Delta_{BA}E & H_{BB}-\Delta_{BB}E \end{vmatrix}=0 \qquad (177)$$

でよいという点にまで簡単化されたわけである．ただし

$$H_{AA}=\int \Psi_A \mathbf{H} \Psi_A d\tau$$

および

$$\Delta_{AA}=\int \Psi_A \Psi_A d\tau \quad \text{など*}$$

である．ハミルトン演算子がエルミート型であり，Ψ_A と Ψ_B が実数であることから $H_{AB}=H_{BA}$（35頁を見よ）に注意すれば

$$(H_{AA}-\Delta_{AA}E)(H_{BB}-\Delta_{BB}E)-(H_{AB}-\Delta_{AB}E)^2=0 \qquad (178)$$

となり，従って H_{AA} などおよびそれに対応する Δ がわかれば，E に対する二次方程式が解けるはずである．Ψ_A と Ψ_B の値は反対称固有函数 Ψ_I, Ψ_{II}, …, Ψ_{VI}（60から61頁）で表わされ，$\int \Psi_A \Psi_A d\tau$ および $\int \Psi_A \mathbf{H} \Psi_A d\tau$ の型の積分は $\int \Psi_I \Psi_I d\tau, \int \Psi_I \Psi_{II} d\tau, \int \Psi_I \mathbf{H} \Psi_I d\tau, \int \Psi_I \mathbf{H} \Psi_{II} d\tau$ などの形の積分を用いて書くことができる．各 $\Psi_I, \Psi_{II}, \ldots, \Psi_{VI}$ は行列式でできているから，この結果は一見極めて厄介なものに見えるが，実際はスピン固有函数を含むために著しく簡単になる．

例えば積分 $H_{I,II}$ すなわち固有函数 Ψ_I と Ψ_{II} との間の演算子 $\mathbf{H}$ の行列成分は

$$H_{I,II}=\int \Psi_I \mathbf{H} \Psi_{II} d\tau \qquad (179)$$

で与えられ，また60頁の（行列式である）反対称固有函数 Ψ_I と Ψ_{II} は

$$\Psi_I=\frac{1}{\sqrt{4!}}\sum \pm \mathbf{P}_I (a\alpha)_1(b\beta)_2(c\alpha)_3(d\beta)_4 \qquad (180)$$

$$\Psi_{II}=\frac{1}{\sqrt{4!}}\sum \pm \mathbf{P}_{II} (a\alpha)_1(b\alpha)_2(c\beta)_3(d\beta)_4 \qquad (181)$$

---

* 用いている固有函数は実数であるから，$\bar{\Psi}$ を Ψ とおいた．

で与えられるから，

$$H_{\text{I},\text{II}} = \frac{1}{4!}\int\left[\sum\pm\mathbf{P}_{\text{I}}(a\alpha)_1(b\beta)_2(c\alpha)_3(d\beta)_4\right]\mathbf{H}$$
$$\times\left[\sum\pm\mathbf{P}_{\text{II}}(a\alpha)_1(b\alpha)_2(c\beta)_3(d\beta)_4\right]d\tau \quad (182)$$

である．ここに $\mathbf{P}_{\text{I}}$ と $\mathbf{P}_{\text{II}}$ は交換演算子を表わす．前にも説明したように(58頁)，これらの交換はあらゆる可能な電子の対の座標の交換を含んでいるから，演算子 $\sum\pm\mathbf{P}_{\text{I}}$ および $\sum\pm\mathbf{P}_{\text{II}}$ に他の交換演算子 $\mathbf{P}$ を乗じても結果に変りはない．この $\mathbf{P}$ を，和の中の各 $\mathbf{P}_{\text{I}}$ をつぎつぎに逆転させるように，すなわち $\mathbf{P}=\mathbf{P}_{\text{I}}^{-1}$ に選べば，$\mathbf{P}_{\text{I}}^{-1}\mathbf{P}_{\text{I}}$ はもとの配列を不変のままにする恒等演算子であるから，第一の（左側の）和の各項はすべて同じになるであろう；従って和の中には 4! 個の項があるので，

$$\sum\mathbf{P}_{\text{I}}^{-1}\mathbf{P}_{\text{I}}(a\alpha)_1(b\beta)_2(c\alpha)_3(d\beta)_4 = 4! \, [(a\alpha)_1(b\beta)_2(c\alpha)_3(d\beta)_4]$$
$$(183)$$

と書ける．それ故交換演算子 $\mathbf{P}_{\text{I}}^{-1}\mathbf{P}_{\text{II}}$ を改めて $\mathbf{P}'$ と書けば，結局

$$H_{\text{I},\text{II}} = \int[(a\alpha)_1(b\beta)_2(c\alpha)_3(d\beta)_4]\mathbf{H}[\sum\pm\mathbf{P}'(a\alpha)_1(b\alpha)_2(c\beta)_3(d\beta)_4]d\tau$$
$$(184)$$

となる*．積分 $H_{\text{I},\text{II}}$ は $(4!)^2$ 個の項から 4! 個に減少したが，電子の固有函数のうちの軌道とスピンの間に相互作用がないというすでに使用した仮定（55頁）をおくと，さらに項数を減らすことができる．(184)の24個の項の一つを I で示せば，

$$I = \int[(a\alpha)_1(b\beta)_2(c\alpha)_3(d\beta)_4]\mathbf{H}[(a\alpha)_2(b\alpha)_3(c\beta)_1(d\beta)_4]d\tau$$
$$(185)$$

となる．この中では電子座標は二回，すなわち1と2および1と3が交換されている．従って式の符号は正である．もしハミルトン演算子がスピン固有

---

* (182)式の中の，反対称固有函数を規格化するために出てきた因子 1/4! は (183) 式の中の 4! と打消しあうことが見られるであろう．これは偶然そうなったのではなくて，一部はこの結果を目当にして近似的な規格化因子がすでに選んであったからである．

函数に作用しないとすれば，二つの部分が分離できて，

$$I=\int(a_1b_2c_3d_4)\mathbf{H}(a_2b_3c_1d_4)d\tau\int\alpha_1\beta_1d\omega\int\alpha_2\beta_2d\omega\int\alpha_3^2d\omega\int\beta_4^2d\omega \quad (186)$$

となる．ここで $d\omega$ はスピン空間の要素である．個々の電子のスピン固有函数は規格化され，相互に直交（44頁）していると常に仮定されているから，

$$\int\alpha_1\beta_1d\omega=0, \quad \int\alpha_2\beta_2d\omega=0, \quad \int\alpha_3^2d\omega=1, \quad \int\beta_4^2d\omega=1 \quad (187)$$

であり，これから直ちに I が零でなければならないことになる．他の類似した項もハミルトン演算子の前後にある固有函数のスピンが正確に一致しなければ零となり，一致した場合には積分のスピン部分が1になることが容易にわかる*．演算子 $\mathbf{H}$ の零とならない行列成分（$H_{\mathrm{I},\mathrm{I}}$, $H_{\mathrm{I},\mathrm{II}}$ などのような）は従って軌道函数部分しか含まない．いま考えている場合では $H_{\mathrm{I},\mathrm{II}}$ の零でない項は，

交 換

$$-\int[(a\alpha)_1(b\beta)_2(c\alpha)_3(d\beta)_4]\mathbf{H}[(a\alpha)_1(b\alpha)_3(c\beta)_2(d\beta)_4]d\tau \quad bc$$

$$+\int[(a\alpha)_1(b\beta)_2(c\alpha)_3(d\beta)_4]\mathbf{H}[(a\alpha)_3(b\alpha)_1(c\beta)_2(d\beta)_4]d\tau \quad ab \text{ および } ac$$

$$+\int[(a\alpha)_1(b\beta)_2(c\alpha)_3(d\beta)_4]\mathbf{H}[(a\alpha)_1(b\alpha)_3(c\beta)_4(d\beta)_2]d\tau \quad cd \text{ および } bd$$

$$-\int[(a\alpha)_1(b\beta)_2(c\alpha)_3(d\beta)_4]\mathbf{H}[(a\alpha)_3(b\alpha)_1(c\beta)_4(d\beta)_2]d\tau \quad \begin{array}{l}ab, cd \\ \text{および } ad\end{array}$$

である．

座標の交換は最後の欄に示されている．すなわち "ab および ac" とは座標 a と b を最初に交換し，ついで a と c を交換することを示す．従って最初の軌道の配列 $a_1b_2c_3d_4$（これを $(abcd)$ とも書く）がまず $a_2b_1c_3d_4$ すなわち $(bacd)$ となり，ついで $a_3b_1c_2d_4$ すなわち $(bcad)$ となるのである．これらの積分の第1および第4番目は奇数回の交換でできるので負号をとり，その他は座標の交換を二回含むので正号をとる．もし軌道函数が相互に直交しておれば，電子の対の交換を一回よりも多く含む積分は零となる．実際に

---

* 明らかにスピンの全 z-成分は両方の固有函数で同じでなければならない．もしそうでなければすべての項が零となってしまう．

は固有函数は正確には直交していないが，直交性よりのずれが著しくないので，いわゆる"多数回交換積分"(multiple-exchange integral) は無視できる程小さいとみなされる。[17] 以上のことから上にあげた四つの積分のうち第1番目の"一回交換積分"(single-exchange integral) だけを考慮すればよく，従って

$$H_{\text{I},\text{II}} = -\int (a_1b_2c_3d_4)\mathbf{H}(a_1b_3c_2d_4)d\tau \tag{188}$$

となる。このときのスピンの寄与は1である。軌道函数の数字をはぶき，その添字の順序に並べて書き直すと，(188)式は

$$H_{\text{I},\text{II}} = -\int (abcd)\mathbf{H}(acbd)d\tau \tag{189}$$

となる。これはさらに簡略に書くと

$$H_{\text{I},\text{II}} = -(abcd)|\mathbf{H}|(acbd) \tag{190}$$

あるいはもっと簡単に，b と c の座標の交換による一回交換積分という意味だけ示して $-(bc)$ と書く。

行列成分 $H_{\text{I},\text{II}}$ に寄与すると思われた $(4!)^2$ 個の項が一連の操作でただ一つの項に縮められたが，それと同じ操作が他の場合にも適用できることは明らかである。この結果は幸い次の簡単な記述で一般化することができる：二つの相異なる反対称固有函数の間の行列要素は，固有函数が二つの軌道上のスピンのただ一回の交換分だけの相異があるときにだけ零と異なり，この場合これら軌道間の交換積分に負号をつけた値となるが，これ以外の場合は零となる。$H_{\text{I},\text{II}}$ の場合，二つの固有函数は

$$\text{I} \qquad\qquad \text{II}$$
$$\begin{pmatrix} a & b & c & d \\ \alpha & \beta & \alpha & \beta \end{pmatrix} \quad \begin{pmatrix} a & b & c & d \\ \alpha & \alpha & \beta & \beta \end{pmatrix}$$

と書き表わせて (59頁参照)，その間の相異はただ b と c の間のスピンの交換だけで，従って上に見た通り行列成分は $-(bc)$ となる。この規則により行列のすべての非対角成分を直接書き下すことができる。

---

17) Slater, 参考文献 11.

四電子問題

さて対角行列成分，すなわち任意の反対称（行列式の）固有函数とそれ自身の間でつくる行列の成分，例えば $H_{\mathrm{I,I}}$ を考える必要がある．上に述べた通りに操作して，

$$H_{\mathrm{I,I}} = \int (abcd)\mathbf{H}(abcd)d\tau - \int (abcd)\mathbf{H}(cbad)d\tau$$
$$- \int (abcd)\mathbf{H}(adcb)d\tau \quad (191)$$

となることがわかるが，これはまた

$$H_{\mathrm{I,I}} = (abcd)|\mathbf{H}|(abcd) - (abcd)|\mathbf{H}|(cbad) - (abcd)|\mathbf{H}|(adcb) \quad (192)$$

と書いてもよい．第一の積分は二つの同じ軌道固有函数間の $\mathbf{H}$ の行列要素であって，"クーロン積分"(coulomb integral) と呼ばれ，記号 Q で示される．この名の由来は，論じている系内のあらゆる電子対についてそれが古典論で与えられるようなクーロン相互作用を，波動力学が要求する電子の雲状分布（31頁を見よ）と合せて考慮した結果である．行列要素 $H_{\mathrm{I,I}}$ はかくて

$$H_{\mathrm{I,I}} = Q - (ac) - (bd) \quad (193)$$

と書ける．ここに (ac) と (bd) は一回交換積分すなわち共鳴積分を表わす．

反対称固有函数からつくられる行列の対角成分を見出す一般法則はクーロン積分をとり，それから同じスピンをもつ軌道間のあらゆる交換積分を差引くということである．要素 $H_{\mathrm{I,I}}$ では軌道 a および c はスピン函数 α をもち，また b および d は β をもつから，上の法則から直ちに (193) 式が出る．

60頁に示したように，

$$\Psi_{\mathrm{A}} = \frac{1}{\sqrt{4}}(\Psi_{\mathrm{I}} - \Psi_{\mathrm{III}} - \Psi_{\mathrm{IV}} + \Psi_{\mathrm{V}})$$

であるから，

$$H_{\mathrm{AA}} = \tfrac{1}{4}(H_{\mathrm{I,I}} + H_{\mathrm{III,III}} + H_{\mathrm{IV,IV}} + H_{\mathrm{V,V}} - 2H_{\mathrm{I,III}} - 2H_{\mathrm{I,IV}}$$
$$+ 2H_{\mathrm{I,V}} + 2H_{\mathrm{III,IV}} - 2H_{\mathrm{III,V}} - 2H_{\mathrm{IV,V}})^* \quad (194)$$

---

* $\mathbf{H}$ がエルミートであるから，$H_{\mathrm{I,III}} = H_{\mathrm{III,I}}$ などになるためである．

である．二回交換した要素 $H_{I,V}$ および $H_{III,IV}$ は零で，その他の要素は上の法則で，

$$H_{I,I}=Q-(ac)-(bd) \qquad H_{I,III}=-(cd)$$
$$H_{III,III}=Q-(ad)-(bc) \qquad H_{I,IV}=-(ab) \qquad (195)$$
$$H_{IV,IV}=Q-(bc)-(ad) \qquad H_{III,V}=-(ab)$$
$$H_{V,V}=Q-(ac)-(bd) \qquad H_{IV,V}=-(cd)$$

である．故に (194) 式によって

$$H_{AA}=\tfrac{1}{4}(4Q-2ac-2bd-2ad-2bc+4ab+4cd) \qquad (196)$$
$$=Q-\tfrac{1}{2}(ac+bd+ad+bc)+(ab+cd) \qquad (197)$$

となる．クーロン積分および交換（共鳴）積分を用いて H_{AA} などの値を求めることは比較的簡単であるが，4電子以上が関与する系では明らかに手続は複雑になる．しかし与えられた操作法から直接に出てくる一般的な規則を使えば，労力は大きく減らされる．[18] 任意の二つの結合固有函数間の **H** の行列成分を見つけるには，その二つの結合系をまず書き下ろす．すなわち成分 H_{AA} では結合系（A と A）はともに $a-b\ c-d$ であるから，α スピンを任意に a に割当てることで出発すれば，b のスピンは β でなければならない．すなわち

$$\begin{array}{cc} a-b & c-d \\ \alpha\ \beta & \end{array} \qquad \begin{array}{cc} a-b & c-d \\ \alpha\ \beta & \end{array}$$

である．従って a に特定のスピンを与えても b のスピンが定まるだけで，他の電子のスピンは定まらない．それで a と b とは環をつくるといい，これを記号 (a/b) で表わす．後の便宜上分子はスピン α に，分母は β にともなう軌道を表わすものとしておく．さて今度は c 軌道には任意のスピン，例えば α を割り当てなければならず，そうすれば d はスピン β をもたなければならない．それで

$$\begin{array}{cccc} a-b & c-d & a-b & c-d \\ \alpha\ \beta & \alpha\ \beta & \alpha\ \beta & \alpha\ \beta \end{array}$$

---

[18] H. Eyring and G. E. Kimball, *J. Chem. Phys.*, 1, 626 (1933) 参照．

四電子問題

となる．従って c と d も環 (c/d) を作る．このようにして行列成分 H_{AA} に対する環の系は以上から $(a/b)(c/d)$ となる．* このとき行列成分自体は次の一般式により見出される．x を環の数，y を結合の数とすれば，

$$H_{LM}=\frac{2^x}{2^y}\left\{Q+\tfrac{3}{2}[\Sigma\,(\text{同じ環の中で逆向きスピンをもつ電子間の一回交換積分})-\Sigma\,(\text{同じ環の中で同じ向きのスピンをもつ電子間の一回交換積分})]-\tfrac{1}{2}\Sigma\,(\text{すべての一回交換積分})\right\}$$

となる．ゆえに H_{AA} の場合には，上に詳述した方法からわかるように，

$$H_{AA}=\frac{2^2}{2^2}\{Q+\tfrac{3}{2}[(ab+cd)-0]-\tfrac{1}{2}[(ab)+(cd)+(ac)+(bd)+(ad)+(bc)]\} \tag{198}$$

$$=Q-\tfrac{1}{2}(ac+bd+ad+bc)+(ab+cd) \tag{199}$$

となる（(197) 式参照）．一般法則を用いると容易に，

$$H_{BB}=Q-\tfrac{1}{2}(ab+cd+ad+bc)+(ac+bd) \tag{200}$$

となることがわかる．H_{AB} をきめるには二つの結合系 A と B とを書き下し，a に任意にスピン α を割り当てれば，b は上に示した通りスピン β をもたねばならない．

(A)　　　　　(B)
$a-b\quad c-d\qquad a-c\quad b-d$
$\alpha\quad\beta\qquad\qquad\alpha\quad\beta$

である．そうすると c はスピン β，d はスピン α をもたねばならないから，

p. 75

$a-b\quad c-d\qquad a-c\quad b-d$
$\alpha\ \beta\quad\beta\ \alpha\qquad\alpha\ \beta\quad\beta\ \alpha$

である．ここでは環はただ一つで，これを (ad/bc) と書いてもよい；ゆえに

$$H_{AB}=\frac{2}{2^2}\{Q+\tfrac{3}{2}[(ab+ac+bd+cd)-(ad+bc)]$$

---

* これは実際に二つの結合函数が共通にもつ行列式固有函数の数を見つける手続きである；a 軌道のスピンは初め任意に 2 つの仕方で決められるから，x を環の数とすれば，この数は 2^x となることが容易にわかる．

$$-\tfrac{1}{2}[(ab)+(ac)+(bd)+(cd)+(ad)+(bc)]\} \qquad (201)$$

$$=\tfrac{1}{2}[Q+(ab)+(ac)+(bd)+(cd)-2(ad)-2(bc)] \qquad (202)$$

となる．ここまで来ると（178）式を解くには後は Δ の知識を必要とするだけになる．例えば，

$$\Delta_{AA}=\int \Psi_A \Psi_A d\tau$$

をとり上げてみよう．Ψ_A は $\Psi_I, \Psi_{II}, \Psi_{IV}, \Psi_V$ で表わされるから，Δ_{AA} は演算子が1であること以外は（194）式の H_{AA} の式と全く類似の式で与えられことがわかる．すなわち H_{AA} の式の中のおのおのの H を記号 Δ で，$\Delta_{I,I}=\int \Psi_I \Psi_I d\tau$ などのようにおき換えると Δ_{AA} が得られる．もし反対称固有函数が規格化されており，また相互に直交しているという近似をすると，二つの同じ固有函数の間の $\Delta_{I,I}$ のような項は1に等しいが，異なる固有函数の間の項は零となる．従って，

$$\Delta_{AA}=\tfrac{1}{4}(1+1+1+1)=1 \qquad (203)$$

となる．一般に Δ の値は H の行列の中の Q の係数に等しく，従って $\Delta_{BB}=1$ および $\Delta_{AB}=\tfrac{1}{2}$ となることが容易にわかる．これらを（178）式に入れると，

$$\begin{aligned}&\{Q-\tfrac{1}{2}[(ac)+(bd)+(ad)+(bc)]+(ab)+(cd)-E\}\\&\times\{Q-\tfrac{1}{2}[(ab)+(cd)+(ad)+(bc)]+(ac)+(bd)-E\}\\&-\tfrac{1}{4}[Q+(ab)+(ac)+(bd)+(cd)-2(ad)-2(bc)-E]^2=0\end{aligned}$$
$$(204)$$

となる．交換積分 (ab) と (cd) を α_1 と α_2*で，(ac) と (bd) を β_1 と β_2 で，(bc) と (ad) を γ_1 と γ_2 でおきかえると，二次式の解は

$$E=Q\pm\{\tfrac{1}{2}[(\alpha_1+\alpha_2)-(\beta_1+\beta_2)]^2+\tfrac{1}{2}[(\beta_1+\beta_2)-(\gamma_1+\gamma_2)]^2$$
$$+\tfrac{1}{2}[(\gamma_1+\gamma_2)-(\alpha_1+\alpha_2)]^2\}^{1/2} \qquad (205)$$

となる．この二つの解のうち平方根の前に負号をもつ解は各電子に関する最

---

* 今後用いる α および β を前から用いているスピンを表わす記号と混同してはいけない．

低エネルギー状態を表わし，安定な状態に対応する．故に (205) 式は，
$$E=Q-\{½[(\alpha-\beta)^2+(\beta-\gamma)^2+(\gamma-\alpha)^2]\}^{1/2} \quad (206)$$
の形となり，この式は一般に London[19] の式と呼ばれる．ここに α は $\alpha_1+\alpha_2$ を，β は $\beta_1+\beta_2$ を，γ は $\gamma_1+\gamma_2$ を意味する．

クーロンおよび交換(共鳴)エネルギー

(205) および (206) 式に含まれる量の意味を他の角度から次のように眺めることもできる．二つの電子，例えば c と d を，相互にまた a と b から無限に離すものとする．そうすると電子対 ab のエネルギーは (205) 式の Q の代りに a と b との間の引力に対するクーロン項 A を含み，(ab) なる α_1 を除く他のすべての交換積分が落ちてしまう．それ故 (205) 式は
$$E_{ab}=A_1+\alpha_1 \quad (207)$$
になる．a と b とを無限遠に引き離したときの電子 c および d のエネルギーに対して同様な式 $E_{cd}=A_2+\alpha_2$ が得られる．他の可能な4つの電子対に対しても第3図に示すように，同じようにして類似の結果が導かれる．量 A_1, A_2, B_1, B_2, C_1 および C_2 は種々の電子対のクーロン・エネルギーである．そこで4電子を一緒に集めると，6個の静電気的引力が働いて，全クーロン・エネルギーは (205) 式の Q に等しくなり，従って

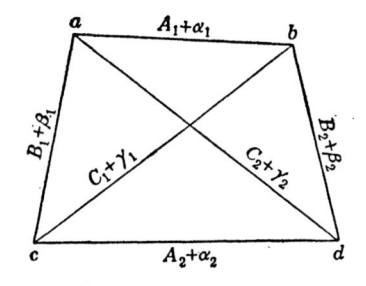

第3図 4電子系におけるクーロンおよび交換エネルギー

---

19) F. London, "Probleme der modernen Physik (Sommerfeld Festschrift)," p. 104, 1928; *Z. Elektrochem.*, 35, 552 (1929).

$$Q = A_1 + A_2 + B_1 + B_2 + C_1 + C_2 \qquad (208)$$

となるのである．全クーロン・エネルギー Q とは系内の別々のあらゆる電子対のクーロン・エネルギーの和に他ならないことがわかる．

電子対 ab を含む系のエネルギーは，他の電子対が遠くにあるとき，$A_1 + \alpha_1$ となる．このうち A_1 はクローン・エネルギー，α_1 はこの対の交換エネルギーすなわち共鳴エネルギーである．同様に $\alpha_2, \beta_1, \beta_2, \gamma_1$ および γ_2 はそれぞれ他の対を除いたときの電子対 cd, ac, bd, bc および ad のエネルギーに対する交換すなわち共鳴エネルギーの寄与とみなされる．

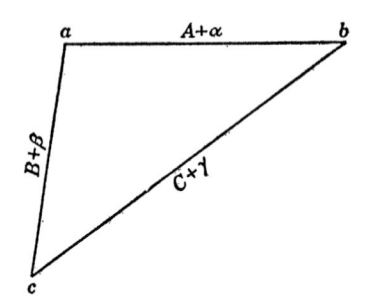

第4図　3電子系におけるクーロンおよび交換エネルギー

三　電　子　問　題

3電子系のエネルギーを表わす式は4電子系のそれから一個の電子例えば d を除いたものを想定すれば容易に導ける．そうすると第3図の配置は第4図に示したようになり，量 A_2, B_2, C_2 および $\alpha_2, \beta_2, \gamma_2$ がなくなる．A_1, B_1, C_1 を添字をつけずに A, B, C と書き，$\alpha_1, \beta_1, \gamma_1$ を α, β, γ と書くと (205) 式は

$$E = Q - \{\tfrac{1}{2}[(\alpha - \beta)^2 + (\beta - \gamma)^2 + (\gamma - \alpha)^2]\}^{1/2} \qquad (209)$$

になることがわかる．これは形の上では (206) 式と同じであるが，ただこの式では α, β, γ はそれぞれ一個の電子対だけに関係し，(206) 式では二個の対に対する交換エネルギーの和である点で違う．ここでは考えることので

きる可能な対は三つしかないから，クーロン・エネルギー Q は $A+B+C$ に等しい．

四個より多い電子の系

3または4電子系のエネルギーの式を本書では最もよく使うが，5, 6またはそれ以上の多電子問題を取り扱いたいときもよく出てくる．[20] これに用いる方法は原理的にはすでに述べた（67頁以下）一般的な取扱いと同じである．
p. 78
奇数電子の系は，それより一つ大きい偶数の電子の系として扱って後，つけ加えた電子一個を無限遠に除いたとして，その電子と関連して含んでいるすべての項を落すようにする．この方法は3電子系のエネルギーを導くため上で用いた方法と同様である．エネルギーに対する永年方程式の中の項の数は電子の数の増大とともに急激に増大する．従って6電子系では解くべき行列式は5次であり，8電子系では14次である．系の安定な状態は，電子が別々に離れている状態を基準にとった最大の負のエネルギー値を与える解に対応するものである．

任意の数の電子に対するハミルトン演算子は容易に書き下せるから（67頁），結合固有函数が知れておれば，原理的には任意の永年方程式を解くに必要な H と1とのすべての行列成分を導くことが可能なはずである．しかし電子数が増大し，ハミルトン演算子および固有函数の複雑さがともに増大するにつれて，所要の積分を行うのに非常な労力が要ることも明らかである．事実，満足な結果らしいものが得られているのは，それぞれ H_2^+, He および H_2 で見出されているように1および2電子系の場合だけである．3および4電子系のエネルギー方程式でも電子対間のクーロンおよび交換エネルギーと同じであると考えられる項からできていることを上で見たから，分子状水素中の2電子系は考察する価値がある．この場合得られるある種の結果は，粗い近似で他の例にも適用できるものと仮定することができる．

---

20) A. Sherman and H. Eyring, *J. Am. Chem. Soc.*, **54**, 2661 (1932); G. E. Kimball and H. Eyring, 同誌, **54**, 3876 (1932); A. Sherman, C. E. Sun and H. Eyring, *J. Chem. Phys.*, **3**, 49 (1935); Eyring and Kimball, 参考文献 12.

水 素 分 子[21]

水素分子には2個の原子があり，各1個の 1s 電子をもつている．これら電子のスピンを除いた波動函数を第一および第二の核に対して，それぞれ a および b とすれば，スピンの4つの組合せから4個の可能な固有函数が導かれる．

$$
\begin{array}{ll}
 & S_z \\
\Psi_{\mathrm{I}}=(a\alpha)(b\beta) & 0 \\
\Psi_{\mathrm{II}}=(a\beta)(b\alpha) & 0 \\
\Psi_{\mathrm{III}}=(a\alpha)(b\alpha) & 1 \\
\Psi_{\mathrm{IV}}=(a\beta)(b\beta) & -1
\end{array}
$$

これら4つの函数は恐らく一重および三重項準位に対応するであろう．というのはこれらの準位はその S_z がそれぞれ 0 および 1, 0, −1 であることを要するのである．異なるスピンをもつ状態間の行列成分は零であるから，Ψ_{III} と Ψ_{IV} とは別個に扱えるが，Ψ_{I} と Ψ_{II} は結合させて取り扱うべきことは明らかである．上述の議論（67頁以下）から

$$H_{\mathrm{I,I}} \equiv \int \Psi_{\mathrm{I}} \mathbf{H} \Psi_{\mathrm{I}} d\tau = (ab)|H|(ab) \tag{210}$$

$$H_{\mathrm{II,II}} \equiv \int \Psi_{\mathrm{II}} \mathbf{H} \Psi_{\mathrm{II}} d\tau = (ab)|H|(ab) \tag{211}$$

である．ただし $(ab)|H|(ab)$ は $\int (a_1 b_2)\mathbf{H}(a_1 b_2) d\tau$ の意味である．これら行列成分はクーロン項だけを含む．固有函数 a と b が規格化されておれば，

$$\Delta_{\mathrm{I,I}} \equiv \int \Psi_{\mathrm{I}} \Psi_{\mathrm{I}} d\tau = 1 \tag{212}$$

および

$$\Delta_{\mathrm{II,II}} \equiv \int \Psi_{\mathrm{II}} \Psi_{\mathrm{II}} d\tau = 1 \tag{213}$$

であり，さらに

$$H_{\mathrm{I,II}} = H_{\mathrm{II,I}} = -(ab)|H|(ba) \tag{214}$$

---

21) Heitler and London, 参考文献 10; Slater, 参考文献 11.

および

$$\Delta_{\mathrm{I},\mathrm{II}} = \Delta_{\mathrm{II},\mathrm{I}} = -(ab)|1|(ba) = S^2 \qquad (215)$$

である．ここに $(ab)|H|(ba)$ は交換積分 $\int (a_1b_2)\mathbf{H}(a_2b_1)d\tau$ であり，$(ab)|1|(ba)$ はこれに対応する 1 の行列成分すなわち $\int (a_1b_2)(a_2b_1)d\tau$ で，これは記号 S^2 で表わされている．状態 I と II のエネルギーに対する永年方程式は，変分法または第一次の摂動計算で与えられるように，

$$\begin{vmatrix} H_{\mathrm{I},\mathrm{I}} - \Delta_{\mathrm{I},\mathrm{I}}E & H_{\mathrm{I},\mathrm{II}} - \Delta_{\mathrm{I},\mathrm{II}}E \\ H_{\mathrm{II},\mathrm{I}} - \Delta_{\mathrm{II},\mathrm{I}}E & H_{\mathrm{II},\mathrm{II}} - \Delta_{\mathrm{II},\mathrm{II}}E \end{vmatrix} = 0 \qquad (216)$$

であるが，これは

$$\begin{vmatrix} H_{\mathrm{I},\mathrm{I}} - E & H_{\mathrm{I},\mathrm{II}} - S^2 E \\ H_{\mathrm{I},\mathrm{II}} - S^2 E & H_{\mathrm{I},\mathrm{I}} - E \end{vmatrix} = 0 \qquad (217)$$

となる．ここで $H_{\mathrm{I},\mathrm{I}}$, $H_{\mathrm{II},\mathrm{II}}$, $H_{\mathrm{I},\mathrm{II}}$ および S^2 は上に述べた意味のものである．この方程式の二つの解は

p. 80
$$E_1 = \frac{H_{\mathrm{I},\mathrm{I}} + H_{\mathrm{I},\mathrm{II}}}{1+S^2} \qquad (218)$$

および

$$E_2 = \frac{H_{\mathrm{I},\mathrm{I}} - H_{\mathrm{I},\mathrm{II}}}{1-S^2} \qquad (219)$$

である．Ψ_{III} と Ψ_{IV} を含む二つの一次の永年方程式の解が (219) に等しいことに注意すれば，E_2 は三重項状態，E_1 は一重項状態のエネルギーでなければならない．すでに述べたことから (73頁)，$H_{\mathrm{I},\mathrm{I}}$ はクーロン積分，$H_{\mathrm{I},\mathrm{II}}$ は交換(共鳴)積分に負号をつけたものであるから，(218) と (219) 式は (205) 式に類似した形，すなわち

$$E = \frac{A \pm \alpha}{1 \pm S^2} \qquad (220)$$

と書ける．ただし A と α はそれぞれクーロンおよび交換(共鳴)エネルギーである．固有函数が直交する場合やまた (205) 式を導びくとき仮定したように，S^2 が零であるならば，(220) は (205) で電子 c と d を無限遠

に離して β と γ をすべて零としたときの形に等しくなるであろう．

E_1 と E_2 の値を求めるには，二つの水素原子からなる系すなわち二個の電子と二個の核とより成る系に対するハミルトン演算子と固有函数 $a_1 b_2$ および $a_2 b_1$ を知る必要がある〔(210)，(211)，(214) および (215) 式参照〕．核の運動を表わす項を無視すると，前者は (176) 式から容易に

$$-\frac{h^2}{8\pi^2 m}(\nabla_1^2+\nabla_2^2)-(V_\mathrm{A}+V_\mathrm{B})+V_0 \tag{221}$$

であることがわかる．ここに ∇_1^2 と ∇_2^2 はそれぞれ電子1と2の座標に関するラプラス演算子であり，また

$$V_\mathrm{A}=\frac{\varepsilon^2}{r_{\mathrm{A}1}}+\frac{\varepsilon^2}{r_{\mathrm{A}2}}, \quad V_\mathrm{B}=\frac{\varepsilon^2}{r_{\mathrm{B}1}}+\frac{\varepsilon^2}{r_{\mathrm{B}2}}, \quad V_0=\frac{\varepsilon^2}{r_{\mathrm{AB}}}+\frac{\varepsilon^2}{r_{12}} \tag{222}$$

である．種々の r 値を第5図に示す．図の A と B は二つの水素核，1と2は電子を示す．

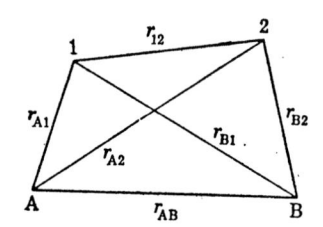

第5図　水素分子における核（A と B）と電子（1 と 2）の間の距離

固有函数 $a_1 b_2$ と $a_2 b_1$ は水素原子の 1s- 電子の軌道函数，すなわち $(\pi a_0^3)^{-1/2} e^{-r/a_0}$ の積に等しくとる．ただし r は電子から核までの距離，a_0 は正規の Bohr 軌道の半径すなわち $h^2/4\pi^2 m \varepsilon^2 = 0.53\mathrm{\AA}$ である．それで

$$a_1 b_2 = \frac{1}{\pi a_0^3} e^{-(r_{\mathrm{A}1}+r_{\mathrm{B}2})/a_0} \tag{223}$$

および

$$a_2 b_1 = \frac{1}{\pi a_0^3} e^{-(r_{\mathrm{A}2}+r_{\mathrm{B}1})/a_0} \tag{224}$$

である．第一の場合は電子 1 が核 A に，2 が B に付随すると仮定している．第二の場合は電子が逆になっている．

クーロン・エネルギーと交換エネルギーの比率

二つの核のどれか一つに二つの電子のおのおのを付随させて得られる 4 個の Schrödinger 波動方程式，すなわち

$$\nabla_1^2 a_1 + \frac{8\pi^2 m}{h^2}\left(E_0 + \frac{\varepsilon^2}{r_{A1}}\right)a_1 = 0 \qquad (225)$$

および b_1, a_2, b_2 に対する同様の方程式を導入することによって (218) と (219) 式から種々の核間距離に対して E_1 と E_2 を計算することが原理的に可能である．ただし E_0 は水素原子のエネルギーである．しかし実際には多くの複雑な積分を計算しなければならない．Heitler と London の独創的な仕事についで，初めてこの課題についてその企てに成功したのは杉浦[22]の仕事であった．彼の方程式から，E_1-2E_0 と E_2-2E_0 を r_{AB} の函数としてきめることができる．$2E_0$ は二個の孤立した水素原子のエネルギーであるから，これらは，成分原子に関して二つの可能な形の水素分子のポテンシャル・エネルギーを表わしている．原子が離れているときのエネルギーを任意的に零ととれば，結果は E_1 および E_2 の実際の値を与える．S^2 は核間距離からわかるから，クーロンおよび交換（共鳴）エネルギーが個々に算出される．このようにして得られた結果を第 6 図[23]に示す．まず第一に安定な形の水素分子は一重項状態であり，エネルギー E_1 をもつことがわかる．スペクトルの測定で観測される三重項状態は水素原子に関しては常に不安定である．第二に一重項状態のポテンシャル・エネルギー曲線の最小値は核間距離 0.80 Å の所にあり，そこのポテンシヤル・エネルギーは -74 kcal であることが注目される．これらの数字はそれぞれ水素分子の平衡核間距離および解離エネルギーを表わすものである．この結果は実験値 0.74 Å および

---

22) Y. Sugiura, *Z. Physik*, **45**, 484 (1927).
23) H. Eyring and M. Polanyi, *Z. physik. Chem.*, B, **12**, 279 (1931).

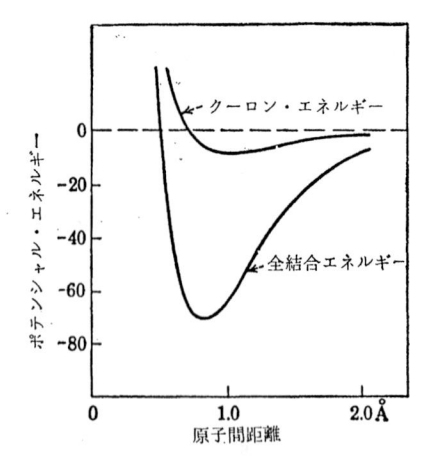

第6図 H₂の一重項状態の全結合エネルギーおよびクーロンの結合エネルギー (Eyring および Polanyi, 杉浦の方程式から)

−108.9 kcal にかなりよく一致している．

第6図を調べると，原子間距離が約 0.8 Å より大きい所では，クーロン・エネルーが水素分子の結合エネルギーの小さな割合を構成しているに過ぎないことをも示している．従って二つの水素原子はその大部分がいわゆる

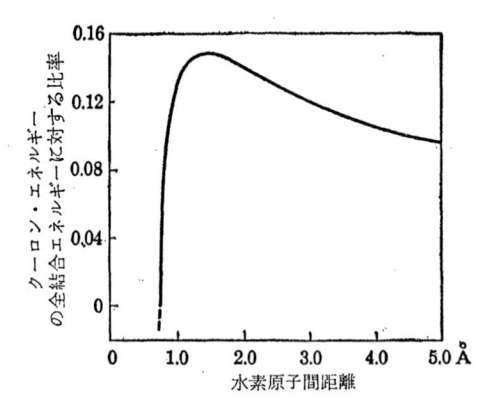

第7図 H₂ 分子に対するクーロン・エネルギーの割合 (Hirschfelder および Daniels)

交換すなわち共鳴エネルギーによって互いに結合していると思われる．クーロン・エネルギーの結合エネルギーに対する割合は明らかに核間距離に依存する．第7図の曲線は水素分子中の原子間の距離による ρ の変化を示したものである．ここで

$$\rho = \frac{クーロン・エネルギー}{全結合エネルギー} \tag{226}$$

であり，杉浦の式によって計算した．

原子間距離が約 $0.8\,\text{Å}$ をこえると，クーロン・エネルギーは水素分子の全結合エネルギーの10から15％の間であるように思われる．すなわち (220) 式の $A/(A+\alpha)$ は大略 0.1 から 0.15 である．(206) と (209) 式の解を得やすくするために，これらの式の $A/(A+\alpha)$, $B/(B+\beta)$, $C/(C+\gamma)$ などの比を同じであると仮定してよいかどうかという疑問が起きる．この比率が多くの二原子分子に対して近似的に一定であるとする仮定を実際第III章で置くが，それが近似的なものであることを心得ておくことは重要である．

第7図を見ると，水素原子をその平衡位置までもってくるにつれて，ρ が急激に減少することがわかる．また第6図から，ある点でクーロン・エネルギーが零となり，すべての結合エネルギーが交換型になることがわかる．交換の寄与による反撥が始まる前にクーロン項による反撥が始まるので，多分この現象はさけられないと思われる．しかしこれが生じる核間距離が杉浦の式が与えるものよりずっと小さいことはありうる．というのは，上に見たように，この式は水素分子の解離エネルギーや原子の平衡距離に対してただ近似的にだけ正しい値を与えるものだからである．ある著者達[24]は全結合エネルギーのこのように重要な部分を構成すると考えられる交換エネルギーの意味に疑いをもっていることをつけ加えておこう．適当な固有函数を用いれば，変分法の取扱いによって水素分子のエネルギーの実験値に極めて近い値が得られ，しかもその計算には上に考えたような型の交換積分らしきものを

---

24) A. S. Coolidge and H. M. James, *J. Chem. Phys.*, 2, 811 (1934).

全く含まぬようにすることもできるのである。[25] しかしもしこの議論が水素分子に対して正しいとすれば，それは共鳴の概念が高い価値をもつと認められている構造化学の多くの問題にもまた適用できるものであろうということを指摘しなければならない．

さし当り，交換エネルギーすなわち共鳴エネルギーが全結合のエネルギーの主要部分を構成することをうけ入れるとすれば，Heitler-London の理論と杉浦の式とで計算される比率がすべての二原子分子を通じて同じかどうかをきめる必要がある．(226) 式の分率 ρ が s-電子の主量子数 n の増加とともに増すことははっきりと確立されているようである．n が増してもクーロン・エネルギーはほとんど一定であるが，共鳴エネルギーは急激に減少する．二原子分子のそれぞれの平衡位置より大きな原子間距離に対して，種々の主量子数について計算された ρ の近似値を第4表に示す．[26]

第4表　種々の量子数に対するクーロン・エネルギーの割合

n	1	2	3	4
ρ	0.12	0.22	0.32	0.40

上に引用した値は二個の s-電子で構成した結合に関するものであることに注意する必要がある．二個の p-電子が関係するときは，結果が全く違ってくる．このような条件の下ではクーロン・エネルギーの寄与はもっとはるかに重要になり，交換エネルギーは比較的小さいようである．[27]

---

25) H. M. James and A. S. Coolidge, 同誌, **1**, 825 (1933).
26) J. H. Bartlett and W. H. Furry, *Phys. Rev.*, **38**, 1615 (1931); N. Rosen and S. Ikehara, 同誌, **43**, 5 (1933).
27) J. H. Bartlett, 同誌, **37**, 507 (1931).

第Ⅲ章　ポテンシャル・エネルギー面

あるきまった速度で起るほとんどあらゆる過程および特に化学反応には，それが適当な変化をうける前に，その系が獲得しなければならない最小のエネルギーを表わす活性化エネルギーが付随しているということは，現在では一般に認められていることである．本章では，3個あるいは4個の原子を含む化学変化に特に関連して，活性化エネルギーの基礎的な意義や活性化状態の性質に関するある種の指示を得ようとするものである．

活 性 化 エ ネ ル ギ ー

ポテンシャル・エネルギー曲線と活性化状態

原子 X と分子 YZ とを含む反応，すなわち

$$X+YZ=XY+Z$$

を考える．分子 YZ 中の原子 Y と Z は単結合，すなわち逆向きのスピンをもつ1対の電子により結合しており，原子 X は不対電子をもつと仮定する．さて X が YZ に接近すると，これらの3つの電子間の相互作用によって交換エネルギーが減少し，その結果 Y と Z の間の引力が減り，これらの原子は離れやすくなるであろう．X がさらに YZ に近づくと，YZ による X の反撥が強くなり，また Y と Z の間の引力が減少するため，系のポテンシャル・エネルギーは増大する．最後に原子 Z がはじき出され始める点にまで達して，系は反応 $X+YZ=XY+Z$ が起り得る条件に達することになる．もし X がさらに Y に近づき，両者の間隔が正規の原子間距離になると，原子 Z は追出されて系のポテンシャル・エネルギーは減少する．このような変化の途中におけるポテンシャル・エネルギーの変化は，定性的には，第8図に示すような曲線に沿って左から右へ移動して行くことによって表わすことができる．系 X+YZ が XY+Z になる前，すなわち考えてい

る反応が起る前には，明らかに反応物質はその曲線の極大で示されるエネルギーを獲得しなければならない．このことは，たとえてみれば，反応系は"あるエネルギー障壁を乗り越え"なければならない，という風に言い表わしてよい．そうすると初めの状態と曲線の極大点，すなわち障壁の頂点とのエネルギー差がその過程の活性化エネルギー（E）である．その極大点における X-Y-Z の配置はその反応の"活性化状態"(activated state) または"活性錯合体"(activated complex) と呼ばれる．この条件では，原子相互間で，Y が X または Z のいずれかと結合できるような配置にあり，また極めてわずか変位するだけで，その結果反応が起って XY と Z とができるか，または逆に初めの状態にもどってしまうかするのである．

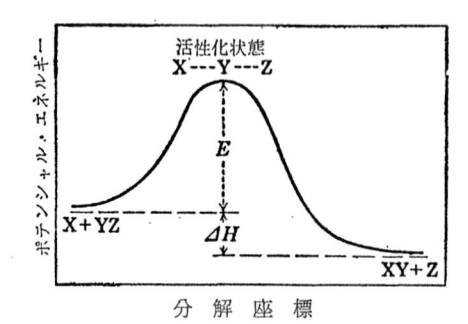

第8図 反応 X+YZ=XY+Z にともなうポテンシャル・エネルギーの変化

第8図に描かれたポテンシャル・エネルギー曲線は逆反応

$$XY+Z=X+YZ$$

を考察する場合にも用いることができる．活性化状態は X と YZ との反応の場合と同じであるから，同じエネルギー障壁を乗り越えなくてはならない・ΔH を一方の側の XY+Z と他の側の X+YZ との間の熱含量の差，すなわち定圧反応熱* とすれば，初めの状態から上に測った障壁の頂上の高さは，

---

* この結果は反応速度を圧力単位で測る場合に適用できるのであつて，濃度単位を用いるときは，ΔH を内部エネルギーの増加 ΔE で置き換える必要がある．

今度は $E+\Delta H$ となる．第8図から，

$$XY+Z=X+YZ$$

p. 87
のような吸熱過程では，活性化エネルギーは少くとも反応で吸収される熱に等しくなることは明らかであろう．このことは吸熱反応が一般に比較的高い活性化エネルギーをもっており，そのために発熱反応に比べて概して遅いという事実を説明する．

電子の問題としての化学反応

活性化の機構に関する前述の議論は本質的には F. London[1] の見解に基づいている．彼は多くの化学反応が"断熱的"(adiabatic)＊ 性質をもつこと，および第Ⅱ章でそれぞれ4および3電子問題について展開した (206) と (209) 式が，3または4個の反応原子の系の種々の原子間距離に対するポテンシャル・エネルギー の近似的な計算に利用できることを示唆した．分子 WX の原子 W と X が二個の s- 電子による単結合で結合しているとしよう．また同じ型の結合をしている他の分子 YZ が WX と反応して，

$$WX+YZ=XY+WZ$$

となり，生成物質 XY と WZ もまた同じような単結合をもつているとしよう．この過程に関与する4個の価電子の量子数は変わらないから，反応の途中におけるポテンシャル・エネルギーの変化は，4個の s- 電子の再配列によるものとみなしてよい．全く同様に，X と YZ との反応は本質的に3個の s- 電子が関与したものであり，従って X が YZ に近づき，最後に Z が放出されるときのポテンシャル・エネルギーの変化は3電子問題として取扱えるものと考えられる．

---

1) F. London, "Probleme der modernen Physik (Sommerfeld Festschrift)," p. 104, 1928; *Z. Elektrochem.*, **35**, 552 (1929).

＊ 断熱変化とは，一つの電子準位から他の準位への飛躍が起るような不連続の電子配列の変化がなく，電子と核との間に連続した平衡が存在するような変化のことである．すなわちその全過程は単一の ポテンシャル・エネルギー面上で起る．断熱変化では一つの電子の状態を表わすのに反応の全過程を通じて唯一つの固有函数を用いることができる．

三原子系

反応 X+YZ=XY+Z に与かる3原子 X, Y および Z が第9図に示すような一般的な配置をもつとする．ただし，r_1, r_2 および r_3 はそれぞれ X と Y, Y と Z および X と Z の間の距離である．もし r_2 と r_3 とを非常に大きくするならば，すなわちもし Z を遠い距離に離せば，この系のポテンシャル・エネルギーは距離 r_1 だけ離れた2原子より成る分子 XY のそれ

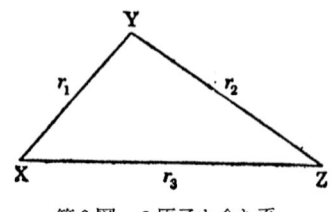

第9図 3原子を含む系

に等しくなるであろう．この状態にあるエネルギーを $A+\alpha$ とする．ここで A はクーロン部分，α は交換力に基づく部分である (78頁). 同様に X を遠方に離せば，$B+\beta$ は原子間距離 r_2 の分子 YZ に対応するエネルギーとなる．また Y を無限遠に離せば，r_3 だけ離れた原子のつくる分子 XZ のポテンシャル・エネルギーは $C+\gamma$ である．従って第II章で得た結果から，与えられた原子間距離に対して X, Y および Z の系のポテンシャル・エネルギーは遠くに離れた原子のエネルギーを基準にとり，これを0とすれば

$$E = Q - \{½[(\alpha-\beta)^2 + (\beta-\gamma)^2 + (\gamma-\alpha)^2]\}^{1/2} \qquad (1)$$

となる．* ただし Q はクーロン・エネルギーの和すなわち $A+B+C$ である．もし A と α, B と β および C と γ がわかっているか，または水素分子の場合のように (82頁)，種々の原子間距離に対して3つの分子 XY, YZ

---

* 厳密にいえば，77 および 78頁の (206) および (209) 式は電子の運動エネルギーとポテンシャル・エネルギーとの和を与える．原子核がほとんど静止しているという性質を考えると，これらの式はそれぞれ3および4原子の系のポテンシャル・エネルギーを与えるとみなしてよい．いかなる場合も，活性化エネルギーの立場から重要な種々の核間距離に対するエネルギーの差は，ポテンシャル・エネルギーの差なのである．

および ZX について計算できれば，3原子 X, Y および Z のあらゆる可能な配置に対する E が算出できるはずである．r_1, r_2 および r_3 は独立に変わり，その値になんら制約がないとすれば，結果を図形的に示すには4次元の図形が必要であろう．幸い後で証明するように，3原子が直線上に並ぶ*とき X, Y, Z の系のポテンシャル・エネルギーは最低であるという事実があるから，これに基づいて簡単化が可能である．いいかえれば，活性化エネルギーは原子 Y と Z を結ぶ直線に沿って X が YZ に接近するとき最小で，従って反応が起るのは主に3原子がこの配置をとるときに違いない．それでこの系のエネルギーの計算は第10図に示された条件で行う．r_3 は r_2 と r_1

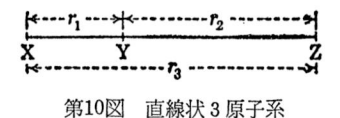

第10図 直線状3原子系

の和であるから，独立に変化できるのは明らかに二つの距離だけである．この場合ポテンシャル・エネルギーが原子間距離とともに変化する様子を表現するには，三次元的な模型を必要とし，その結果は"ポテンシャル・エネルギー面"(potential energy surface) とよばれる．実用上は同じエネルギーをもつ配置を表わす点を通っていろいろの等高線を引き，等高線図を描いた方が一層便利である．このような図形もしばしばポテンシャル・エネルギー面と呼んでいる．

（1）式で与えられるようなポテンシャル・エネルギーを計算する手続は，特に強調しておくが，原子の配置に無関係な次のような作図を行えば非常に簡単にすることができる．[2] 互に 60° の角で交わる線分 LM, MN および NP の長さをそれぞれ交換エネルギー α, β および γ に比例するとする．ついで LO を NM に垂直に，また PO を LO に垂直に引く．LO が $\frac{1}{2}\sqrt{3}(\alpha-\gamma)$ に，PO が $\beta-\frac{1}{2}(\alpha+\gamma)$ に等しいことを容易に証明するこ

---

* これは s-電子では成立するが，p-電子が関与するときは成立しない．
[2] W. Altar and H. Eyring, *J. Chem. Phys.*, **4**, 661 (1936).

第Ⅲ章　ポテンシャル・エネルギー面

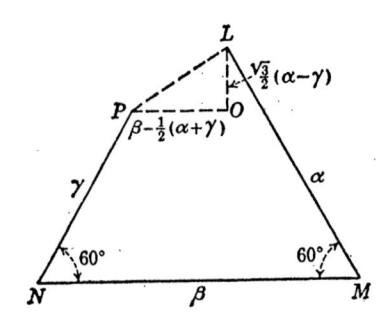

第11図　共鳴エネルギーの寄与の図式的決定（Altar および Eyring）

とができ，従って PL は

$$(\alpha^2+\beta^2+\gamma^2-\alpha\beta-\beta\gamma-\alpha\gamma)^{1/2}$$

である．これは（1）式の中の項，

$$\{½[(\alpha-\beta)^2+(\beta-\gamma)^2+(\gamma-\alpha)^2]\}^{1/2}$$

に等しく，従って3原子系への共鳴エネルギーの寄与を表わしている．* 与えられた LM および NM の値に対して，PL が第11図に示した型の作図に適合する可能な最大値をもつようにするには，NP が小さくなければならない．すなわち原子 X と Z に対する交換エネルギー γ が小さいことが必要である．この条件は，r_1 と r_2 の与えられた値に対して X と Z の間の距離 r_3 ができるだけ大きいとき，すなわち X が Y と Z を通る直線上にあるとき満たされる．ゆえに全系の共鳴エネルギーは3原子の配置が一直線上にあるとき最大値をとることになる．γ が小さくなると，クーロン・エネルギー C の数値もそれに応じて小さくなるが，その数位はずっと小さい．直線状配置からくる正味の結果として，系のポテンシャル・エネルギーは最小，すなわち負の最大値をとるようになる．ゆえに X と YZ の間の反応で Y と Z の中心を結ぶ直線に沿って X が YZ に接近するとき，活性化状態に対応する最低のエネルギー障壁が現われることになる．

---

* 第11図を描くことおよび PL の算出は計算尺を使えばすみやかに行うことができる（J. O. Hirschfelder and F. Daniels, 未発表）．

四 原 子 系

4原子 W, X, Y および Z の系は第12図のように表わされる．このときこれらの原子は必ずしも同一平面上にある必要はない．前と同様に個々の二

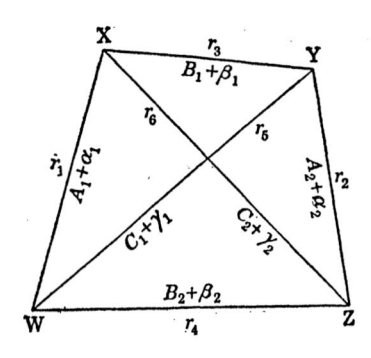

第12図　4原子を含む系

原子分子 WX, YZ, XY, WZ, WY および XZ のエネルギーはそれぞれ $A_1+\alpha_1$, $A_2+\alpha_2$, $B_1+\beta_1$, $B_2+\beta_2$, $C_1+\gamma_1$ および $C_2+\gamma_2$ であることがわかる．78頁で示したように，4原子全部を近づけたとき，その s- 電子の相互作用に基づくポテンシャル・エネルギーの式は，Q が

$$Q = A_1 + A_2 + B_1 + B_2 + C_1 + C_2 \tag{2}$$

で与えられ，α が $\alpha_1+\alpha_2$, β が $\beta_1+\beta_2$, γ が $\gamma_1+\gamma_2$ を表わす以外は，(1) 式と同じである．量 α, β および γ の意味が変っていることを心に留めておけば，系のポテンシャル・エネルギーに対する交換エネルギーの寄与の算出に，3原子のとき用いた（第11図を見よ）と全く同じ幾何学的作図法を用いることができることが明らかである．活性化エネルギーが最小となるためには，第11図の距離 PL が最大とならねばならぬという議論がここでも同様に成立つ．それ故 $\alpha_1+\alpha_2$ および $\beta_1+\beta_2$ の与えられた値に対して，交換エネルギーの和 $\gamma_1+\gamma_2$ は，r_1, r_2, r_3 および r_4 の特別な値に対して，第12図の距離 r_5 と r_6 ができるだけ大きいとき，最小になることが容易にわかる．この条件は4原子がすべて同一平面上にあるとき満たされるであろう．

ゆえに s- 電子の関与する WX+YZ=YX+WZ なる反応では，平面状の活性化状態が他のどんなものよりもよく起り，従ってこの配置のエネルギーを反応の活性化エネルギーの計算に用いてよいと考えられる．

ポテンシャル・エネルギー面の作図

半経験的方法[3]

　ポテンシャル・エネルギー面を作図して，分子や原子の性質から活性化エネルギーを計算しようとする最初の試みは H. Eyring および M. Polanyi によってなされた．彼らは比較的簡単な過程

$$H+H_2=H_2+H$$

すなわち，水素原子によるパラ水素のオルト水素への転移について調べた．(1)式より E を算出するためにまず第一に必要なことは，明らかに式 XY, XZ および YZ で表わされる別々の二原子分子の結合エネルギーを，種々の原子間距離に対して，それらのクーロンと交換（共鳴）との寄与にどのように分けるかを知ることである．いま考えている特別の反応では，これら分子のおのおのは H_2 である．また Heitler-London の積分に対する杉浦の解から，この二種のエネルギーの値が得られると思われたが (83頁と第6図を見よ)，しかしその結果はあまり満足なものでなかった．このことは驚くには当らない．というのは，(1)式自身が近似的である上に，83頁に見られたように，杉浦の方程式は，水素分子の解離熱に対して，実験値より約 35 kcal 小さい値を与えるものだからである．種々の可能性を考慮した結果，Eyring および Polanyi は"半経験的方法"(semi-empirical method) として知られるようになった次の手続きを発展させた．すなわち成分原子のエネルギーを基準とした二原子分子の全ポテンシャル・エネルギーを分光学的な測定値から求める．つぎに，たいていの場合，関与するすべての分子について，反応に有

---

3) H. Eyring and M. Polanyi, *Z. physik. Chem.*, B, **12**, 279 (1931). また H. Eyring, *J. Am. Chem. Soc.*, **53**, 2537 (1931); **54**, 3191 (1932); *Chem. Rev.*, **10**, 103 (1932) を見よ．

効な核間距離に対しては，クーロン・エネルギーが全エネルギーの一定分率
(ρ) を占めると仮定するのである．場合によっては (263頁参照)，原子間距離とともに分率 ρ が変わることが考慮に入れられる．たとえそのような変更が起っても (85頁)，それは反応に重要な距離の範囲内では一般に小さい．クーロン・エネルギーが一定の割合を占めるとする仮定は明らかに近似ではあるが，その割合をいろいろ変えて計算してみても，活性化エネルギーはそんなに大きくは変わらないことが第V章でわかるであろう．従って特別な場合以外は，上の仮定が特に活性化状態の近くで重大な誤りに導くとは思われない．

上述のように，種々の原子間距離に対する二原子分子の全エネルギーは分光学的測定値から得られる．離れた状態にある原子のエネルギーを基準にとって 0 として，二原子分子の結合エネルギー E の原子間距離 r に対する依存性を与えるために P. M. Morse[4] が提出した函数を使う方法が最も便利である．それは

$$E = D'[e^{-2a(r-r_0)} - 2e^{-a(r-r_0)}] \tag{3}$$

である．ここで D' は分子の解離熱と零点エネルギーの和，r_0 は正規分子の平衡原子間距離，a は $0.1227\,\omega_0(\mu/D)^{1/2}$ である．ただし ω_0 は平衡振動数，μ は分子の換算質量である．一般に，D' と ω_0 はともに波数 (cm^{-1}) で表わされ，これらと r_0 は分光学の測定値から得られる．これらがわかれば，二原子の間の任意の距離に対する二原子系のエネルギーが計算できる．3 分子 XY, YZ, ZX に関する必要な数値が入手できれば，適当な形にした (3) 式から，r_1, r_2 および r_3 のどのような特別の値に対しても量 $A+\alpha$, $B+\beta$ および $C+\gamma$ をきめることができる．上に説明したように，ここでクーロン・エネルギーが全結合エネルギーの一定分率を占めると仮定すれば，A, B および C と α, β および γ が個々に求められる．(2) 式と第11図に説明した簡単な幾何的な工夫を併用するか，またはこれと同等な計算尺を使用して，系のポテンシャル・エネルギーが r_1 と r_2 の与えられた値に対して容易に計算される．この手続きを繰返し，ポテンシャル・エネルギーの等高

---

4) P. M. Morse, *Phys. Rev.*, **34**, 57 (1929).

線図を描くのに充分な点が得られるまで続ける．特に関心のあるのは，活性化状態の近くの領域であるから，ほぼ 0.5Å と 4Å の間の原子間距離に対してエネルギーを計算するのが普通である．

簡単化したポテンシャル・エネルギー面[5]

分子 YZ の中の原子 Y と Z の間隔を一定に保ちながら，X と Z の距離を縮める配置だけを考えれば，比較的簡単な仕方で，ポテンシャル・エネルギー面のもつ主な特徴のいくつかを明瞭にすることができる．そうすると，ポテンシャル・エネルギーは一個の座標，すなわち X−Z 間の距離の函数として表わすことができる．例えば，パラ-オルト転移を与える原子状水素と分子状水素の間の反応で，水素分子中の二原子を正規状態で占めている位置にたもち，第三の水素原子が種々の方向からそれに近づくと考える．ポテンシャル・エネルギーは上述のように計算されるから，これらの原子系に対して一定のポテンシャル・エネルギーをもつ等高線が描ける．クーロン・

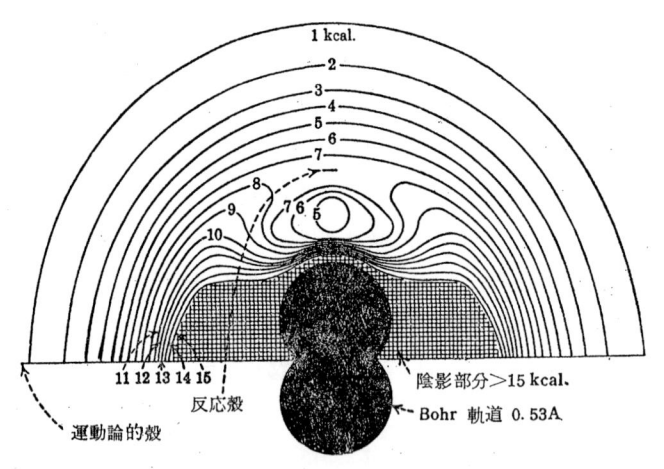

第13図　剛体水素分子に水素原子が接近するときのポテンシャル・エネルギー等高線図 (Hirschfelder, Eyring および Topley)

---

5) J. O. Hirschfelder, H. Eyring and B. Topley, *J. Chem. Phys.*, 4, 170 (1936).

エネルギーが全結合エネルギーの20%であると仮定して得た結果を第13図*に示す．任意の方向の遠方から分子の方へ一個の水素原子が接近するとき，最初 van der waals 力による引力が起るが，図に示された領域に入ると引力は反撥に変わる．水素原子が一方向にもつ平均エネルギーは kT を越えず，室温でこれは 1 kcal/mole よりいくらか小さい値になる．従って一個の平均的な水素原子が水素分子に接近するとき，前者の中心がほぼ後者から 1 kcal の等高線で示される距離まで来ると，その運動方向が逆になり始める．このようにして水素分子の"運動論的殻"(kinetic theory shell) は近似的には第13図に示した位置にある．ゆえに分子の有効"衝突"直径は常温で約 3Å となる．

p. 94

平均よりも大きいエネルギーをもつ原子はもっと分子に接近できるが，図から明らかなように，原子が分子中の二つの核を結ぶ線に沿って進むときこれは最も容易であろう．このことは，ポテンシャル・エネルギーの障壁は互に作用し合う三原子が一直線上にあるときに最低であるという上述の議論を別の方法で表明したものである．

原子がこの最も好ましい方向から接近するときの履歴を追跡すると面白い．系のポテンシャル・エネルギーは約 7.5 kcal の値に達するまで次第に増大し，その後減少するが，これはわずかな引力を示している．活性化エネルギー 7.5 kcal 以上のエネルギーをもつ原子だけが水素分子に接近して，ある種の引力をうける所まで到達することができることは明らかである．"反応殻"(reaction shell) というしるしをつけた位置は，エネルギー障壁の頂点を示し，活性化状態が存在するのはこの領域である．第13図を画くために，水素分子内の原子間距離は固定されていると仮定したが，現実は恐らくそうではない（ただし158頁を見よ）．入ってくる原子が"反応殻"に接近すると，分子内の二原子は引き離され，その結果 H…H…H で表わされるような活性化状態が形成され，そこでは中央の原子は丁度左右のどちらにも同じように結合し

p. 95

そうな状態にある．図中の等高線は活性化状態の付近に小さい窪みを示し，

---

* 図には等高線図の上半分だけが示されている．下半分は正確にこれと鏡像の関係にある．事実全ポテンシャル・エネルギー面は軸対称であり，また対称面をもっている．

その縁は約 7.5 kcal, 底は 5 kcal よりいくらか小さいところにあることが注目されるであろう. 障壁の頂上でのこの盆地状の窪みはポテンシャル・エネルギー面に共通する特徴で, その意味は後でもっと詳しく考えることにする.

固定した原子間距離をもつ水素分子に塩素原子が接近するときの等ポテンシャル線が第14図に描かれている. これから出る一般的な結論は, 原子状および分子状水素の間の反応に関して記述したものと同様で, それ以上論ずる必要はない. "運動論的殻"の直径は 4 から 5Å で, 見掛けの活性化エネルギーは 8.5 kcal である.

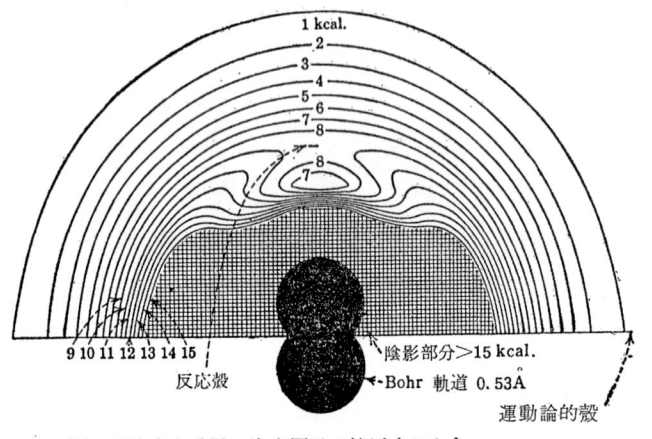

第14図 剛体水素分子に塩素原子が接近するときのポテンシャル・エネルギー等高線図 (Hirschfelder, Eyring および Topley)

完全なポテンシャル・エネルギー面[6]

ポテンシャル・エネルギー面の吟味の次の段階として分子 YZ 中の二原子間の距離に制限が無い場合を考察する. しかしながら, 反応に最も好都合な条件を実現するには, X が YZ の中心線に沿って近づくことが必要であ

---

6) Eyring and Polanyi, 参考文献 3 Eyring, 参考文献 3; また同著者, *Trans. Faraday Soc.*, **34**, 3 (1938); E. Wigner, 同誌, **34**, 29 (1938) を見よ.

完全なポテンシャル・エネルギー面 99

る．すなわち X, Y および Z は一直線上になければならない．94頁に述べ
p. 96
た方法を用い，クーロン・エネルギーが，種々の原子間距離に対して，適当
な Morse の式から得られる全エネルギーの一定分率を占めると仮定して，
系のポテンシャル・エネルギーを一連の r_1 と r_2 との値について計算する．
それから，その結果を r_1，すなわち X–Y 間の距離を横軸に，r_2 すなわち
Y–Z 間の距離を縦軸として目盛り，等しいエネルギーの点を通って種々
の等高線を引いて等高線図をつくる．さし当り二軸を直角にとって，得られ
た図形を 第15図 に示す．図を見ると，それぞれ各軸に平行な鞍のような形
をした峠で隔てられている二つの谷から成っていることがわかる．"鞍部"
(saddle point) と呼ばれる峠の頂点にはそれぞれの谷へ通じる間隙をもった
浅い盆地があることがある．r_2 の大きい所で r_1 軸に平行に切った断面は
二原子分子 X–Y の正規のポテンシャル・エネルギー曲線を与え，r_2 軸に
平行な同様な断面は原子間距離 Y–Z による YZ のポテンシャル・エネル
ギーの変化を示す．

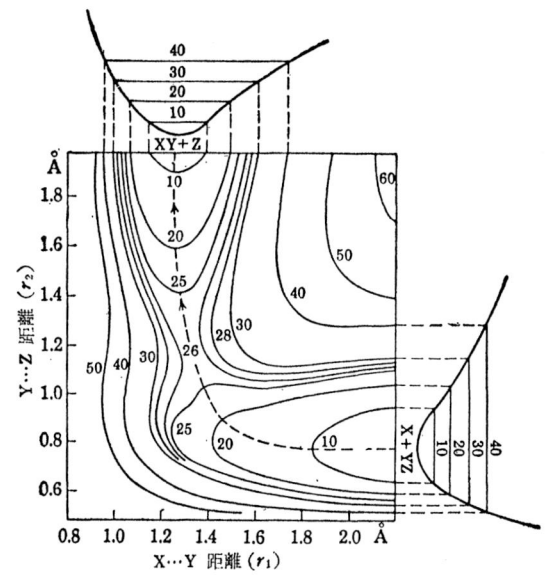

第15図 三原子反応に対する典型的なポテンシャル・エネルギー面

第15図の下方右手の部分は反応物質のエネルギーを示す．何故ならば，そ
p. 97
こでは Y と Z は正規の距離にあり，X は Y から遠く離れており，すなわ
ち r_2 は小さく，r_1 は大きいからである．

$$\mathrm{X}\overset{r_1}{\cdots\cdots\cdots}\mathrm{Y}\overset{r_2}{\cdots}\mathrm{Z}$$

終りの状態では r_1 は小さく r_2 は大きく，すなわち

$$\mathrm{X}\overset{r_1}{\cdots}\mathrm{Y}\overset{r_2}{\cdots\cdots\cdots}\mathrm{Z}$$

であって，図の上方左手の隅であることがわかる．明らかに反応 X+YZ＝XY+Z の途中では，系は下方右手の隅から上方左手の隅へとポテンシャル・エネルギー面を通過しなければならない．最小のエネルギーをとる径路は明らかに破線で示される．系は"水平"すなわち"東西"の谷を登り，峠の頂上の間隙を通り，浅い盆地に入り，他の間隙からその盆地をぬけ出て，最後に"垂直"すなわち"南北"の谷へおりて行く．反応径路，すなわち第15図の破線をたどれば，反応の途中における三原子の相対的な位置を指摘することができる．X が YZ に近づくとき，最初は Y と Z の距離にほとんど影響がないことが見られるが，X がさらに近づくと，すでに顕著となり始めた X と Z との間の反撥力のために，原子 Y と Z は離され始める．活性化状態に到達すると，エネルギーの峠の頂きでは，X と Y の距離は Y と Z のそれに匹敵するものになり，Y は X か Z かのどちらにでもくっつける位置にあるであろう．Y が X に結合すれば反応が起る．径路の断面図を一平

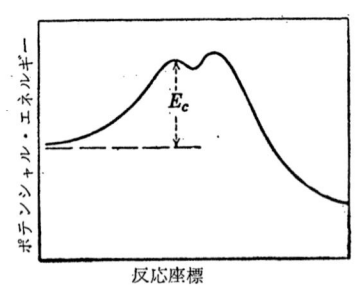

第16図 障壁の頂上に浅い盆地をもつ反応径路の断面図；E_c は"古典的"活性化エネルギー

古典的および零点活性化エネルギー 101

面内に描けば第16図のようなものになるであろう．零点エネルギーの考察によって必要となる補正をはぶけば，この過程のいわゆる"古典的"活性化エネルギー* は初めの状態の水準から峠の頂上までの高さで表わされるであろう

p. 98
（88頁を見よ）．普通には，ポテンシャル・エネルギー曲線は一般に，第17図に示すように定性的に表わされる．ここで曲線の両端は核の振動を表わすために上方へ曲げられている．すなわち初め（左側）と終り（右側）の状態では原子間距離の変化とともにポテンシャル・エネルギーが変動することを表わしている．この型の図を本書では随所に用いるが，縦軸はポテンシャル・エネルギー，横軸は"反応座標"（reaction coordinate）を表わし，後者は一平面内に描かれた実質上の反応径路である．

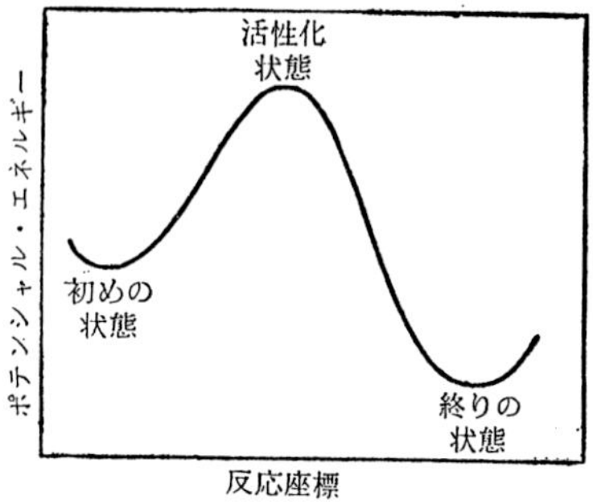

第17図　ポテンシャル・エネルギー曲線；反応の途中のポテンシャル・エネルギーの変化を表わす普通の方法

古典的および零点活性化エネルギー

　London の式は離れた原子のエネルギーを基準にとり，これを0として，系のポテンシャル・エネルギーを与えるものであるが，一般に活性化エネルギーといわれるものは初めの状態を基準にとった活性化状態のエネルギーである．このことを反応 X+YZ=XY+Z について第18図で図解的に説明する．（1）式で与えられる活性化状態のポテンシャル・エネルギーは E で表わされており，また絶対零度におけるいわゆる"古典的"活性化エネルギー，

　＊　"古典的"活性化エネルギーと呼ばれている量は実際は 0°K に関するものである．

すなわち零点エネルギーを基準にしない活性化状態と初めの状態の最低のポテンシャル・エネルギー準位の間の差は E_c である。$E+E_c$ は数値的に D' すなわち YZ の解離熱と零点エネルギーとの和に等しいことが見られる（95頁参照）。絶対零度における真の活性化エネルギー（E_0）は，第18図に示したように，活性化状態と初めの状態の最低の観測される振動準位の間の差である。振動数 ν をもったある特定の振動様式に相当する零点エネルギーは一分子当りほぼ $\frac{1}{2}h\nu$ である。ただし h は Planck の定数である。従ってもし種々の振動の自由度の間に相互作用がなければ，

$$E_0 = E_c + \sum \tfrac{1}{2}h\nu_a - \sum \tfrac{1}{2}h\nu_i$$

となる。ここに ν_a および ν_i はそれぞれ活性化および初めの状態の振動数を表わす。反応物質の振動様式は一般にわかっており，また活性錯合体のそれは，後に本章で述べる方法でポテンシャル・エネルギー面から導かれる。ここで考える活性化エネルギーは第Ⅰ章に述べたような実測で得られるものと必ずしも同じものではないことを注意しておく。この食い違いは活性化状態と初めの状態の熱容量の差に依存するが，その程度は小さく，さしあたり無視してもよい。このことは第Ⅳ章でもっと詳しく考察する。

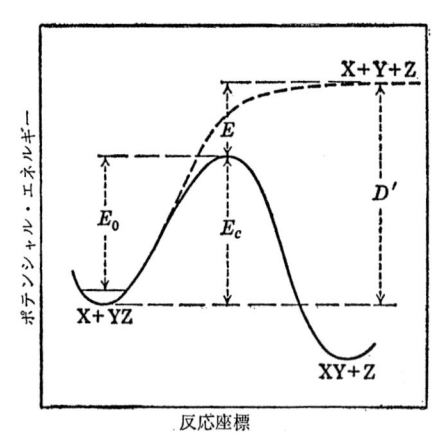

第18図 "古典的"および"真の"活性化エネルギー。活性化状態における零点エネルギーは示されていない

逐 次 反 応

　逐次反応の研究は各段階が他と無関係な独自のポテンシャル・エネルギー面をもっているので，新しい問題は含まれてはいない．しかしポテンシャル・エネルギー曲線を考察すると，ある特に面白い点がでてくる．ここに四個の連続する段階があり，例えばその第三の過程が最高の活性化エネルギーを要するとする．そうすると全過程のポテンシャル・エネルギー曲線は第19図に示すような形となり，その四個のポテンシャル障壁を A, B, C および D で表わす．個々の反応の活性化エネルギーを E_A, E_B, E_C および E_D とし，一方全反応を通じての活性化エネルギーを E とする．これは初めの反応物質 R がそれと最終生成物質 P とを隔てている最高の障壁を乗りこえるのに獲得しなければならないエネルギーである．中間生成物 P_A, P_B, P_C が平衡で存在する程度は，これらの物質と反応物質 R とに対する平衡ポテンシャル・エネルギーの間の高さの差で示される．前者例えば P_A のポテンシャルエネルギーが後者より低く，従って反応 R→P_A が発熱反応であるならば，平衡は相当の濃度の P_A の生成に都合がよいであろう．他の場合には，たとえば中間状態 P_B の量は少ないであろう．古典的概念からすれば，考えている反応は種々の段階が順次に起りながらポテンシャル曲線の全径路をたどることが期待されることに注意すべきである．しかし本書で強調したい本質的な点は，反応の起る前には最高の障壁を乗りこえねばならないということで

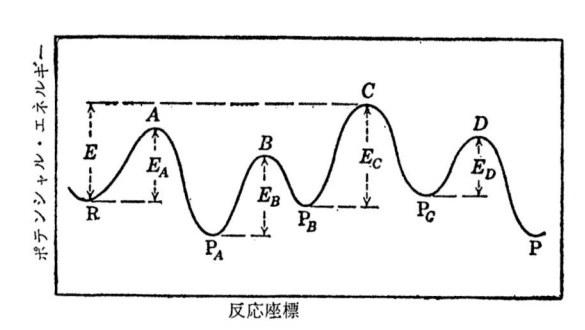

第19図　逐次反応に対するポテンシャル・エネルギー曲線

あって，中間の状態の存在はあまり本筋ではないのである．ただしこのような状態が全分子のかなりの部分をふくむような場合は例外であって，このときにはそれらは実質上初めの状態の一部分になってしまう．系は必ずしも中間状態を経由しなくても最高の障壁を通り越すことが可能なのである．

ポテンシャル・エネルギー面の性質

運動エネルギーの対角化[7]

ポテンシャル・エネルギー面を反応の力学，すなわち系内の振動並びに相対的並進運動のエネルギーの分布に関する知識を求めるのに利用することができる．内部運動エネルギーを対角化するために，座標軸を適当な角度に傾けて画くと，重力の影響のもとでその面上を滑べる粒子すなわち質点の自由な摩擦のない運動によって，反応系の類似の運動を表現することができる．ここにいう"運動"とは，系の運動エネルギーとポテンシャル・エネルギーとの相互転換を指すものであって，傾斜した面上を質点が滑べる場合に起
p. 101
る同じような変換と比較することができる．厳密にいうと，ポテンシャル・エネルギー面上の粒子の運動は三次元的に起るが，原子間距離は図の平面内に描かれるのであるから，両者は完全には対応するものではない．正確に一致させるには，距離を平面内でなく実際の面に沿って測る必要がある．しかしその食い違いは大したものでないからこれ以上考えるにはおよばない．

最も簡単に考察できる場合は三原子系である．ポテンシャル・エネルギー面が上述の性質をもつための本質的な条件は，この質点の運動エネルギーを対応する直交座標で表わすとき，交差項のない二つの自乗項の和となるように，原子 X と Y の間および Y と Z の間の距離を表わす座標軸を斜交させることである．すなわち m を系の質量に関連した量とし，x と y をポテンシャル・エネルギー面上の実際の座標に対応する直交座標とすれば，運動エネルギーは $\frac{1}{2}m\dot{x}^2+\frac{1}{2}m\dot{y}^2$ とならなければならない．質量 m_1, m_2, m_3

---

[7] J. O. Hirschfelder, Dissertation, Princeton University, 1935.

運動エネルギーの対角化

の三個の粒子が一直線上にある一般的な場合を考える. 第20図に示すように m_1 と m_2 の距離を r_1, m_2 と m_3 の距離を r_2 とする.

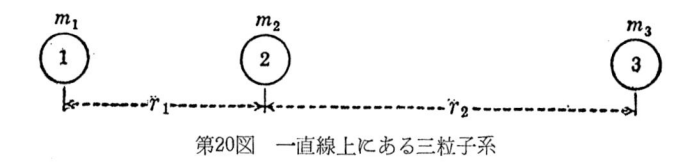

第20図　一直線上にある三粒子系

質量の中心に関する系の内部運動エネルギー T は

$$T = \frac{1}{2} \cdot \frac{m_1 m_2}{m_1+m_2} \dot{r}_1^2 + \frac{1}{2} \cdot \frac{(m_1+m_2)m_3}{m_1+m_2+m_3} \left(\dot{r}_2 + \frac{m_1}{m_1+m_2} \dot{r}_1 \right)^2 \quad (4)$$

となる. ここで第一項は粒子1と2の相互に関連したエネルギー, 第二項は結合した1と2が3に対してもつエネルギーである. 分母を払うと (4) 式は

$$T = \frac{1}{2M} \left[m_1(m_2+m_3)\dot{r}_1^2 + 2m_1 m_3 \dot{r}_1 \dot{r}_2 + m_3(m_1+m_2)\dot{r}_2^2 \right] \quad (5)$$

となる. ここに $M = m_1 + m_2 + m_3$ である. 変数 r_1 と r_2 を第21図に示すように斜交軸上に目盛るものとしよう. そうすると

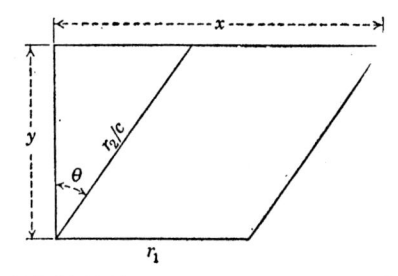

第21図　斜交座標を用いたポテンシャル・エネルギー面の作図

$$r_1 = x - y \tan \theta \quad (6)$$
$$r_2 = cy \sec \theta \quad (7)$$

となる. ここに x および y は r_1 および r_2/c に対応する直交座標, c は換算係数である. r_1 と r_2 に対するこれらの値を (5) 式に入れると, $\dot{r}_1 \dot{r}_2$

を含む交差項が消えるためには

$$\sin\theta = \frac{cm_3}{m_2+m_3} \tag{8}$$

でなければならないことがわかる．これが対角化の条件である．さらに，面上をすべる一個の球によって三原子系を表わすことができるために必要な第二の条件は，$\dot{x}$ と $\dot{y}$ の係数が同じであることであるから，このように定数 c を選ぶと，

$$c = \left[\frac{m_1(m_2+m_3)}{m_3(m_1+m_2)}\right]^{1/2} \tag{9}$$

となる．ゆえに（8）および（9）式から

$$\sin\theta = \left[\frac{m_1 m_3}{(m_1+m_2)(m_2+m_3)}\right]^{1/2} \tag{10}$$

となる．（9）および（10）式で与えられる c と $\sin\theta$ の値を用いると，

$$T = \tfrac{1}{2}m\dot{x}^2 + \tfrac{1}{2}m\dot{y}^2 \tag{11}$$

となることがわかる．ただし

$$m = \frac{m_1(m_2+m_3)}{M} \tag{12}$$

である．従って求めていた条件は（9）および（10）式で与えられることがわかる．後者は座標を斜交させるための角を与え，前者は r_2 を斜交座標に

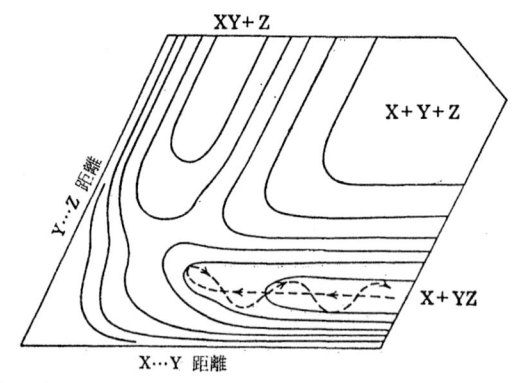

第22図　相対的並進運動のエネルギーと振動エネルギーの相互転換

p. 103
目盛るときの換算係数を与える．もし m_1, m_2 および m_3 が，反応 H+H$_2$ =H$_2$+H の場合のように等しいときは，θ は 30° であり，座標軸のなす角は 60° となる．係数 c は 1 となるから，r_1 および r_2 は直接二軸に目盛ることができる．直角座標が必要な条件を与える場合，すなわち $\theta=0°$ となる唯一の場合は m_1/m_2 あるいは m_3/m_2 が小さいときである．しかし m_1/m_3 が 1 に等しくなければ，換算係数 c がやはり必要となろう．ゆえに反応 H+Br$_2$=HBr+Br には直交座標が近似的に適用されるが，係数 c は 1 とは程遠い値になる．

並進と振動のエネルギーの相互転換[8]

上述のようにして得られる対角化されたポテンシャル・エネルギー面は種々の情報を得るのに利用することができる．これらのうちのいくらかをまず一般的な形式で考察し，特殊な場合をその後で論じよう．初めの系 X+YZ を代表する質点，すなわち粒子が"東西"の谷の底を東から西へ真直ぐにおし出されるものとしよう．この系は横の運動をもたないので，最初はただ YZ に対する X の並進エネルギーの他には振動エネルギーをもたない．もし X と Y の間の引力が比較的小さければ，谷は最後になってからけわしい上り坂になるであろう．一般の場合のように谷の端がわずかに弯曲しておれば，粒子はジグザグ運動をしながら，すなわち谷を横に行ったり来たりしながら跳ねかえされるであろう（第22図を見よ）．このことは，この条件の下
p. 104
では，X と YZ の強い接近，すなわち"衝突"の結果 X の並進運動エネルギーが YZ の振動エネルギーに転換したことを意味する．もし YZ 分子が初めの状態にあるとき，多少の振動エネルギーをもっておれば，衝突の際エネルギーの相互転換を表わす径路は第23図に示されるような形になるであろう．ポテンシャル・エネルギー面上に示された径路は可逆的であり，従って

---

[8] H. Eyring, H. Gershinowitz and C. E. Sun, *J. Chem. Phys.*, **3**, 786 (1935); H. Gershinowitz, 同誌, **5**, 54 (1937); また O. Oldenberg and A. A. Frost, *Chem. Rev.*, **20**, 99 (1937); E. Rabinowitsch, *Trans. Faraday Soc.*, **33**, 283 (1937) も見よ．

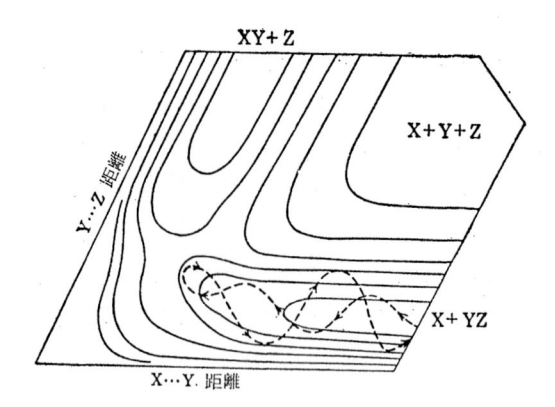

第23図 エネルギーの相互転換；相対的並進エネルギーに加えていくらかの振動エネルギーをもっている系

第22および23図に示した矢印と逆の方向に進めば，振動エネルギーは相対的な並進運動エネルギーに転換することに注意すべきである．

もし X と Y の間に著しい相互作用があって，ポテンシャル・エネルギー面図が比較的低いエネルギーの峠，すなわち活性化状態をその中間にもった二つの深い谷から構成されているならば，十分なエネルギーをもっている X+YZ の系はその"東西"の谷を登り詰めて他方の谷へ移行すること，すなわち反応することは容易に可能なことである．それでも活性化状態の付近での面の形および X+YZ 系の初めのエネルギー分布の具合によっては，並進と振動のエネルギーの相互転換が起って，その結果全エネルギーがたとえ活性化に必要な量を上まわっていても，系は峠の頂点に達する前に後方にはねかえされてしまうこともありうる．言いかえれば，これらの条件の下では，X が充分 YZ に接近して活性化状態を形成するには系の相対的並進エネルギーが不十分なのである．活性化状態を表わす鞍部の向う側の谷にもし著しい弯曲があれば，反応系がエネルギーの鞍部を通り過ぎた後でも，なおまた跳ね返される可能性があることに注意してよい．これが場合によっては透過係数が1からずれることに対する原因の一つになっている．

しかし，反応系 X+YZ を表わす質点が充分なエネルギーをもっていて，

並進と振動のエネルギーの相互転換

生成物質 XY+Z を表わす谷にうまく入りこむとしよう。たとえ初めにエネルギーが完全に並進的性質である，すなわち運動が X-Y 距離の軸に平行であったとしても，つぎの谷では反応物質のもっていた過剰の並進エネルギーが生成物質 XY の振動エネルギーに転換されたことを示すジグザグ運動が起ることがありうることは明らかである（第24図）。もしポテンシャル・エネルギー面が正しく作図されておれば，その上を滑る粒子の運動は系の振舞

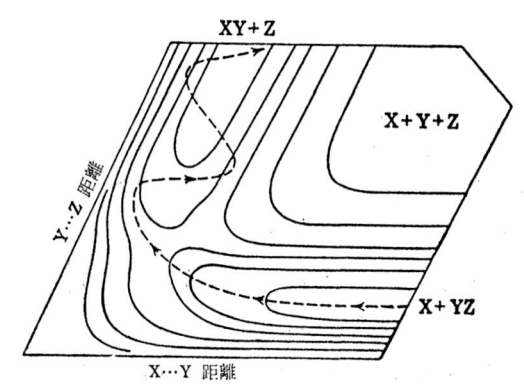

第24図 生成物質の振動エネルギーへ転換された反応物質の過剰の並進エネルギー

いを正しく表わすであろう。実際には反応物質 YZ の分子は出発点において，多少の振動エネルギーをもっている；もしその粒子がそれと等価なふらつき運動を示せば，やはりその運動は反応系の並進と振動のエネルギー分布の正しい像を与えるであろう。手続きを逆にすると，全エネルギーの最小の消費で反応が起るために，系が初めにもつべき二種類のエネルギーの最適の比率を見出すことができる。最初静止している質点すなわち相対的並進および振動エネルギーがともに零であるような質点が，活性化状態を表わす鞍部から反応物質の"東西"の谷へ滑り落ちるようにする。谷を横切る極端なジグザグ運動は必要な振動エネルギーの量を示し，谷底での速度は YZ に対する X の相対的並進エネルギーを与える。

原子の結合

　二原子の結合が起るような反応では第三体によってエネルギーを除去することが重要であり、上述のような方法でつくったポテンシャル・エネルギー面はこの場合にも有用である。例えば反応

$$X+Y+Z=XY+Z$$

に適する面はいま論じたばかりの反応 X+YZ=XY+Z に対するものと同じである。この場合その初めの状態は"北東"（上方右）隅の高台に当り、終りの状態は前と同じように（近似的に）"南北"の谷である。もし反応系を表わす質点が高台から直接谷へ滑りおちる場合を想像してみると、ふらつき運動が一般には質点をもとの高台にもどすことになり、反応は起らないであろう。このことは第三体 Z が分子 XY ができるとき放出されるエネルギーを取り除かないため、XY はすぐに解離してしまうということに等しい。さらに系が等高線をほぼ直角に横切って"東西"の谷へ滑りおちても、その結果は一般に同様である。ただ質点が適当な角度で、すなわち第25図に示したように、充分な並進と振動のエネルギーをもって高台を離れ、X+YZ の谷へ入り、ついで XY+Z の谷へ越えていき、並進エネルギーが振動エネルギ

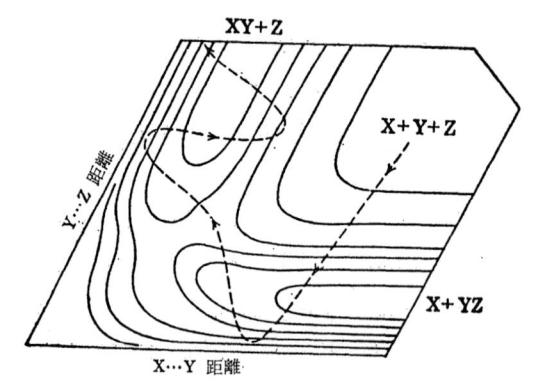

第25図　原子結合反応；Y と Z は相互作用することができ、従って X と Y の結合が容易になる

水素のパラーオルト転移反応

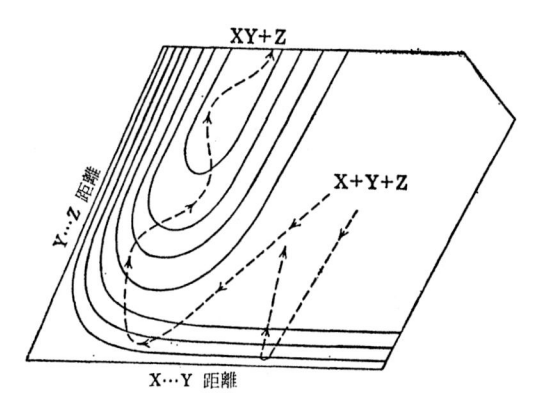

第26図 原子結合反応; Y と Z は少しも相互作用しない. 反応はただ系が面の曲った（"ゆがんだ線の"(non-ruled)）領域に入るときだけ起る

一に転換するときだけ, XY+Z になる反応が起るのである. すぐわかるように, X と Y の結合を容易にする Z の効率はポテンシャル・エネルギー曲線の形状に依存する. もし Y と Z が相当に相互作用するならば, "東西" の谷は深く, 二つの谷を分つ峯が比較的低いから, 一方から他方へ通過することは困難ではない. これに反して, もし Y と Z が少しも引き合わないならば, "東西"の谷は浅く, 事実上高台は面の右側の部分全体に拡がるとみなされる（第26図）. 系が高台を離れて"南北"の谷へ移行する確率は大きく減少するであろう.

水素原子を含む反応

パラーオルト水素転移反応[9]

$$H + H_2 = H_2 + H$$

すなわち水素のオルト-およびパラ-形の間の相互転移に対するポテンシャル・エネルギー面はある程度詳しく研究されているので, 上に考えた一般的な議論を明確に説明するのに役立つ. その上を滑る質点が系の相対的並進と振動

---

9) Eyring and Polanyi, 参考文献 3; Hirschfelder, Eyring and Topley, 参考文献 5.

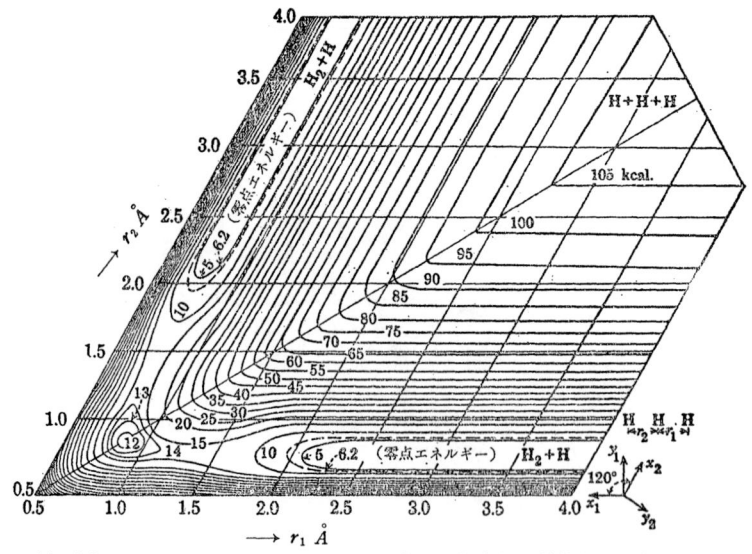

第27図 14%がクーロン・エネルギーであると仮定して計算した三個の水素原子の系に対するポテンシャル・エネルギー面
(Eyring, Gershinowitz および Sun)

p. 108
のエネルギー分布を表わすという条件を満足する面を第27図に示す．この図は結合エネルギーの14%が加成的，すなわちクーロン・エネルギー的性質をもつと仮定して計算してある．$H+H_2$ と H_2+H とを表わす二つの谷およびエネルギーの峠の頂上に 約 2.5 kcal の深さをもつ浅い盆地が明瞭に見られる．図の周辺では，谷は峻しい上りになっており，平衡距離 0.74 Å よりも接近させるときの二個の水素原子間の反撥に対応している．その内側では谷は 108.5 kcal の準位にある"北東"すなわち上方右側隅の高台に向って，前ほど峻しくない上り坂になっている．この高台の領域では系が完全に三箇の水素原子に解離することを示す．

　反応が起る前に系が経由しなければならない障壁の頂上にある間隙の高さは 1 mole 当り約 14 kcal* で，これがこの過程の"古典的"活性化エネ

---

　　* 加成的なエネルギーが20%の場合には，峠の高さは約 7 kcal となり，これはずっと実験値に近いが，ポテンシャル・エネルギー面の主な特色は変らない．

ギーに当るべきものである．活性化状態では，r_1 は約 1.25 Å，r_2 は近似的に 0.78 Å である．* 距離 r_2 はその平衡値 0.74 Å よりほとんどひろがっていないので，反応系が通らなければならない間隙は，r_1 軸に平行な "東西" の谷の底とほとんど一直線上にあることになる．このことは活性化された位置からはなたれた粒子はほとんど横方向に運動することなくこの谷を滑りおりることを意味している．従って反応の活性化エネルギーはほとんど完全に並進的性質のものでなければならないことになる．このような性質をもつという結果は当然期待されることである．何故ならば水素分子の振動量子は 12 から 13 kcal であり，また活性化エネルギーも同程度であるから，これはほとんど完全に振動的かまたは完全に並進的でなければならないが，明らかに後者の条件の方が適切なものであるからである．もし反応の活性化エネルギーが，実際はそうであると思われるのであるが，約 12 kcal より小さければ，このときはもちろん全く並進的でなければならないであろう．

系が活性化状態に入るときの力学を追求するのに，系の振動と相対的並進とのエネルギーの量をきめる斜交軸のポテンシャル・エネルギー面の性質が利用される．これには古典的運動方程式を用いるが，この方法の原理はつぎのようなものである．初めの系の運動のエネルギー T が任意の点で既知であるとしよう．そうすると，(11) 式により，これは直交座標の函数として，すなわち $\dot{x}$ と $\dot{y}$ を用いて表わせる．さらに，ポテンシャル・エネルギー面が定まっているから，同じ点におけるポテンシャル・エネルギー V もまた x と y を用いて知ることができる．すると T と V との和は，x と y およびその時間に関する微分 $\dot{x}$ と $\dot{y}$ によって，系のハミルトン演算子 H を与える (40頁を見よ)．一般化された運動方程式は

$$\dot{p} = -\frac{\partial H}{\partial q} \qquad (13)$$

および

$$\dot{q} = \frac{\partial H}{\partial p} \qquad (14)$$

---

* これらの距離は平衡状態における活性錯合体の大きさを与える．その構成原子は正規分子と同様その平衡位置のまわりに振動しているものと推定される．

p. 110

である．ここで p は粒子の運動量，q はその座標である．いまの場合後者は x または y であり，これに対応する運動量はそれぞれ x 軸および y 軸に平行な p_x および p_y である．$x, y, \dot{x}$ および $\dot{y}$ を用いて表わした H の既知の式をそれぞれ x および y に関して微分すると，$\dot{p}_x$ および $\dot{p}_y$ が計算できるはずである〔(13)式〕．p_x および p_y の最初の値は系の質量と初めの運動の詳しい状況からわかるから，従ってある与えられた時間間隔 δt だけ経過した後の新しい値 $p_x + \dot{p}_x \delta t$ および $p_y + \dot{p}_y \delta t$ が計算できる．こうして得た p_x と p_y は二つの形の (14) 式によって $\dot{x}$ と $\dot{y}$ をきめるのに用いられる．最初の座標 x と y がわかっているから，時間間隔 δt だけ経過した後の系の位置すなわち $x + \dot{x}\delta t$ と $y + \dot{y}\delta t$ が見出される．これでその点の座標と p_x および p_y の新しい値がわかるから，また計算を繰返して，つぎの小時間後の位置を見出すことができる等々となる．この手続きを多数回続けると，反応系を表わす粒子の径路を一方の谷から他の谷まで完全に追跡することができる．

　実際の計算は骨の折れるものであり，実際に行われたのはいま論じている反応についてだけであって，それも完全なものではない．[10] 反応 $H + H_2 = H_2 + H$ に対する結果を第28図に示すが，これは第27図の"南西"（下方左）の隅の部分を拡大したものである．そこでは反応に要求されるものより並進エネルギーを 300 cal だけ多くもっている系の径路を一連の矢印で示した．この系は峠の頂上を乗りこえて浅い盆地に入り，ついで間隙を出て他の側へ抜けられるだけの十分なエネルギーをもってはいるが，これは一挙には達成されない．系を代表する粒子は盆地の側面によって前後にはねかえされるが，これは並進から振動エネルギーへの転換およびその逆が連続的に起ることを意味する．かくて系は暫時ポテンシャルの盆地をさまよい，遂には間隙を通り抜けて"南北"の谷へ移る，すなわち反応を起すことになるか，またはもと来た谷へもどるかするのである．第28図に示されている例では，これら

---

　[10] Hirschfelder, Eyring and Topley, 参考文献 5; さらに詳細には Hirschfelder, 参考文献 7を見よ．

水素のパラーオルト転移反応

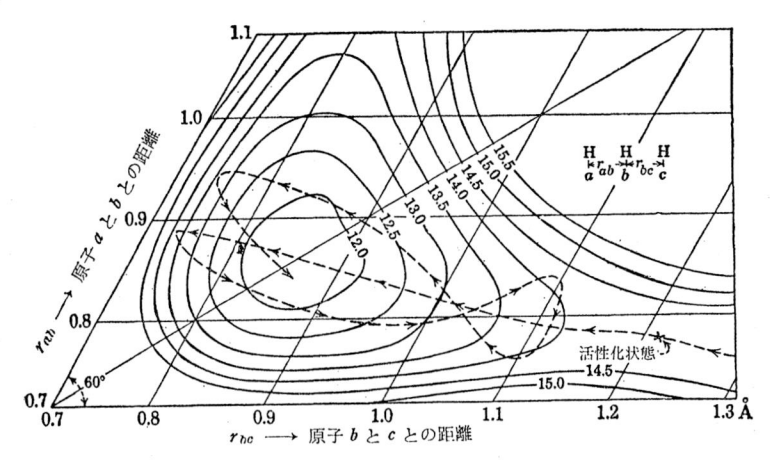

第28図 ポテンシャル・エネルギー障壁の頂上にある盆地の中の H-H-H 系の径路 (Hirschfelder, Eyring および Topley)

p. 111
の中どれが起るかを示す程充分に計算が行われていないが、この問題は古典的方法で理論的に解くことができるものであり、もし量子力学的取扱いを用いても、同じような結果になると思われる.* しかし現実の目的には、問題を統計論的に考え、種々の角度でエネルギーの盆地に入って二つの間隙から出ていく粒子の数を決定することは面白い。その割合はこれらの間隙の相対的な高さとその断面積とに依存するであろう。高いエネルギーの位置を占める狭い間隙の場合よりも低いエネルギーの広い間隙からの方がより多くの粒子が抜け出るであろう。過程 $H+H_2=H_2+H$ の場合は、二つの間隙が同じエネルギー準位にあるのに違いないから、活性化状態に達したうちの半分が反応をうけると考えてよいであろう。しかしエネルギーの峠の頂上にあるポテンシャルの盆地はエネルギー面の計算に際してなされた近似と仮定 (94頁
p. 112
を見よ) の産物であって、真の面は活性化状態が両方の谷を直接に見おろせる峠の頂上に位置するというようなものであるということもないわけではな

---

* 実行することはむつかしいが、量子力学的取扱いの原理は、系を代表する粒子を変化する屈折率の媒体中に進む波と考えることにある。媒体中の波の速度を u とすると、屈折率は $1/u$ に比例し、従って p/E に比例する (29頁を見よ). p/E は $[2m(E-V)/E]^{1/2}$ に等しい。ここに E は全エネルギー, V はポテンシャル・エネルギーである。反射は屈折率が虚数になること、すなわち $V>E$ によって示される。

い．

三個の粒子を含む反応[11]

$$X+Y+Z=XY+Z$$

という型の最も簡単な反応は水素原子だけを含む反応である．上に説明したように，最低のポテンシャル・エネルギーをもつ配置は三原子が一直線上に並ぶような配置であり，また反応に関する情報は第27図のポテンシャル・エネルギー面から得られる．三個の水素原子の系のエネルギーが比較的高いとき，例えば約 45 kcal よりも大きいときには，等高線が図の座標軸にほとんど平行であるような領域が中央線の両側におのおの一つ，あわせて二つ存在するのが見られる．＊ これは，これらの領域では，エネルギーがおのおの一個の座標の函数である二つの独立なポテンシャルの項の和で表わされることを意味する．そこで二つの自由度，すなわち三原子から成る直線状分子の相対的な並進をきめる二つの距離 r_1 と r_2 とに結びついた相対的な 並進と振動の自由度の間のエネルギーの移動を考えることができる．特別の面の上のポテンシャル・エネルギーがおのおの単独の座標に依存する二つの項の和で表わされるとき，その面はこれらの座標で展開が可能であるという．＊＊ 中央線の右側では，面は並進エネルギーをきめる座標 x_1 と振動エネルギーを与える y_1 とで展開が可能であるとみなせる．またその左側では x_2 と r_2 軸に垂直に選んだ y_2 で展開可能である．座標 x_1 と y_1 の間および x_2 と y_2 の間にはエネルギーの移動が行われない．しかし系が中央線を過ぎるとき，一組の座標から他の座標の組へ再配分が行われる．第27図から容易にわかることは，右手から出発するとき，もし 45 kcal 以上のエネルギーをもつ3個の水素原子の系が相対的並進エネルギーだけをもつ，すなわち r_1 軸に平行に運動するとすれば，それが $r_1=r_2$ の条件に達するまではなんら振動運動への転換はないであろう．それからポテンシャル・エネルギー面の左手の部

---

11) Eyring, Gershinowitz and Sun, 参考文献 8.
＊ この型の面を "直線をひかれた面" (ruled surface) と呼ぶ．
＊＊ これらは系の "基準座標" に対するよい近似である．

分ではこの並進エネルギーは突然振動と並進の自由度の間に再配分される．展開可能な面ではどんな型の運動にもこれと同じ一般論が適用される．

初め系は"東西"の谷の右端にある，すなわち $H+H_2$ より成るとし，その全エネルギーは系を3原子に解離するのに充分であるとする．この解離エネルギーは正規の解離熱，すなわち 102.3 kcal/mole と零点エネルギー，すなわち 6.2 kcal/mole と廻転エネルギーの和である．系がもとの谷に留ることを要請されるならば，y_1 座標に沿う部分が解離エネルギーより少いように，エネルギーは x_1 と y_1 の方向に分布されねばならない．この領域で面は展開可能であるから，x_1 と y_1 の方向の間にエネルギーの移動は行われず，従って系は中央線に達する前には解離できない．しかしこの線に達すれば，他の谷へ移り，座標は x_2 および y_2 になるであろう．エネルギーが約 45 kcal 以上ならば，谷の間にはのり越えなければならない峠路はないから，活性化エネルギーは零であることが第27図からわかる．系が中央線を過ぎるや否やエネルギーは x_2 と y_2 で展開が可能になる．すなわち並進と振動の自由度の間にエネルギーの再分配が行われ，一定の確率で充分なエネルギーが y_2 方向に移動して系を解離させるであろう，すなわち $H+H+H$ を表わす"北東"の隅の高台* に移せるであろう．

微視的可逆性の原理から，これはまた三原子系が分子と原子とを与えるような反応の行われる可能性も与える．この過程の機構はすでに考察した過程

$$H+H_2=3H$$

p. 114
に対するものの逆である．三個の水素原子の系の最初のエネルギーのうちの適当な量が y_2 方向にある，すなわち振動エネルギーであるに違いないが，系が中央線を過ぎると，これは x_1 方向の並進エネルギーになり，それは振動エネルギーに転換されることはできない．ポテンシャル・エネルギー面の対称性から，最初のエネルギーのうちのある量が y_1 方向にあっても，反応は同様によく起りうることに注意しよう．すなわち 3H 系はまず"東西"の

---

* 系は高台の端で，廻転エネルギーがあるため，小さい嶺をのり越えなければならない．後に見るように，これがエネルギーの障壁を与え，その頂点に活性化状態があるといえる(131頁)．

谷を通り，つぎに中央線を横切り，他の谷に沿って $H+H_2$ として出てくるのである．

もし系の中の第三体が水素原子でなく他のもの，例えば $H+H+He=H_2+He$ のように，ヘリウムであれば，新しいポテンシャル・エネルギー図が必要である．[12] この場合には，(9) および (10) 式から r_1 と r_2 座標の間の角は50°46′ で，換算係数 c は 0.79 になる．正規のヘリウム原子は水素原子と原子価結合をつくることはできないから，第27図の"東西"の谷はなくなり，その代り，r_2 の比較的大きい価，すなわち約 3.8 Å あたりに，van der Waals 引力による浅い谷のある高い台地が存在し，その面は r_2 が小さくなると急激に下降する．* この新しい面は 第26図 に示したものと似たものであるが，その性質からヘリウムまたは事実上他のいかなる不活性分子でも，直線上衝突の過剰エネルギーを水素原子ほど有効に持ち去ることができないことが明らかである．三個の水素原子の反応に貢献していた領域，すなわち"東西"の谷の大部分は，この場合には高い台地でふさがれている．3H からできる系 H_2+H を安定化するのに y_2 方向の振動エネルギーが x_1 方向の並進運動に転換することが本質的因子であるが，そのような転換の可能性はこの場合はずっと小さくなる．もし系 $2H+He$ が x_1 方向に充分な並進エネルギーをもてば111頁に説明したように，y_2 方向の振動エネルギーへの移動が起ることが可能であり，H_2+He ができるであろう．

エネルギー除去剤（energy remover）としての水素

なぜ水素原子が反応 $2H=H_2$ の過剰 エネルギー を運び去る目的に有効かという理由は，附加された原子が反応原子と化学結合をつくる能力をもつことに由来するように見える．[13] 多くの場合において分子状水素が示しているようなエネルギー 移動のための手段として作用する同様の性質（297頁参照）

---

12) Gershinowitz, 参考文献 8.
 * もちろん三個の水素原子の系でも van der Waals 力は存在するが，原子価力に較べてその引力は重要でないから無視できる．
13) Eyring, Gershinowitz and Sun, 参考文献 8.

も類似の原因に帰着させることができる。水素分子はその慣性能率が小さく，従って多量の振動エネルギーが廻転エネルギーに1個の量子として移動するために，エネルギーの移動が他の分子よりも遙かに有効であるという示唆がなされている。* しかし上述および301頁の議論から，任意の分子がエネルギーを移動する能力は恐らく反応物質のどれか一方と錯合体をつくる傾向に関連しているであろう．

三個の水素原子の非直線状配置[14]

反応 $H+H+H=H_2+H$ についてすでに述べた取扱いでは，この過程の機構は，水素原子1が不安定に配置した原子2と3とに接近して，その結果1と2とで安定分子をつくり，原子3が離脱することにあるという仮定がなされている．これは原子が一直線上かまたは活性化状態における横振動の際起るような小さな角度で運動する場合にあてはまる(124頁参照)．もしこれらの振動の振幅が非常に大きければ，すなわち極めて鋭い角度で接近する原子に対しては，もはや面が二つの座標で展開可能であるとする仮定は許されない．この場合にはポテンシャル・エネルギー面の他の領域が反応に有効となり，このことは過程に対する別の機構が含まれることを意味するであろう．このような状況は現実的には水素原子の一つが他の二つを結ぶ線に垂直な方向にあるような配置をとるときに起る．その線上に沿って動く一対の原子は反応し，第三の原子はその過剰エネルギーを運び去るのである．

活性化状態の振動数

基 準 振 動 数[15]

ポテンシャル・エネルギー面が活性化状態のエネルギーおよびこの状態に

---

* 二原子分子では廻転エネルギーの量子はその慣性能率に逆比例する．一般にいかなる分子でも慣性能率が小さい程廻転の量子は大きい．
14) Eyring, Gershinowitz and Sun, 参考文献 8．
15) E. T. Whittaker, "Analytical Dynamics", 3 rd. ed., Chap. VII, Cambridge University Press, 1927 を見よ．

ある直線状の三原子の系の原子間距離を与えることを94頁から96頁の取扱いで見た．それはまた活性錯合体の基準振動数の決定にも利用できる．これらの量は第IVおよびV章で見るように，零点エネルギーの計算および反応速度を理論的に導くに必要な他の目的にも重要である．用いられる方法は，ポテンシャル・エネルギー面上の定常点に適用される"微小振動の理論"(theory of small vibration) として知られているものに基礎をおいている．ここで定常点とは系が平衡にあり，座標の小さい変動でポテンシャル・エネルギーに変化が起らない極大または極小である．座標 i と j の変位 q_i と q_j に対する任意の系のポテンシャル・エネルギー V を表わす一般式は

$$V = V_0 + \sum_i \frac{\partial V}{\partial q_i} q_i + \frac{1}{2} \sum_{ij} \frac{\partial^2 V}{\partial q_i \partial q_j} q_i q_j + \cdots \cdots \quad (15)$$

である．平衡点で $\partial V/\partial q_i$ は零であるから右辺第二項は零である．原子間距離に比べて小さい振動に対しては第四項およびさらに高次の項は小さいと思われるので，これらを無視すれば，(15)式は

$$V = V_0 + \frac{1}{2} \sum_{ij} \frac{\partial^2 V}{\partial q_i \partial q_j} q_i q_j \quad (16)$$

になる．もし活性化状態を座標の原点に選び，この点のポテンシャル・エネルギー V_0 を基準にして零にとれば，(16)式は

$$V = \sum_{ij} b_{ij} q_i q_j \quad (17)$$

の形に書かれる．これは活性化状態における振動すなわち平衡位置のまわりの変位に由来するポテンシャル・エネルギーを与える．(17)式で項 b_{ij} は任意の特別の型の振動に対する力の定数，$\partial^2 V/\partial q_i \partial q_j$ の半分で，q_i と q_j はそれに対応する変位を示す．系の運動エネルギー T も類似の式

$$T = \sum_{ij} a_{ij} \dot{q}_i \dot{q}_j \quad (18)$$

で表わせる．ここで a_{ij} は活性錯合体を構成する粒子の質量と座標に関係する項である．(18)式から(17)式を引くと

$$L = T - V = \sum_{ij} a_{ij} \dot{q}_i \dot{q}_j - \sum_{ij} b_{ij} q_i q_j \quad (19)$$

となる．ここで L は系のラグランジアン，すなわち系の運動のポテンシャルである．(19) 式をそれぞれ $\dot{q}_1$ と q_1 に関して微分すれば，

$$\frac{\partial L}{\partial \dot{q}_1} = \sum_j a_{1j} \dot{q}_j \tag{20}$$

および

$$\frac{\partial L}{\partial q_1} = -\sum_j b_{1j} q_j \tag{21}$$

を得る．さらに (20) 式を時間 t で微分すれば

$$\frac{\partial}{\partial t} \cdot \frac{\partial L}{\partial \dot{q}_1} = \sum_j a_{1j} \ddot{q}_j \tag{22}$$

となることがわかる．$\ddot{q}_j$ は時間に関する二次微分である．従って Lagrange の運動方程式，すなわち

$$\frac{\partial}{\partial t} \cdot \frac{\partial L}{\partial \dot{q}_r} - \frac{\partial L}{\partial q_r} = 0 \tag{23}$$

から，(21) および (22) 式は

$$\sum_j (a_{1j} \ddot{q}_j + b_{1j} q_j) = 0 \tag{24}$$

となる．(19) 式をそれぞれ q_2 および $\dot{q}_2$ に関して微分すると，全く同様にして

$$\sum_j (a_{2j} \ddot{q}_j + b_{2j} q_j) = 0 \tag{25}$$

となる．結局活性化状態にある系が有する振動様式の数を n として，i を 1 から n まで変えるとこの型の一次方程式が n 個存在する．考えている運動は週期運動，すなわち振動運動であるから，これらの方程式の解は

$$q_j = A_j e^{2\pi i \nu t} = A_j e^{i \lambda t *} \tag{26}$$

p. 118
の形をとるであろう．ここで簡単のため $2\pi\nu$ を λ と書いてある．ただし ν はこの運動の振動数である．これを (24) 式および類似の式に代入すると，

$$\sum_{j=1}^{n} (-a_{ij} A_j \lambda^2 e^{i\lambda t} + b_{ij} A_j e^{i\lambda t}) = 0 \tag{27}$$

すなわち

---

* この式では i は慣例通り $\sqrt{-1}$ を表わす．

$$\sum_{j=1}^{n} (b_{ij} - a_{ij}\lambda^2) A_j = 0 \qquad (28)$$

の型の n 個の式が得られる。これは A に関する一組の n 個の一次方程式を与え、それらが無意味でない解をもつとするならば

$$\begin{vmatrix} b_{11}-a_{11}\lambda^2 & b_{12}-a_{12}\lambda^2 \cdots b_{1n}-a_{1n}\lambda^2 \\ b_{21}-a_{21}\lambda^2 & b_{22}-a_{22}\lambda^2 \cdots b_{2n}-a_{2n}\lambda^2 \\ \vdots & \vdots \\ b_{n1}-a_{n1}\lambda^2 & b_{n2}-a_{n2}\lambda^2 \cdots b_{nn}-a_{nn}\lambda^2 \end{vmatrix} = 0 \qquad (29)$$

が成立する。これは n 次の方程式で λ^2 の値を n 個与える。もし n が 3 以上であるならば、対称性があるときに現われるある種の簡単化の条件がないかぎりは、(29) 式を直接に解くことはできない。間接に解くには一連の λ^2 の値をとり、そのおのおのの値について行列式 D を計算し、ついで λ^2 を横軸に、そのときの D の値を縦軸として描き、その曲線が λ^2 軸を切る点、すなわち (29) 式が要求するように $D=0$ となるような n 個の λ^2 の値を見出せばよい。λ^2 の n 個の解がわかれば、λ は $2\pi\nu$ に等しいから、それに対応する振動数が容易に計算できる。このようにして振動数は

$$\nu = \frac{\lambda}{2\pi} \qquad (30)$$

で与えられる。

(29) 式を解くには、与えられた系の a と b がわかっている必要がある。活性化状態のこれまでの取扱いの大部分の基礎であったもの、すなわち直線状の三原子に対しては、内部運動エネルギーは二つの独立な部分に分割できる。すなわち第一の部分 (T_l) は直線状振動様式に、他の部分 (T_ϕ) は二重に縮重した変角振動によるものである。T_l の値は (4) 式で与えられ、またこの場合 (29) 式は二次になるので、基準座標を直接に求めることができる。従って a_{11}, a_{12} および a_{22} の値はそれぞれ r_1^2, $r_1 r_2$ および r_2^2 の係数であることがわかる。すなわち

$$a_{11} = \frac{m_1(m_2+m_3)}{2M} \qquad (31a)$$

$$a_{12}=\frac{m_1m_3}{M} \qquad (31b)$$

$$a_{22}=\frac{m_3(m_1+m_2)}{2M} \qquad (31c)$$

変角振動の運動エネルギーは

$$T_\phi=\frac{(r_1r_2)^2}{2I}\cdot\frac{m_1m_2m_3}{M}\dot\phi^2 \qquad (32)$$

である．ここに ϕ は r_1 と r_2 の間のたわみの角，I は直線状分子の慣性能率である．従って

$$I=\frac{1}{M}[m_1(m_2+m_3)r_1^2+2m_1m_3\,r_1r_2+m_3(m_1+m_2)r_2^2] \qquad (33)$$

である．量 r_1, r_2, m_1, m_2, m_3 および M は前（105頁）と同じ意味である．変角振動数を決定する a_{ij} の適当な値は（32）式の $\dot\phi^2$ の係数になっている．

三原子の系[16]

ポテンシャル・エネルギー面を多少詳細に描けば，直接 b_{ij} を導くことができる．例えば第27図が適用される三個の水素原子の系を考えてみよう．14%の加成的（クーロン）エネルギーに対して，活性化状態の座標は $r_1=1.25$ Å および $r_2=0.78$ Å である．従ってこの点の付近では直線上の運動によるポテンシャル・エネルギー V は，活性化状態を基準として零にとるとき，第一次近似で

$$V=\tfrac{1}{2}f_{11}(r_1-1.25)^2+f_{12}(r_1-1.25)(r_2-0.78)+\tfrac{1}{2}f_{22}(r_2-0.78)^2 \qquad (34)$$

によって表わされる．ここに f_{11}, f_{12} および f_{22} は b_{ij} に関係する力の定数，括弧内の量はそれぞれ平衡位置からの変位である．求める3個の未知数 f_{11}, f_{12} および f_{22} は座標 r_1 と r_2 の異なる値をもつ3点におけるエネルギーをとり，連立方程式を解くことによってポテンシャル・エネルギー面か

---

16) Hirschfelder, Eyring and Topley, 参考文献 5; L. Farkas and E. Wigner, *Trans. Faraday Soc.*, **32**, 708 (1936).

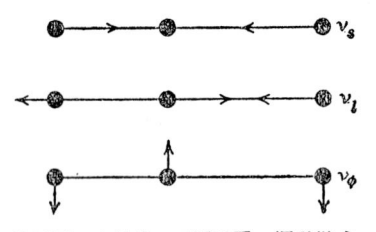

第29図　直線状の三原子系の振動様式

ら得られる．適当な値の $b_{11}(=\frac{1}{2}f_{11})$, $b_{12}(=f_{12})$, $b_{22}(=\frac{1}{2}f_{22})$ と a_{11}, a_{12}, a_{22} とを用いて，二つの直線上の振動の振動数 ν_s と ν_l （第29図）を与える λ^2 の二つの値を (29) 式から誘導することができる．この振動数の一つは ν_l と同じものであって，虚数値をもつことがわかる．これは対応する基準座標に沿う力の定数が負であることを意味する．従ってこの型の運動に対して系は不安定な平衡にある．

変角振動数 ν_ϕ は二重に縮重している．何故ならば分子は同じ振動数で二つの互に垂直な平面内に屈曲できるからである．この振動に対するポテンシャル・エネルギー V_ϕ は

$$V_\phi = \tfrac{1}{2} f_\phi \phi^2 \tag{35}$$

で与えられる．ここに f_ϕ は力の定数，$\frac{1}{2}f_\phi$ は対応する b 項である．ポテンシャル・エネルギー面から特定の値の屈曲角 ϕ に対応するポテンシャル・エネルギーの変化を見出すことによって，(35) 式から力の定数を計算することができる．(32) 式から a_{ij} 項をきめるためには，活性錯合体の慣性能率をその既知の大きさから計算する．そうすると変角振動数は通常の方法で計算できる．しかし，この例では (29) 式は一次式になってしまう．その結果によれば，直線状三原子の活性錯合体は安定な三種類の振動様式と不安定な一種類 (ν_l) の振動様式をもっている．ポテンシャル・エネルギー面を吟味しても同じ結論になる．分解の方向以外ならば，どの方向に活性化状態の座標が変位しても，ポテンシャル・エネルギーは増大することが見られる．ゆえにこれらのすべての方向では，活性錯合体は一つの安定な分子として振舞う．しかし分解座標の方向では変位はポテンシャル・エネルギーの減少，

p. 121
従って分解を起す．一般に活性錯合体は，それと同じ型の安定分子がもっているよりも一つだけ基準振動様式が少ないと考えることができる．すなわち第IV章で見るように，この欠けている自由度は分解座標に沿う並進運動と等価な他のものでおき換えられるのである．

b_{ij} 項を求めるために上に述べたものと等価な方法は s-電子をもつ三個の相互に作用する粒子よりなる系について（1）式を次のような形に書くことである．

$$E=\rho(a+b+c)-(1-\rho)R \qquad (36)$$

ここで ρ は全結合エネルギーのクーロン分率であり，全結合エネルギーは原子の三つの可能な組に対して a, b および c で表わされている．従って a は $A+\alpha$ に，b は $B+\beta$ に，また c は $C+\gamma$ に等しい．項 R は

$$R=\{½[(a-b)^2+(b-c)^2+(c-a)^2]\}^{1/2} \qquad (37)$$

である．$i=j=1, i=j=2$ および $i=1$ で $j=2$ に対する二階微分 $\partial^2 E/\partial q_i \partial q_j$ はそれぞれ f_{11}, f_{22} および f_{12} と同じもので，この場合 ρ, a, b, c, R および活性錯合体の大きさを用いて表わすことができる．これらの量はすべて既知であるから，b_{ij} の値を決定することができる．

四原子反応

結合空間におけるポテンシャル・エネルギー面[17]

 4粒子系を表わすには，6個の独立なパラメーターが必要である（93頁を見よ）．種々の配置に対するポテンシャル・エネルギーは計算できても，それらを表現するには三次元以上の面が必要であるから，目で見るような図解は困難である．この困難にうち克つには反応系のポテンシャル・エネルギー変化を表わす配置空間を用いることを断念して，"結合空間"（bond space）に表現する形式を採用する必要がある．この目的にはポテンシャル・エネルギー
p. 122
を6個の距離の代りに二つの結合エネルギーで与えるのである．例えば二つ

---

17) Altar and Eyring, 参考文献 2．

の二原子分子 WX と YZ の間の反応を考えよう．すなわち

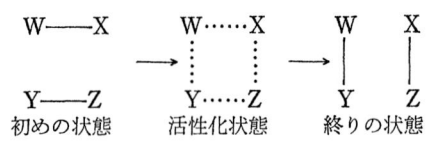

```
W――X        W……X        W    X
              ⋮    ⋮        │    │
  →           ⋮    ⋮    →   │    │
Y――Z        Y……Z        Y    Z
初めの状態    活性化状態    終りの状態
```

二原子分子のエネルギーが WX に対して a_1, YZ に対して a_2, WY に対して b_1, XZ に対して b_2, WZ に対して c_1, XY に対して c_2 とすると，初めの状態すなわち WX と YZ が比較的遠く離れているときは，$a_1+a_2=a$ はその最大値をもち，他方 b_1, b_2, c_1, c_2 はほとんど零である．終りの状態では $b_1+b_2=b$ は最大値であり，他の結合エネルギーはすべて非常に小さい．従って二原子分子の エネルギーで表わすと，反応は a の最大値で出発し，エネルギー消費の最も少ない路を通って b の最大値に進む．すなわちこの重要な事実を，エネルギーの解析的表現（76頁）の形式とともに用いると，いわゆる"結合空間"内の二つの変数で反応径路を描くことができる．結合エネルギー a と b に種々の値をとり，その a と b とともに系のポテンシャル・エネルギーを最低にするような $c_1+c_2=c$ の値を見つける．ついで対応する E の値を a および b に対して描く．このようにして得た等ポテンシャル曲線が結合空間におけるポテンシャル・エネルギー面を与える．92頁（第11図参照）の議論から，もし三つの量 a, b および c の中で c が最低ならば，与えられた a と b に対する E の最低値は c が極小のときに得られることが容易にわかる．c_1 と c_2 を最も離れた原子対（第12図を見よ）についてとってあるから，上述のような条件はほとんど常に適用される．従って与えられた a と b に対する c, すなわち c_1+c_2 の最低値を見出し，ついで London の式（1）により対応するエネルギー E を計算すればよい．

　与えられた a と b に対する c の最小値をきめるには，6本のかなめつき計算尺を用いて極めて容易に行なえる．この計算尺のおのおのには，6個の結合エネルギーすなわち a_1, a_2, b_1, b_2, c_1 および c_2 のうちの一つの値が原子間距離の函数として目盛ってある．この計算尺をつくるために必要な数値は二原子分子 WX, YZ, WY, XZ, WZ および XY に対するそれぞれの

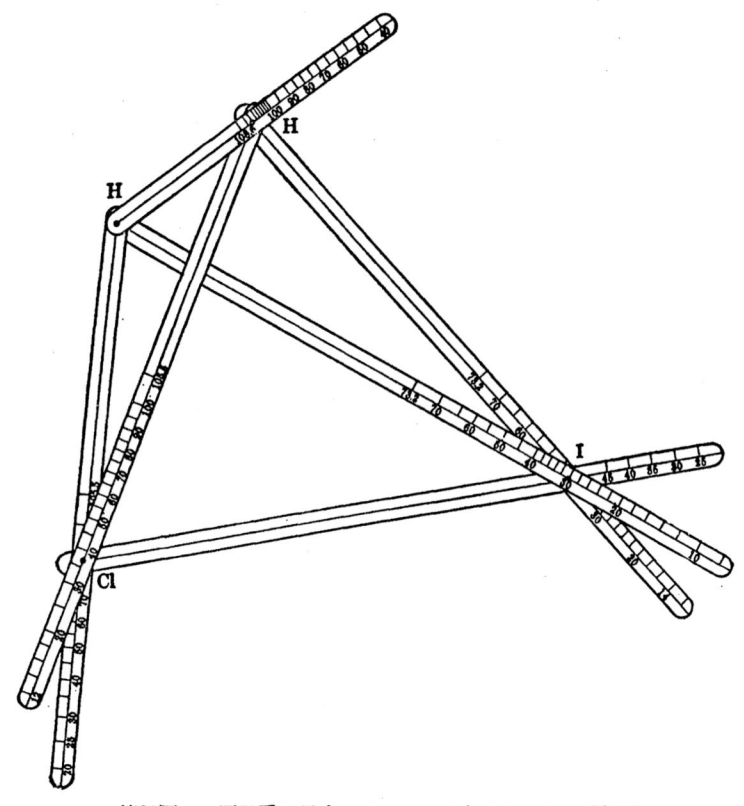

結合空間におけるポテンシャル・エネルギー面　　　　　　127

第30図　4原子系の最小エネルギーをきめるための計算尺
　　　　（Altar および Eyring）

Morse の式から得られる．これらの計算尺を 4 原子の平面的配置の模型を表わすような具合につなぎ合わせる．すなわち，すでに示したように (93頁)，4 電子系のポテンシャル・エネルギーはそれらが同一平面内にあるとき最小である．反応 $H_2+ICl=HI+HCl$ なる特別な場合を第30図に示す．a_1, a_2, b_1 および b_2 は変わるが，和 $a_1+a_2(=a)$ および $b_1+b_2(=b)$ を一定に保つようにかなめつき計算尺を動かして $c_1+c_2(=c)$ の最低値を与える配置を見つけることができる．換言すれば，その模型の 6 次元のうちの 4 次元を変化さ
p. 124
せずに，残りの対の次元の和，すなわち対角線の和が最小になるように配置

を調節することができる．ついでその手続きを繰り返して，その和が同じ a になる a_1 と a_2 およびその和が同じ b になる b_1 と b_2 に対する距離の種々異なる組合わせをつくり，与えられた a と b の値に対する最小値が見つかるまで行う．さらに a と b との新しい値を用いてこの手続きを繰り返し，充分多くの数値が得られるまで続ける．ついで種々の a と b の値およびエネルギーを最小にする適当な c の値に対するポテンシャル・エネルギーを用いて，（1）式かまたはそれと等価な幾何学的作図法（93頁）によって実際の E の値を計算する．

このようにして得た値を a と b，すなわちそれぞれ分子 WX+YZ と WY+XZ の結合エネルギーの函数として，一連の等ポテンシャル曲線を描く．得られた図の型を第31図に示す．その形は3粒子系に対する配置空間中のポテンシャル・エネルギー面と非常によく似ているが，その座標の意味が違

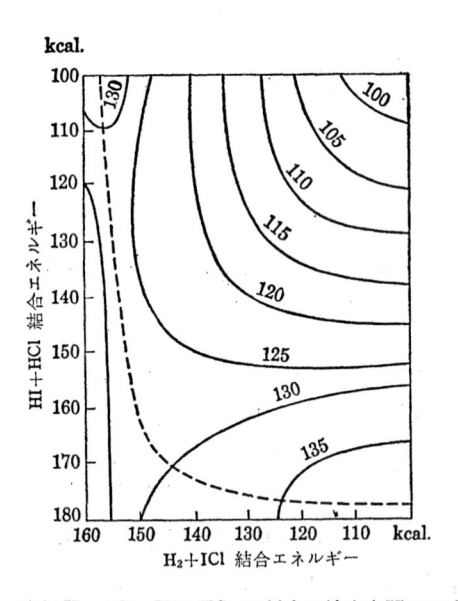

第31図 反応 $H_2+ICl=HI+HCl$ に対する結合空間におけるポテンシャル・エネルギー面（Altar および Eyring からの数値）

う.* 反応径路は破線で示されている．すなわち126頁に見たように，系は a が最大である領域を出発して，最も容易な路を通って b が最大である領域に進む．この径路上で系がのり越えねばならない最高点が活性化状態の位置であり，初めの状態を基準にしたその点のポテンシャル・エネルギーがこの反応の活性化エネルギーである．

活性錯合体の大きさをきめるには，活性化エネルギーを与える実際の結合エネルギーの値 a_1, a_2, b_1, b_2, c_1 および c_2 を知らねばならない．これらのエネルギーに対応する距離 r_1, r_2, r_3, r_4, r_5 および r_6 は6個の二原子分子の Morse 曲線から容易に導ける．これらの大きさから反応速度の統計的計算に必要な活性錯合体の慣性能率が算出できる．

振 動 数

4粒子系の活性化状態は，3粒子系のそれと同じように，そのポテンシャル・エネルギーは反応径路に沿っては極大であるが，それ以外のすべての方向には極小であるから，一種の平衡位置である．それで活性化状態における振動数の計算には微小振動の理論を適用することができ，b_{ij} 項は120頁に説明した手続きで求められる．非直線状の4原子系の6個の基準振動のうち，5個は同一平面内にあるが，第6番目の振動は面外の撓れ振動である．これらの群は別々に取扱うことができ，解かねばならない6次の行列式は5次の行列式と1次式に分れる．a_{ij} の値は，系の運動エネルギーを書き下し，それを基準座標に変換することによって通常の方法で得られる．その手続きは簡単でないが，ある程度詳細に行われている．[18] 5次の行列式を解くことは122頁で述べた図形法で行われる．3原子から成る活性錯合体の場合のように，4個の振動数は実数であるが，1個は虚数値であることがわかる．第6番目の基準振動数は撓れ運動に対する一次式の解から求められる．

  * 配置空間と結合空間におけるポテンシャル・エネルギー面の間には根本的な差異はないといってよい．前者では座標は距離 r_1 と r_2 で，もちろんこれらは3原子系の a と b に相当する結合 XY と YZ のエネルギーに関係づけられている．
  18) Altar and Eyring, 参考文献 2.

対称的な活性錯合体[19)]

もし活性錯合体がある対称性をもつときは，振動数の計算は行列式の次数を下げることによって簡単にすることができる．

$$A_2 + B_2 = 2AB$$

の型の反応，例えば $H_2 + I_2 = 2HI$ では活性化状態において系に二個の対称面がある．これらの面の一つを LM（第32図）で示す．他の一つは錯合体を含む面で，LM に直交する．この対称性のために6個の振動様式は三種類

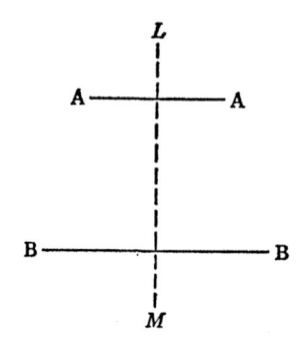

第32図　対称面をもつ活性錯合体 A_2B_2

に分けられる．第33図に示した6個の振動は対称操作をうけたときの振舞いに従って三種類に分類できる．第一に，分子面内における鏡面反射で変角振動 I の符号は変わるがその他はすべて変わらない．第二に，LM 面内の鏡面反射が V と VI における変位の符号は変えるがその他は影響されない．ゆえに3種類の振動は (a) I ; (b) II, III, IV ; (c) V, VI から成る．これらは

| I | II | III | IV | V | VI |

第33図　活性錯合体 A_2B_2 の振動様式（Altar および Eyring）

---

19) A. Wheeler, B. Topley and H. Eyring, *J. Chem. Phys.*, 4, 178 (1936).

別々に取扱うことができるから，振動数の計算の問題は 3 次，2 次および 1 次の方程式を解くことに帰着する．これはもちろん 5 次の行列式を解くことよりは遙かに簡単な問題であるから，対称の考察に基づく分類を用いた方が有利である．

解離および会合反応

p. 127
回転エネルギーの障壁[20]

二原子が結合して一分子を形成する反応，または分子が単分子的に解離する反応，すなわち A と B とが原子または分子であるとき実際に

$$AB = A + B \quad \text{または} \quad A + B = AB$$

の型のあらゆる反応は，ポテンシャル・エネルギー面の課題に関連して特別な問題を提出する．二原子に対しては，"面"の通常の形は実際には二次元的であって，第34図に示すような簡単なポテンシャル・エネルギー曲線である．この曲線は無限遠以外に極大はなく，従って活性化状態の位置をきめることができないようである．しかしこの曲線は二原子が同一直線に沿って接近または後退する場合に対してだけ，それらの距離の函数として二原子の系

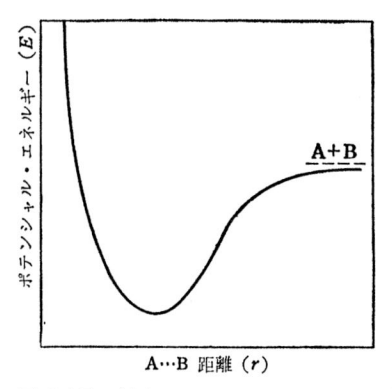

第34図 二原子分子に対するポテンシャル・エネルギー曲線

---
20) Eyring, Gershinowitz and Sun, 参考文献 8.

のポテンシャル・エネルギーを与えることに留意することが重要である．原子はそれらが接近し合うとき二自由度の廻転と等価である相対的な角運動量をもつので，一般には上のような事態は起らないであろう．第34図に示された単純な曲線で与えられるポテンシャル・エネルギーに，さらに各量子状態および各原子間距離に対する廻転の運動エネルギーを加え合せなければならない．その結果として第35図に図解的に示すように極大が現われるであろう．同図でⅠはもとのポテンシャル・エネルギー曲線であり，Ⅱは廻転エネルギーを加えた結果を示す．廻転の量子数のおのおのの値ごとに違った曲線が得られるが，その一般的な形はすべての場合を通じて同じとしてよい．

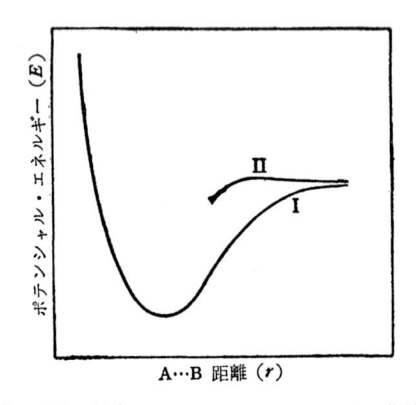

第35図 二原子分子に対するポテンシャル・エネルギー曲線；（Ⅰ）廻転エネルギーがない場合，（Ⅱ）廻転エネルギーを含む場合

p. 128
　曲線Ⅱは，左から右へは解離 AB＝A＋B におけるポテンシャル・エネルギーの変化を，また右から左へは会合反応 A＋B＝AB における変化を表わしている．もちろんその両反応には同じ活性化状態が適用される．廻転エネルギーを含めることによってその位置は無限遠からはっきりした有限の位置に移り，この位置は活性化状態における廻転量子数 J によって異なる．J の値が大きくなるに従って廻転エネルギーは増し，第35図から明らかに，活性化状態の原子間距離が小さくなる．おのおのの J の値に対する実際の距離は次のようにして求まる．曲線Ⅱで表わされる全エネルギー ϵ は，Morse

回転エネルギーの障壁

の式で与えられるような電子および振動エネルギー($\epsilon_e+\epsilon_v$)と廻転エネルギー ϵ_J の和である．95頁で見たように，前者は原子間距離 r の函数として表わされるが，後者もまたそうできる．何故ならば種々の形のエネルギー間に相互作用がなければ，廻転エネルギーは

$$\epsilon_J = J(J+1)\frac{h^2}{8\pi^2 I} \qquad (38)$$

と表わされるからである．ここで I は分子の慣性能率で，μr^2 に等しく，μ は換算質量である．ゆえに J のおのおのの値に対応する ϵ の式は r を唯一の変数として書き表わすことができる．活性化状態のエネルギーは極大であるから，そこでは $d\epsilon/dr$ は零でなければならない．従って結果の式を r に関して微分して，導函数を零に等しいとおくと，その解は特定の廻転量子数 J に対応するポテンシャル・エネルギー曲線の極大に対する原子間距離 r_J を与える．この手続きを多数繰返せば，一連の J に対する r_J を計算することができる．その結果を第36図に示す．同図の曲線は反応 $2H=H_2$ または $2D=D_2$，もしくはそれらの逆反応に対するものである．* 期待通りに，

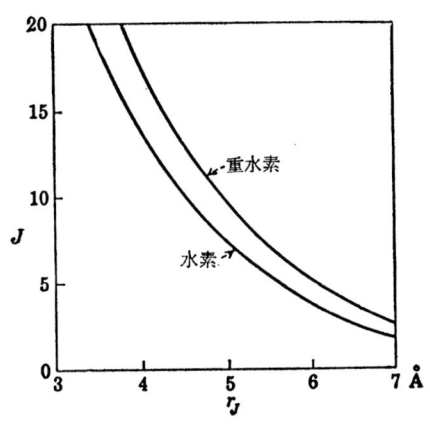

第36図 種々の廻転量子数に対する活性化状態における原子間距離 (Eyring, Gershinowitz および Sun)

---

* この曲線は廻転量子数の整数値に対してだけはっきりした意味があることは明らかであろう．

活性化状態の原子間距離は廻転量子数が増大するとともに減少することがわかる．

次に考えるべきことは，任意の温度における活性錯合体に対して最も確からしい J の値についてである．なぜかといえば，第36図により活性化状態中での最も確からしい原子間距離がそれによって見出されるからである．これはまた偶然にも会合反応の"衝突直径"と等価である．任意の特別な廻転エネルギー状態の存在確率は $(2J+1)e^{-\epsilon_J/kT}$ なる量で与えられる．ここに $2J+1$ は状態の多重度，ϵ_J はある標準状態を基準にした廻転エネルギーである．もし標準状態を解離した原子のエネルギーに選べば，活性化状態の確率は $(2J+1)e^{-\epsilon_J^*/kT}$ であることが第37図からわかる．ここに

$$\epsilon_J^* = \epsilon_J - (D - \epsilon_v) \tag{39}$$

である．この式で D は解離エネルギー，ϵ_v は振動のエネルギーで，いずれ

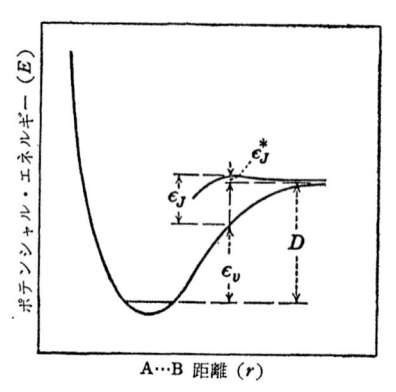

第37図　廻転に基づく有効活性化エネルギーを示す二原子分子のポテンシャル・エネルギー曲線

も零点エネルギーから測った値である．第36図を用いて I の計算に必要な原子間距離を求めると，任意の J の値に対応する廻転エネルギー ϵ_J は (38) 式から得られ，また ϵ_v はポテンシャル・エネルギー曲線あるいはこれと等価な Morse の式から求まる．ゆえにもし D が特定の反応について既知であれば，ϵ_J^* を計算することができ，従って任意の温度において一連の

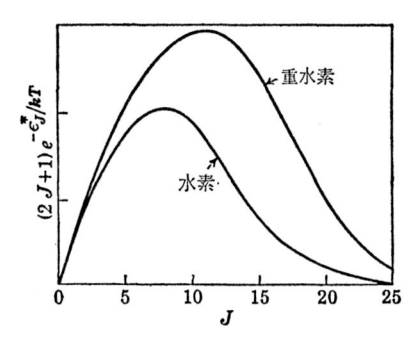

第38図 活性化状態における最も確からしい廻転量子数の決定 (Eyring, Gershinowitz および Sun)

廻転量子数に対する活性化状態の確率がきめられる．500°K における反応 2H=H₂ および 2D=D₂ について必要な計算を行い，その結果得られる $(2J+1)e^{-\{\epsilon_J-(D-\epsilon_0)\}/kT}$ を J に対して描いたものを第38図に示す．* D_2 の活性錯合体における廻転量子数の最も確からしい値は丁度10を越えたところにあり，第36図よりこれは約 4.9 Å の原子間距離に対応することがわかる．同様に H_2 の活性錯合体に対する最も確からしい原子間距離は 4.8 Å である．これらの数字は最も確からしい衝突直径を与えるが，第38図から明らかなように，活性化状態はいくつかの廻転準位にわたって分布しているから，もっと有用な資料は平均衝突直径である．相当高い温度では種々の廻転準位に対す

p. 131
る確率の和は第38図のそれぞれの曲線の下の面積に等しく，これは極限値 $8\pi^2 IkT/h^2$ に近づく（186頁参照）．すなわち

$$\sum_{J=0}^{\infty}(2J+1)e^{-\epsilon_J^*/kT}=\frac{8\pi^2 \bar{I}kT}{h^2} \tag{40}$$

となる．ここに $\bar{I}$ は活性錯合体の平均慣性能率とみなされるものである．このようにして $\bar{I}$ が算出されるから，これを $\mu \bar{r}_J{}^2$ に等しいとおいて，活性化状態の平均原子間距離（$\bar{r}_J$）を計算することができる．水素ではこれが 4.4 Å であり，重水素では 4.1 Å である．一般に，原子やラジカルのよう

* 第36図のように，曲線上の点は，それが廻転量子数 J の整数値に対応する場合だけ物理的意味をもつ．

な二個の粒子の会合の場合には，活性化状態の大きさに相当する見掛けの衝突直径は角運動量によって決定され，室温では約4から5Åになるであろう．

会合反応の活性化エネルギーは，活性化状態における平均距離に対応する ϵ_0^* の値で与えられる．これは極めて小さいから無視することができ，従って二個の原子やラジカルの結合は一般に活性化エネルギーをほとんどまたは全く必要としない．その逆の解離反応では，明らかにその活性化エネルギーは最低の振動エネルギー準位から計上した解離エネルギー D に等しいとしてもよい．過程に伴って分子内に電子遷移あるいはその他の配置換えが起れば，活性化エネルギーの減少をひき起すであろうが，もしそのようなことがなければ，この規則は単分子反応についても適用される．

遊離ラジカルの結合[21)]

二つの遊離ラジカルの結合は原子の結合の特別な場合で，この場合には接近しつつあるラジカルの中心間距離は活性化状態とみなされる点においては相当大きいので，振動と廻転の自由度は遊離ラジカル自身におけるものと同じであると仮定してもよい．恐らく真の意味における活性化エネルギーは存在せず，ラジカルは遠距離から主として分極力によって相互に引き合い，これに二個の原子と等価と思われる二個のラジカルの廻転による遠心力が逆に作用する．これら二つの力が重なつてわずかなポテンシャルの障壁をつくり，その頂点が活性錯合体に相当する．この活性化状態におけるラジカルの重心の間の距離はエネルギー曲線の極大を計算すれば簡単に求まる．比較的大きい距離における二個のラジカルの間の分極に基づく引力のエネルギーは

$$E_{\mathrm{pol}} = \frac{3}{2} \cdot \frac{\alpha_A \alpha_B}{r^6} \cdot \frac{\mathcal{J}_A \mathcal{J}_B}{\mathcal{J}_A + \mathcal{J}_B} \tag{41}$$

で与えられる．ここに α_A と α_B はラジカル A と B の分極率，$\mathcal{J}_A$ と $\mathcal{J}_B$ はそのイオン化ポテンシャル，r はそれらの間隔である．結合した二個のラジカルは二原子廻転体のように振舞うと仮定すると，廻転の結果生じる反対

---

21) E. Gorin, *Acta Physicochim. U. R. S. S.*, **9**, 691 (1938); H. Eyring, J. O. Hirschfelder and H. S. Taylor, *J. Chem. Phys.*, **4**, 479 (1936) 参照．

遊離ラジカルの結合

方向の遠心力は

$$E_{\mathrm{rot}} = \frac{J(J+1)h^2}{8\pi^2 \mu r^2} \qquad (42)$$

である．ここに J は廻転量子数であって，零を含む任意の整数値をとりうる．μ は廻転体の換算質量である．エネルギー曲線の極大に対する r^* を求めるため，(42) 式から (41) 式を引き，その結果を r について微分して零に等しいとおくと，

$$r^* = \left(\frac{36\pi^2 \mu \, \alpha_{\mathrm{A}} \alpha_{\mathrm{B}} \left(\frac{\mathcal{I}_{\mathrm{A}} \mathcal{I}_{\mathrm{B}}}{\mathcal{I}_{\mathrm{A}} + \mathcal{I}_{\mathrm{B}}} \right)}{J(J+1)h^2} \right)^{1/4} \qquad (43)$$

となることがわかる．見掛けの活性化エネルギーを表わす量は，r のこの値を分極および廻転エネルギーの式に代入し，その差をとることによって見出される．そうすると

$$E_{\mathrm{act}} = E_{\mathrm{rot}}^* - E_{\mathrm{pol}}^* = \frac{[J(J+1)h^2]^{3/2}}{72(\pi^2 \mu)^{3/2} \left[\alpha_{\mathrm{A}} \alpha_{\mathrm{B}} \left(\frac{\mathcal{I}_{\mathrm{A}} \mathcal{I}_{\mathrm{B}}}{\mathcal{I}_{\mathrm{A}} + \mathcal{I}_{\mathrm{B}}} \right) \right]^{1/2}} \qquad (44)$$

となる．この結果の応用については第 V 章でさらに詳細に考察する．

上述の取扱いは最初 H_2 と H_2^+ の間の反応に関連して用いられた．この場合も"活性化"状態における間隔はおそらく大きいであろう．ε を電子の電
p. 133
荷，α を水素分子の分極率とすると，分極エネルギーは $\alpha \varepsilon^2 / 2r^4$ である．上と全く同様にして，活性化状態においては

$$r^* = \left[\frac{8\pi^2 m_{\mathrm{H}} \alpha \varepsilon^2}{J(J+1)h^2} \right]^{1/2} \qquad (45)$$

となる．ここに m_{H} は水素原子の質量である．対応する活性化エネルギーは

$$E_{\mathrm{act}} = E_{\mathrm{rot}}^* - E_{\mathrm{pol}}^* = \frac{J^2(J+1)^2 h^4}{128\pi^4 m_{\mathrm{H}}^2 \alpha \varepsilon^2} \qquad (46)$$

である．

安定および不安定な錯合体

ポテンシャル・エネルギーの盆地

　ポテンシャル・エネルギー面はしばしば反応物質を表わす谷と生成物質を表わす谷の間にあるエネルギーの峠の頂上に盆地すなわち窪みをもっていることは99頁で述べた．この型の浅い盆地は，それが現われる短い核間距離(85頁参照)のところでクーロン・エネルギーの割合が減少するということに帰せられるべきである．ポテンシャル・エネルギー面を作るためには，99頁で述べたように，クーロン・エネルギー部分は一定であると仮定したが，これは幾らか誤まった結果をもたらすかも知れない．ゆえにその窪みがなんらかの現実的意義をもつかどうかは確かではないにしても，それの意味するものを考察してみることは興味のあることである．

H_3 錯 合 体[22]

　H と H_2 との反応の場合には，盆地の床はその周辺より約 1.5 kcal 低い．このことは活性錯合体よりも 1.5 kcal だけ安定な直線状分子 H_3 が存在するらしいことを暗示するであろう．しかし H_3 分子のポテンシャル・エネルギーは実際にはその成分 $H+H_2$ よりも 12 kcal だけ大きいから，これは暫定的なものでしかありえない．従って直線状 H_3 分子は準安定であって，それが分解する前には盆地のわずかな深さにほぼ等しいエネルギー，すなわち 1.5 kcal を獲得しなければならないことは明らかである．従って準安定な
p. 134
H_3 分子の寿命は極めて短いと思われる．この寿命は H と H_2 との衝突の持続時間の目安とみなされるものであって，これは，平均寿命が反応 $H_3 = H+H_2$ の比速度の逆数であるという事実を利用して理論的に計算できる；またこの比速度は第IV章に記載する統計力学的方法によって求められる．この計算を行うためには，H_3 分子とその活性化状態の慣性能率と基準振動数

---
　22) Eyring, Gershinowitz and Sun, 参考文献 8.

を知る必要がある．これらはすでに概説した方法によりポテンシャル・エネルギー面から導くことができる．こうしてクーロン・エネルギーが全結合エネルギーの14%であるという仮定に基づいて，6.3×10^{-13} sec という平均寿命が H_3 分子に対して見出された．この加成的エネルギーが20%とすると，平均寿命は 2.7×10^{-12} sec [23) と計算される．これらの値を極小のない活性化状態について計算したものと比較すると，H_3 系が H_2 と H とに解離する前には10から100回盆地を転がり廻らねばならないことがわかる（第28図参照）．この平均寿命の計算はもちろん半経験的方法で得られたポテンシャル・エネルギー面のもつ一般的な適用限界から考えて近似的なものとみなさなければならない．

Cl_3 錯合体[24)

H_3 分子は非常に短い寿命しかもたないが，類似した性質の他の三原子分子，例えば Cl_3 は安定でありうる．X はハロゲンであるとして，反応 $X + X_2$ に対するポテンシャル・エネルギー面を考察すると，X_3 分子はその成分 X と X_2 に比べて2から4 kcal だけ安定であることがわかる．例えば，過程 $Cl + Cl_2 = Cl_3$ では ΔH は -4.1 kcal であるように思われる．この値はハロゲン分子の結合エネルギーの10%が加成的であると仮定してつくったポテンシャル・エネルギー面から導かれる．この反応に与る電子が恐らく $3p$ であることを考慮すれば，クーロン・エネルギーは全エネルギーのもっとずっと大きい部分を占めてよいわけである（86頁参照）．このことは Cl_3 分子を上述の値よりも一層安定にする効果をもつことであろう．もしこれらの結論が正しければ，室温における光化学過程のように，その初期段階として塩素の解離が仮定される多くの反応には，Cl_3 分子が関与するはずであるという
p. 135
ことになる．水素と塩素との光化学反応の機構を発展させようとする試みのあるものの中には中間体として Cl_3 分子が仮定されているが，これが必要

---

23) Hirschfelder, 参考文献 7 ; また N. Rosen, *J. Chem. Phys.*, **1**, 319 (1933); G. E. Kimball, 同誌, **5**, 310 (1937) も見よ．
24) G. K. Rollefson and H. Eyring, *J. Am. Chem. Soc.*, **54**, 2661 (1932).

であるとは一般には認められていない．

CH₅ 錯 合 体[25]

炭化水素の化学のうちで特に興味ある場合は，メタンと原子状水素との反応

$$CH_4 + H = CH_3 + H_2$$

に対するポテンシャル・エネルギー面を考察するときである．この面は水素原子が一つの H—C 結合の方向からメタンに接近すると仮定して計算され，その問題は本質的な3電子，すなわち CH_3, H_α および H_β からのおのおの一つずつの電子が関与する問題としてあつかわれている（第39図）．完全な9電子問題としたとき出てくる附加的共鳴エネルギーはその最終的な結論をほとんど変えることはない．系 $CH_4 + H$ のエネルギーを零とした計算の結果

$$H_\alpha \cdots\cdots H_\beta - C \begin{smallmatrix} \diagup H \\ \leftarrow H \\ \diagdown H \end{smallmatrix}$$

第39図 メタン分子への水素原子の接近

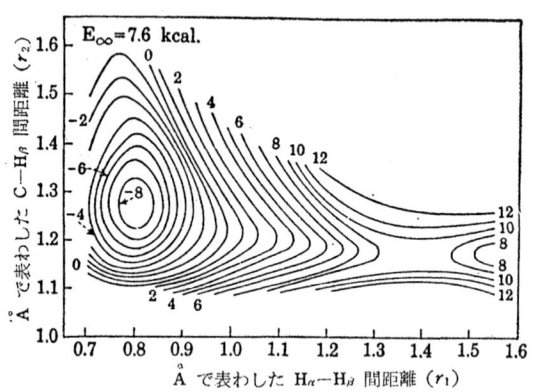

第40図 水素原子とメタン分子に対するポテンシャル・エネルギー面
(Gorin, Kauzmann, Walter および Eyring)

---

25) Gorin, 参考文献 21; E. Gorin, W. Kauzmann, J. Walter and H. Eyring, *J. Chem. Phys.*, **7**, 633 (1939).

を第40図に示す．この図が今の目的に関連して興味ある点はエネルギーの峠の頂上に現われる比較的深い盆地である．その底は CH_4+H 準位よりも 8 kcal 下方にあるから，$H-H-CH_3$ の形で表わされる安定な分子が存在する可能性がある．この物質が CH_4 と H とに分解するには約 17 kcal の活性化エネルギーを必要とするであろう．というのはこのエネルギーは CH_5 錯合体を表わす窪みの底から，それが $H_α-H_β$ 軸* に平行な谷に入る前にのり越えなければならない窪みの縁の頂上に到るまでの距離だからである．$H-H-CH_3$ 分子が比較的安定性をもつことはメタンと水素の関与する反応におけるいくつかの興味ある現象を説明するであろう（265頁を見よ）．

p. 136

共鳴（交換）エネルギー

ポテンシャル・エネルギー面の交差[26]

反応

$$WX+YZ=XY+WZ$$

において，その初めと終りの状態の結合の割当てをそれぞれ A と B で表わす．すなわち

$$\begin{array}{cc} W-X \quad Y-Z & X-Y \quad W-Z \\ (A) & (B) \end{array}$$

また A と B との組合わせであって，交差する結合（60頁参照）を含む第三の状態も可能であるから，系のエネルギーは第II章の永年方程式 (173) の解によって与えられる．完全なポテンシャル・エネルギー面を与える (206) 式が導かれるのはこの式からである．従って方程式

$$\begin{vmatrix} H_{AA}-\Delta_{AA}E & H_{AB}-\Delta_{AB}E \\ H_{BA}-\Delta_{BA}E & H_{BB}-\Delta_{BB}E \end{vmatrix}=0 \qquad (47)$$

---

* 第40図のポテンシャル・エネルギー面の形から，CH_5 が CH_3+H_2 への分解，すなわち $C-H_β$ 軸に平行な谷に沿って移動するには，もっと少い活性化エネルギーで足りるかも知れないが，それにしてもその値は少くとも 6 から 8 kcal であろう．

26) R. A. Ogg and M. Polanyi, *Trans. Faraday Soc.*, 31, 604, 1375 (1935); M. G. Evans and M. Polanyi, 同誌, 34, 11 (1938); M. G. Evans and E. Warhurst, 同誌, 34, 614 (1938); 35, 593 (1939).

の一つの解は考えている反応のポテンシャル・エネルギー面を表わすとみなされる。量 H および Δ は

$$H_{AA}=\int \Psi_A \mathbf{H} \Psi_A d\tau, \qquad H_{BB}=\int \Psi_B \mathbf{H} \Psi_B d\tau,$$

$$H_{AB}=H_{BA}=\int \Psi_A \mathbf{H} \Psi_B d\tau, \qquad (48)$$

$$\Delta_{AA}=\int \Psi_A \Psi_A d\tau, \quad \Delta_{BB}=\int \Psi_B \Psi_B d\tau, \quad \Delta_{AB}=\Delta_{BA}=\int \Psi_A \Psi_B d\tau \qquad (49)$$

で定義される (69頁) ことを想起しよう。ここに Ψ_A と Ψ_B は状態 A と B に対する固有函数である。もしこの二つの状態の間に相互作用がなければ，すなわちよくいわれるように，固有函数 A と B とが重なり合わなければ，項 H_{AB} と Δ_{AB} は零になる。そうすると (47) 式の解は

$$(a)\ E_A=\frac{H_{AA}}{\Delta_{AA}} \quad \text{および} \quad (b)\ E_B=\frac{H_{BB}}{\Delta_{BB}} \qquad (50)$$

になる。(50a) 式は初めの状態の結合割当てをもっている系のポテンシャル・エネルギー面を与え，(50b) 式は終りの状態の結合の割当てに対応する面を与える。* このように定義した二つの面は E_A が E_B に等しい線に沿って交差する。この線上の最低点が配置 A から B に移行する反応の活性化エネ

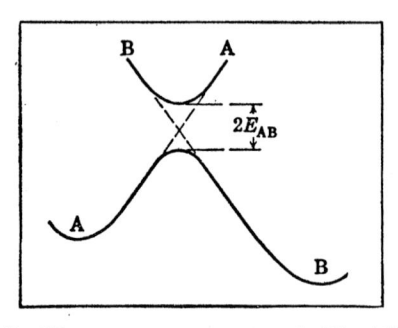

第41図 ポテンシャル・エネルギー面の交差

---

* 二つの独立な状態 A と B とを考えても同じ結論になる。すなわちおのおのに対して波動方程式は $\mathbf{H}\psi_i=E\psi_i$ の形であるから，ψ_i を両辺に乗じて配置空間について積分すると，$\int \psi_i \mathbf{H}\psi_i d\tau = E\int \psi_i \psi_i d\tau$ となり，これは $E=H_{ii}/\Delta_{ii}$ と同じであることがわかる。

共鳴エネルギーの大きさ 143

ルギーを表わす．初めと終りの状態の配置がもしいかなる程度にもせよ認めうる程に重なり合えば，交換積分 H_{AB} と Δ_{AB} とを含める必要がある．その結果それらが交差する線に沿って面は丸くなるであろう．このことが図解的に第41図に見られる．この図はポテンシャル・エネルギー面 A と B の断面図で，状態 A と B との固有函数の相互作用の結果その交差点が丸くなることを示している．その結果生じる活性化エネルギーの減少 E_{AB} は，活性化状態における共鳴，すなわち交換エネルギーに等しい．これは交差点で系が縮重しているから起るのである．すなわち結合を割当てる二つの異なる方法に対して二つの固有函数 Ψ_A と Ψ_B とが存在するが，面が交差する点では
p. 138
エネルギーは等しい．このとき摂動理論または変分定理を用いると，エネルギー値が二つ，すなわち E_A+E_{AB}（高い方）と E_A-E_{AB}（低い方）が出てくる．ここではもちろん E_A と E_B とは等しい．その結果，第41図に示すように，第Ⅱ章 (205) 式の二つの解に対応して，上方の面と下方の面への分離が起るが，下方の面に実際の反応径路がある．

共鳴エネルギーの大きさ

(50) 式の中の Δ_{AA} は H_{AA} の中の Q すなわちクーロン・エネルギーの係数にほぼ等しいことを76頁で見た．第Ⅱ章 (197) 式によれば H_{AA}，従つてこの場合 E_A は

$$E_A = \frac{H_{AA}}{\Delta_{AA}} = Q + [(ab)+(cd)] - \tfrac{1}{2}[(ac)+(bd)+(ad)+(bc)] \quad (51)$$

$$= Q + J_b - \tfrac{1}{2} J_n \quad (52)$$

で与えられる．ここで J_b は結合原子に対する交換積分の和であり，J_n は非結合原子における交換積分の和である．76および77頁のように，$(ab)+(cd)$ を $\alpha_1+\alpha_2=\alpha$，$(ac)+(bd)$ を $\beta_1+\beta_2=\beta$ また $(ad)+(bc)$ を $\gamma_1+\gamma_2=\gamma$ と書けば，

$$E_A = Q + [\alpha - \tfrac{1}{2}(\beta+\gamma)] \quad (53)$$

となる．もし共鳴エネルギーを含めると，上方の面のエネルギーは第Ⅱ章

第Ⅲ章　ポテンシャル・エネルギー面

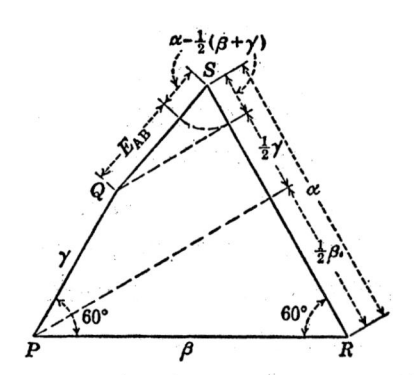

第42図　活性化状態における共鳴エネルギーの図式的決定法

(205) 式で与えられる．すなわち

$$E = Q + \{½[(\alpha-\beta)^2 + (\beta-\gamma)^2 + (\gamma-\alpha)^2]\}^{1/2} \qquad (54)$$

である．従って共鳴エネルギーの値は

$$E_{AB} = E - E_A = \{½[(\alpha-\beta)^2 + (\beta-\gamma)^2 + (\gamma-\alpha)^2]\}^{1/2} - [\alpha - ½(\beta+\gamma)] \qquad (55)$$

となる．このエネルギーの大きさは，(55) 式の右辺第一項を求めるために
p. 139
92頁に記載したと同じ簡単な幾何的作図を用いて容易に導くことができる．
第42図に示したように，量 $\alpha - ½(\beta+\gamma)$ は P と Q とから RS に垂線を引いて得られる．この図に示した作図によって共鳴エネルギーが求まることは一目瞭然である．交換エネルギー α, β および γ は全結合エネルギーの大部分を占めるので，共鳴エネルギーが極めて重要であることは明らかである．共鳴エネルギーが無視できるのは，たとえば β と γ がともに α に比較して小さいとき，すなわち非断熱過程 (156頁参照) のような特別の場合だけである．

ポテンシャル・エネルギーの側面図

ポテンシャル・エネルギー面の断面[27]

$X+YZ=XY+Z$ の型の化学反応の径路を表わすに有用な方法はつぎのようである．ただし X, Y および Z は原子または反応中に変化しないラジカル（例えば CH_3）のいずれかとする．これは活性化エネルギーをきめる因

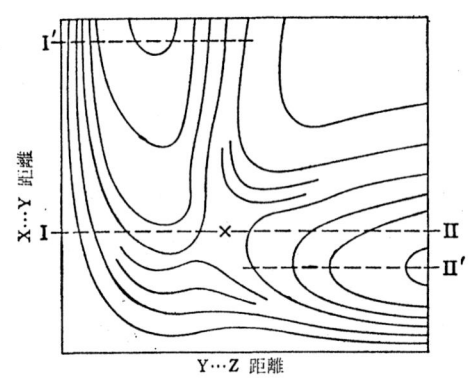

第43図　ポテンシャル・エネルギー面の種々の断面

子のいくつかの性質を明らかにするものである．第43図が考えている反応のポテンシャル・エネルギー面を表わすものとしよう．図の I′ での断面は X が遠距離にあるときに分子 YZ のポテンシャル・エネルギーの変化を距離 Y-Z の函数として示している．その曲線の最も低いところが，第44図の I′ に示してあるが，これは二原子分子に対する周知の形のものである．第44図では縦軸はエネルギー，横軸は Y-Z 距離である．これは反応の初めの状態のポテンシャル・エネルギー曲線とみなされる．X が YZ に近づ
p. 140
くにつれ，ポテンシャル・エネルギー曲線は第43図の I′ に平行な一連の断面で与えられる．最後に X が充分接近して活性化状態 X-Y-Z が形成されると断面は I のところのものであろう．その結果できる曲線の形は反応

---

27) Ogg and Polanyi, 参考文献 26; Evans and Polanyi, 参考文献 26.

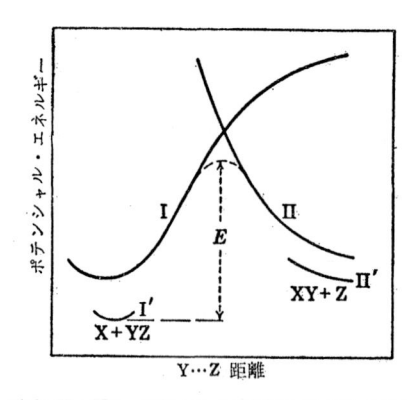

第44図 反応 X+YZ=XY+Z に対する対するポテンシャル・エネルギー曲線 (Ogg および Polanyi; Hinshelwood, Laidler および Timm)

が起らないと仮定すると，第44図の I の形のものになるであろう．もし X が Z とあまり相互作用しなければ，これは正規分子 YZ に対するポテンシャル・エネルギー曲線 I' の形と同様なものである．I' の最低個所から I のそれまでのエネルギーの増加は，初めの状態から活性化状態に進むときの X と YZ の間の反撥エネルギーのためである．

つぎに，第43図の"東西"の谷の底を通る II' での断面を考えよう．右から左へ進むとき，すなわち分子 XY では原子が平衡距離を保っていてこれに Z が接近すると，XY と Z との間の反撥のためにポテンシャル・エネルギーは大きくなる．種々の Y−Z 間距離に対してこれに対応するいわゆる"反撥曲線"(repulsion curve) を一部分だけ第44図の II' で示す．もし X−Y 間隔が増すと，これと同様な形であるが，より高い準位にある種々の曲線が得られる．活性化状態に対応する大きさでは，もし反応が起らなければ，反撥曲線は II でポテンシャル・エネルギー面を通る断面で与えられるであろう．この曲線は第44図中の II で示されている．Z が遠くにあるとき，すなわち Y−Z 間距離が大きいときを考えると，II と II' との最低個所の間の差は X−Y 結合をその平衡距離から活性化状態における距離まで拡げるに要するエネルギーに等しい．

上述のように，別々の曲線 I と II は X+YZ が XY+Z を形成する反応あるいはその逆反応がないことを意味している．しかしその曲線が交差することは反応が実際には起ることを示している．初めの状態と終りの状態の固有函数の間に重なり合いがない，すなわち共鳴エネルギーが零であるならば，曲線 I と II との交点はその反応の活性化点を与えるであろう．何故ならばこの点では X–Y および Y–Z 間距離がともに活性化状態の距離になるからである．これに共鳴エネルギーを計算に入れると，第44図中の点線で示したように丸くなり，X+YZ から XY+Z へ連続的なエネルギー転移が行われる．この実際の曲線の極大が活性化状態を表わす．零点エネルギーを無視すると，活性化エネルギー E はこの極大から，X と YZ が遠く離れた初めの状態を表わす曲線 I' の底までの垂直距離に等しい．上述のようにして得た活性化点でポテンシャル・エネルギー面を通る断面を示す曲線を"ポテンシャル・エネルギー側面図"（potential-energy profile）と呼ぶ．

ポテンシャル・エネルギー側面図の形に影響する諸因子[28]

第44図を調べると，活性化エネルギーの値は4つの因子できまることがわかる．これを順次論じよう．それらは次のものである．

1. 切断される結合 Y–Z の強さ
2. X と YZ の間の反撥エネルギー
3. XY と Z の間の反撥エネルギー
4. 結合 X–Y の強さ

1. 結合 Y–Z が強い程，分子 YZ の解離エネルギーは大きく，従って I の右側が漸近するエネルギー準位は高くなる．これは Y–Z 結合の強さが大きい程，曲線 I がけわしくなり，曲線 I と II とがより高いエネルギー準位で交わることになるから，活性化エネルギーが従って高くなることを意味する．

---

28) Evans and Polanyi, 参考文献 26; また C. N. Hinshelwood, K. J. Laidler and E. W. Timm, *J. Chem. Soc.*, 848 (1938) を見よ．

2. すでに見たように，X と YZ の間の反撥エネルギーの効果はポテンシャル・エネルギー曲線を I′ から I へ上げることである．反撥が大きい程，曲線の位置は高くなり，従って活性化エネルギーは大きくなるであろう．

3. XY と Z の間の反撥エネルギーの増加は距離 Y−Z の減少とともに一層速かに曲線 II を上昇させる効果があり，これは活性化エネルギーを増加させることになる．

4. 曲線 II′ の位置は XY がその平衡状態でもつポテンシャル・エネルギー，したがってまた分子の解離熱，言いかえれば，X−Y 結合の強さによってきまる．この結合の強さが大きい程，XY のポテンシャル・エネルギーは低くなるであろう．II と II′ の間の準位の差は小さく，X−Y 結合をその平衡距離から活性化状態の距離まで拡げるに要するエネルギーに等しいので，曲線 II の位置は X−Y 結合の強さでほとんど完全にきまる．この因子の増大は II を垂直方向に下げ，従って活性化エネルギーを減少させる結果となる．

p. 142

ゆえに因子 1，2 および 3 が正の増大をすれば，考えている型の反応の活性化エネルギーは増し，一方因子 4 が増大すればその逆の効果を生じることは明らかである．これら諸因子のうち始めの三つは化学反応の"慣性"(inertia)，最後のものは"駆動力"(driving force) として分類されている．もちろん共鳴効果はいかなる場合にも活性化エネルギーを低下させるのに役立ち，しかも交換積分 H_{AB} が大きい程この低下は大きい．

ポテンシャル・エネルギー側面図の作図[29]

共鳴エネルギーを無視すれば，結合エネルギーをクーロンと交換との寄与に分けることについてなんらの仮定をする必要もなしに，多くの場合実験値から反応に対する近似的なポテンシャル・エネルギー側面図を描くことが可能である．反応は最も都合のよい径路を通るものであるから，関与する三原子が直線上に配置する場合だけを考えれば充分である．すなわちすでに見た

---

[29] 参考文献 26 を見よ．

ポテンシャル・エネルギー側面図の作図

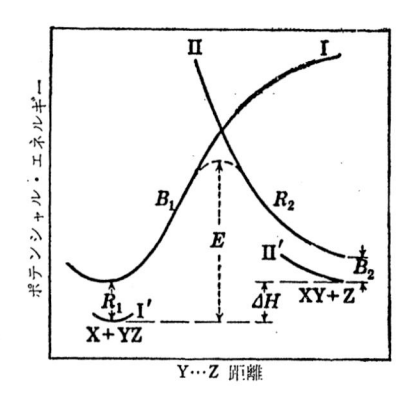

第45図 反撥と結合のエネルギーを示すポテンシャル・
エネルギー曲線 (Ogg および Polanyi)

ように (92頁), この条件の下で系のポテンシャル・エネルギーは最小である. 活性化エネルギーを決定する四つの因子を考慮し, 共鳴を無視すれば, エネルギー側面図をつくる曲線の位置や性質に確定した意味を与えることができる. 初めと終りの状態, すなわち X が無限遠にあるときの YZ の正規状態と Z が無限遠にあるときの XY の正規状態のポテンシャル・エネルギー準位をそれぞれ第45図の水平線 I′ と II′ で示す. それらの差が考えている反応にともなう熱変化, すなわち定圧では ΔH, または定容では ΔE に等しい. YZ の結合エネルギー B_1 の変化を示す曲線 I は X と YZ の間の反撥エネルギー R_1 だけ I′ より上方に, XY と Z の間の反撥エネルギー R_2 の曲線 II は X–Y 結合を拡げるに要するエネルギー B_2 だけ II′ より上方にある. ゆえに初めの状態の結合の割当てをもつ系のポテンシャル・エネルギーは R_1+B_1 で与えられ, 終りの状態におけるような結合のそれは R_2+B_2 で与えられるから, それら二曲線の交点が活性化状態を与え, それから活性化エネルギー E が求まる.

等極性二原子分子の結合エネルギーは適当な Morse の式で与えられ, またイオン性化合物では

$$B = -\frac{\varepsilon^2}{r} + be^{-r/\rho} \tag{56}$$

または

$$B = -\frac{\varepsilon^2}{r} + br^{-9} \tag{57}$$

の形の式が使われる．これらの右辺第一項は一価の荷電イオン間のクーロン引力を示し，第二項はそれらの二つの不活性気体類似の殻の間の反撥エネルギーを表わす．これらの式の中で ε は電子の電荷，r は核間距離である．定数 b は，r が正規の核間距離 r_0 に等しいとき，dB/dr が零になるという条件できまる．(56) 式の定数 ρ は 0.345×10^{-8}cm にとってよい．反撥エネルギーは

$$R = br^{-9} - cr^{-6} \tag{58}$$

なる式を用いて計算できる．[30] ここに b は (56) および (57) 式に出てくる同じ項と同様の意味をもち，また cr^{-6} は van der Waals 引力に基づくものであり，活性化状態で存在する数位の距離では無視できる程小さい．もし反応する種の一方がイオンで他方が分子またはラジカルであれば，静電気的引力の項 $-\alpha\varepsilon^2/2r^4$ も含ませねばならない．ただし α は分子またはラジカル
p. 144
の分極率である．$R_1 + B_1 (= E_A)$ と $R_2 + B_2 (= E_B)$ とのポテンシャル・エネルギー曲線を Y－Z 間の距離を横軸にして描くと，その相対位置は，第45図の I′ と II′ 間の準位の差が反応で放出される熱に等しいことから，固定される．活性化エネルギーを導き出すこの近似法の応用は第V章で述べる．

反撥エネルギー[31]

ある場合，例えばアルキルラジカルを R とすると，

$$Na + Cl \cdot R = NaCl + R$$

なる型の反応の場合，反応物質の間の反撥エネルギーは非常に小さいと思われる．例えば Na 原子は明らかに，塩化ナトリウム内でイオンが占める正規距離まで，大した反撥をうけることなく，他の原子と等極結合で結合してい

---

30) M. Born and J. E. Mayer, *Z. Physik*, **75**, 1 (1934) 参照．
31) Ogg and Polanyi, 参考文献 26; Evans and Warhurst, 参考文献 26.

る塩素原子に近づくことができる．このようなことが成立つ反応では，項 R_1 を無視することができ，計算は簡単になる．従ってどのような条件で反撥エネルギーが小さくなるかを調べることは興味深い．ポテンシャル・エネルギーに対する (53) 式は共鳴エネルギーを除けば，すなわち β と γ が小さければ，

$$E_A = A + B + C + [\alpha - \tfrac{1}{2}(\beta + \gamma)] \tag{59}$$

と書ける．ここで A, B および C はそれぞれ三つの可能な二原子分子 YZ, XY および XZ のクーロン・エネルギーである．量 $A+\alpha$ は YZ の全結合エネルギー B_1 を表わすから，残りの $B+C-\tfrac{1}{2}(\beta+\gamma)$ は反撥エネルギー R_1 に等しくならなければならない．これが小さいためには明らかに B, C, β および γ がすべて小さいか，または

$$B + C \approx \tfrac{1}{2}(\beta + \gamma)$$

かでなければならない．クーロン・エネルギーが全体の 33% であればこの条件が満足される．従ってその主量子数が 3 である電子間で実質的な反応が起るときは反撥エネルギーはおそらく小さいものであろう（86頁第IV表参照）．

反応熱と活性化エネルギー[32]

反撥エネルギーが小さいという仮定から，ある種の類似した型の反応における活性化エネルギーと熱変化の平行的な変化について興味ある結論が導かれる．その例として

$$M + Cl \cdot R = M^+ Cl^- + R$$

なる反応を考えよう．ただし M はアルカリ金属，R はアルキルラジカルである．実際ありうることであるが，M と Cl·R の間の反撥が小さければ，曲線 I（第45図）はアルカリ金属の種類によらず同一である．反撥曲線 II の

---

[32] J. Horiuti and M. Polanyi, *Acta Physicochim. U. R. S. S.*, **2**, 505 (1935); Ogg and Polanyi, 参考文献 26; Evans and Polanyi, 参考文献 26.

勾配もまた各場合とも同一ではあるが,* ただエネルギー目盛上の位置は個々の反応にともなう熱変化によって変わる。二つのアルカリ金属をそれぞれ M_a および M_b で示し,それらに対する曲線 IIa および IIb を第46図に示す。もしイオンの結合エネルギーがあまり違わなければ,反応熱の差は図のように ΔQ になる。それに対応する活性化エネルギーの変化は ΔE であ

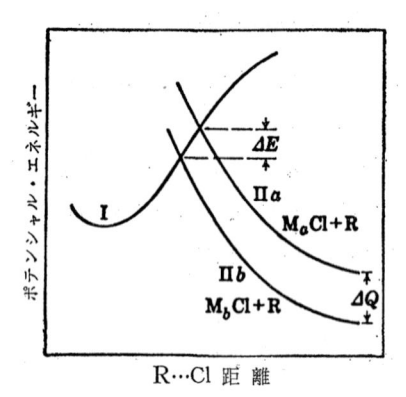

第46図 二種のアルカリ金属と R·Cl の間の反応に対するポテンシャル・エネルギー曲線 (Evans および Polanyi)

る。明らかに二つの量の間には一つの関係があり,それは $\Delta E = x \Delta Q$ であるとすることができる。ここに x は零から1までの値をとる。ゆえに,与えられたハロゲン化物,例えば R·Cl と Li, Na, K などとの一連の反応では,当然活性化エネルギーは反応熱と同じ順序になるものと期待される。この一般則はまたアルカリ金属とハロゲンが同じで,ラジカル R が変わるときにも成立する。これらの場合反撥は実質的にはハロゲン原子とラジカル R の炭素との間のものであるから,曲線 II (第45図) はほとんど影響されないが,R−Cl 結合の強さに依存する I の位置が変わる。明らかに反応 M+Cl·R における両側の原子,すなわち M または R のうちの一つが変わるとき

p. 146
は,熱変化と活性化エネルギーとの間に平行関係があるはずである。しかしその中心原子,すなわち Cl が変わるときにはこの平行関係は必ずしも成立

───────
* (M^+Cl^- の) Cl^- とラジカル R の間の反撥は無視できないことに注意すべきである。

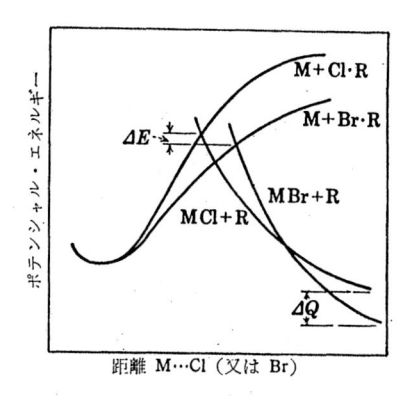

第47図 アルカリ金属と R·Cl または R·Br の間の反応に対するポテンシャル・エネルギー曲線(Evans および Polanyi)

たない．これは第47図からわかる．すなわちこの場合はハロゲンとラジカル R との結合の強さを表わす曲線は形が変わり，さらに反撥曲線の形も位置も変化する．ここに示した特別の場合では，反応熱と活性化エネルギーとはその変化の方向が逆である．前者は Cl から Br に移るとともに増しているが，後者は反対に減少する．このようなことは実際 CH_3Cl と CH_3Br および C_6H_5Cl と C_6H_5Br の蒸気とナトリウム蒸気との間の反応で観察されている．[33]

透 過 係 数

系が活性化状態に達するに充分なエネルギーをもっていても，ポテンシャル・エネルギー面の弯曲のために再び初めの状態にはねかえされる可能性があることをすでに注意した（107頁）．ここでこの問題をさらに詳細に吟味しなければならない．問題がはっきりしているから，断熱反応，すなわち終始同一ポテンシャル面上で行われる過程と，非断熱反応，すなわち一つの面から他の面に移行する可能性のある過程とを別々に考えると便利である．

---

33) M. Polanyi *et al.*, *Z. physik. Chem.*, B, **11**, 97 (1930); *Trans. Faraday Soc.*, **32**, 633 (1936); F. Fairbrother and E. Warhurst. 同誌, **31**, 987 (1935); J. L. Tuck and E. Warhurst, 同誌, **32**, 1501 (1936).

断 熱 反 応

　断熱反応に対して反応物質と生成物質との系は完全な熱平衡にあるとする．そうすると，エネルギー障壁の頂上，すなわち活性化状態では等しい数の系が第一の谷から第二の谷へ，また第二の谷から第一の谷へ向って通過している．平衡のもとで第一の谷すなわち初めの状態から第二の谷すなわち終りの状態へ移動している系のうち，分率 κ だけがもともと初めの状態からやってきて，初めの状態に戻ることなく，そのまゝ終りの状態へ進むであろう．

p. 147
分率 κ は"透過係数"と呼ばれる．これは，第IV章に記述しその後の章でそれを応用する反応速度の統計的理論と関連して重要である．初めの状態，活性化状態および終りの状態が第48図で表わされるとする．A は単位時間に初めの状態から直接に活性化状態にやってくる系の数，B は終りの状態から直接やってくる数，ρ_i および ρ_f はそれぞれ左から右へおよび右から左へ反射する確率とする．そうすると，その結果起る条件は第48図に示すようになる．[34] 横切る確率はその系が前に活性化状態を通過した回数に無関係であると仮定すると，左から右に ($N_{l\to r}$) および右から左に ($N_{r\to l}$) 活性化状態

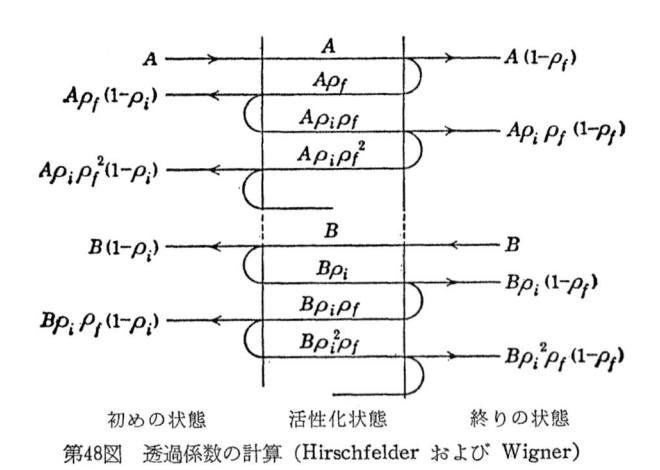

第48図　透過係数の計算 (Hirschfelder および Wigner)

---

34) J. O. Hirschfelder and E. Wigner, *J. Chem. Phys.*, **7**, 616 (1939).

断熱反応

を横切る数は容易に

$$N_{l \to r} = A(1+\rho_i\rho_f+\rho_i^2\rho_f^2+\cdots)+B\rho_i(1+\rho_i\rho_f+\rho_i^2\rho_f^2+\cdots) \tag{60}$$

$$= (A+B\rho_i)(1-\rho_i\rho_f)^{-1} \tag{61}$$

$$N_{r \to l} = A\rho_f(1+\rho_i\rho_f+\rho_i^2\rho_f^2+\cdots)+B(1+\rho_i\rho_f+\rho_i^2\rho_f^2+\cdots) \tag{62}$$

$$= (A\rho_f+B)(1-\rho_i\rho_f)^{-1} \tag{63}$$

で与えられることがわかる．熱平衡では一方向へ横切る数は反対方向へ進む数に等しい．すなわち

$$N_{l \to r} = N_{r \to l}$$

p. 148

である．従って (61) 式と (63) 式から

$$B = A(1-\rho_f)(1-\rho_i)^{-1} \tag{64}$$

(64) 式の B を (61) 式に代入すれば

$$N_{l \to r} = A(1-\rho_i)^{-1} \tag{65}$$

となる．初めの状態から出発して再びそれに帰ることなく終りの状態に進む系の数は

$$N_{i \to f} = A(1-\rho_f)(1+\rho_i\rho_f+\rho_i^2\rho_f^2+\cdots) \tag{66}$$

$$= A(1-\rho_f)(1-\rho_i\rho_f)^{-1} \tag{67}$$

定義により，透過係数 κ は $N_{i \to f}/N_{l \to r}$ に等しい．従って (65) 式と (67) 式から

$$\kappa = \frac{(1-\rho_i)(1-\rho_f)}{(1-\rho_i\rho_f)} \tag{68}$$

となることがわかる．それ故透過係数が 1 に近づくためには，反射確率 ρ_i と ρ_f がともに小さくなければならない．すなわち活性化状態を通った後初めまたは終りの状態へ帰る確率が小さくなければならない．波動力学的取扱いの基礎として (68) 式を用いることによって，数個の自由度をもつ系では，予想されるように κ が並進と振動とのエネルギーの転換によって，すなわち谷の曲率によって，影響をうけることが示されている．しかしもし反応径路に沿う運動に比べて振動運動が急速であるならば，透過係数は大抵 1 の程

度となるであろう．

非断熱反応

　活性化状態の共鳴エネルギーが小さいとき，初めと終りの状態のポテンシャル・エネルギー面が分裂してできた上側と下側の面（142頁参照）は互いに接近している．そうすると活性錯合体が分解座標（第49図径路 b）に沿って進み続けないで，下側の面から上側の面（径路 a）へ移る比較的大きな確率が存在するであろう．その結果，初めの状態から来る系が直接終りの状態へ
p. 149
移行する割合は一つの面から他の面への遷移が不可能な場合よりも小さくな

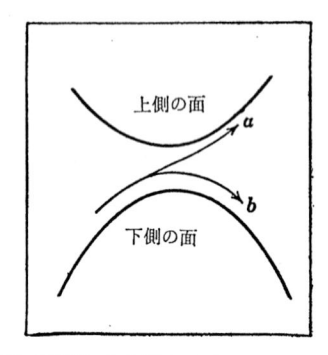

第49図　非断熱反応で下側から上側のポテンシャル・エネルギー面への横断

るであろう．すなわち透過係数が小さいことになるであろう．下側のポテンシャル・エネルギー面から上側へ横切る比較的大きな確率が存在する反応を"非断熱反応"（nonadiabatic）と呼ぶ．これは一般に反応に電子遷移をともなうとき，例えば多重度が変化するときに起る．このとき初めおよび終りの状態の固有函数は認めうるほどには重なり合わず，電子系の相互作用の結果生じる共鳴エネルギー（142頁）は無視できる．非断熱反応は恐らくは常に電子遷移をともなうが，その逆は必ずしも真ではない．例えば亜酸化窒素の分解 (p. 333) の場合のように，通常は無視しうるほど小さい別な形の相互作用の結果として活性化状態には相当の共鳴が起ることもある．

　透過係数は反応系が下側の面に留まる確率に関係があるということは電子

非断熱反応

の遷移を含む反応を考察する第VI章で見るであろう．一つの面から他の面へ横切る確率 (χ) の問題は L. Landau[35] および C. Zener[36] によって考察された．Zener はこの確率に対して次の式を導いた．

$$\chi = e^{-4\pi^2\epsilon^2/hv|s_i-s_f|} \tag{69}$$

ここに 2ϵ は上側と下側の面の間の最小の間隔に相当するエネルギー，従って ϵ は活性化状態の共鳴エネルギーである．v は系がこの配置を通過する速さ，$|s_i-s_f|$ は二面に引いた二つの共通切線の勾配間の差の絶対値である．この式は $\epsilon \ll \tfrac{1}{2}\mu v^2$ のときだけ成立する．ただし μ は系の換算質量である．

p. 150

下側の面に留まる確率 (ρ) は $1-\chi$ に等しく，従ってこれは

$$\rho = 1 - e^{-4\pi^2\epsilon^2/hv|s_i-s_f|} \tag{70}$$

となる．共鳴エネルギー ϵ が小さければ，指数函数を展開して ϵ^2 を含む項より先の項はすべて無視でき，従って

$$\rho = \frac{4\pi^2\epsilon^2}{hv|s_i-s_f|} \tag{71}$$

となる．

もし初めと終りの状態の固有函数の間に重なり合いが認められない，すなわちハミルトン演算子の中の正規の静電的相互作用項がエネルギーに何等認められる程の寄与をしないならば，(69) 式の中の量 ϵ は磁気的およびこれと類似の相互作用から来るハミルトン演算子の中の摂動項から出て来なければならない (p. 336 参照)．もし ϵ が知られれば，ρ あるいは χ を計算することができるであろう；しかしその結果を系のあらゆる速度について，あるいはもっと厳密には系のあらゆる運動量 p にわたって平均することが望ましい．従って ρ の平均値は

$$\bar{\rho} = \frac{\int_0^\infty \rho e^{-p^2/2\mu kT} dp}{\int_0^\infty e^{-p^2/2\mu kT} dp} \tag{72}$$

---

35) L. Landau, *Phys. Z. Sowjetunion*, **1**, 88 (1932); **2**, 46 (1932).
36) C. Zener, *Proc. Roy. Soc.*, **137**, A, 696 (1932); **140**, A, 660 (1933).

で与えられる.[37]

(72) 式から $\bar{\rho}$ の値は $4\pi^2\epsilon^2\mu^{1/2}/(2kT)^{1/2}|s_i-s_f|$ の項で数値積分することによって計算される。$\bar{\rho}$ の実際の値，従って透過係数の値は共鳴エネルギー ϵ の大きさと $|s_i-s_f|$ 項の両者に依存する。一般には $\bar{\rho}$ は ϵ が増大するとともに増大し，もし ϵ が一分子当り $\frac{1}{2}kT$ を越えると，$\bar{\rho}$ は近似的に1となり，ほとんどすべての系は下側の面に留まることになる.

活性化状態に対する経験則

ポテンシャル・エネルギー面を完全に計算することが活性化状態の性質を知る唯一つの満足な方法であるが，純粋に経験的な方法によっても活性化エネルギーおよび活性錯合体の大きさが近似的に評価できる．例えば活性化さ
p. 151
れた分子では結合の長さがその正規の値の約10%だけ増大していることが見出されている．それゆえ一層精密な情報がないときには，活性錯合体の大きさを求めるのにこれを近似的に一般化して使用してもよい．発熱方向に書いた

$$WX+YZ=XY+WZ$$

の型の反応では，活性化エネルギーは $W-X$ と $Y-Z$ の結合エネルギーの和のほぼ4分の1であることが見出されている．D_{W-X} および D_{Y-Z} をそれぞれ二原子分子 WX と YZ の解離熱とすれば，

$$E=\tfrac{1}{4}(D_{W-X}+D_{Y-Z}) \tag{73}$$

である．この規則のいくつかの応用例を第V表に掲げる．その活性化エネルギーの計算値と実験値の間の一致はかなりよいことがわかる．

三中心反応，すなわち

$$X+YZ=XY+Z$$

の活性化エネルギーは一般に，その発熱方向に対して，特に X が水素原子

---

37) A. E. Stearn and H. Eyring, *J. Chem. Phys.*, **3**, 778 (1935); また M. G. Evans and E. Warhurst, *Trans. Faraday Soc.*, **35**, 593 (1939) を見よ.

第V表 活性化エネルギーの経験的な導出

反応	活性化エネルギー, kcal	
	計算値	実験値
$H_2+I_2=2HI$	40	40
$H_2+Br_2=2HBr$	43	>43
$H_2+H_2=H_2+H_2$	52	>57
$I_2+Cl_2=2ICl$	26	>15
$H_2+ICl=HI+HCl$	42	>34

のときに小さい．その値は 0 から 10 kcal の間である．しかも Y−Z 結合のエネルギーは 50 から 100 kcal 程度であるから，活性化エネルギーは発熱方向に切断した結合の強さのほぼ5%であることが明らかである．離れている原子 X と Z の相互作用を無視すると，活性化エネルギーは Y−Z 結合のエネルギーの一定分率を占め，この分率はクーロンと共鳴エネルギーの割合に依存するという結論が London の式から導かれる．もしクーロン・エネルギーが全エネルギーの14%とすれば，活性化エネルギーは $0.055D'$ となる．ただし D' は二原子分子 YZ の解離エネルギーと零点エネルギーとの和である．[38] 吸熱反応の活性化エネルギーは逆反応，すなわち発熱過程の活性化エネルギーに反応熱を加えて得られる．原子状水素を含む反応では解離エネルギーの5.5%として得た値が実験結果と一致するが，後者はどんな場合でも小さいから，0から10%の間の任意の分率でも全体としてほとんど同じように満足なものになる．ナトリウムやその他の原子を含む反応では活性化エネルギーがこの経験則で与えたものより著しく大きくなる．

ここで，活性化エネルギーは一般に反応する分子内の結合を切断するに要するエネルギーより著しく小さいことに注意することが大切である．この理由は，新しい結合が活性化状態で形成され，しかもその活性化エネルギーはこれらの結合の形成で得られるエネルギーと反応物質内の結合を切断するに要する量との差であるからである．

---

38) J. O. Hirschfelder and F. Daniels, 未発表．

第Ⅳ章　反応速度の統計論的取扱い

エネルギーの分布

統計力学の前提[1]

p. 153

　統計力学の基礎は系の任意の特定な状態が現われる確率をきめることにある．1個の気体分子の振舞いを正確に予言することは不可能と思われるが，統計的方法によってこのような分子の多数個より成る集団の平均的な振舞いをきめることはできる．こうして得た結果は物理学や化学の多方面にわたって応用されているが，ここでは反応速度論を展開する目的に必要な，限られた範囲の取扱いを与えておくだけで充分であろう．Maxwell, Boltzmann およびその他の人々が最初に得た基本方程式は色々な方法で導かれるが，ここで使う方法は前の章でも述べたような量子力学上の基本的な考察に基づいているものである．その本質的な前提は次のようなものである：（1）系内のエネルギー量は一定である；すなわちエネルギーは保存される．（2）粒子の数は一定である．（3）量子力学で要請されるような一定のエネルギー準位（すなわち量子状態）が存在する．（4）前の前提と一致して，全系のすべての可能な準位（状態）は等しい先験的確率をもっている；すなわち一つの線型で独立な波動函数に対応する各状態は同じ重価を与えられるべきである．

箱の中の一粒子

　長さ，高さおよび幅がそれぞれ a, b および c の直方体の箱（第50図）の中にある気体分子のような唯一個の粒子を考える．箱の中ではポテンシャル

---

[1] 詳細な取扱いについては，R. H. Fowler, "Statistical Mechanics," Cambridge University Press, 1936; R. C. Tolman, "The Principles of Statistical Mechanics," Oxford University Press, 1938; R. H. Fowler and E. A. Guggenheim, "Statistical Thermodynamics," Cambridge University Press, 1939; J. E. Mayer and M. G. Mayer, "Statistical Mechanics," Wiley, 1940 を見よ．

箱の中の一粒子

p. 154
函数 $V(x, y, z)$ は一定とし，これをエネルギー測定の零点にとってもよい．そうすれば x が 0 と a，y が 0 と b，z が 0 と c との間にあれば $V=0$ となる．箱の壁が運動している粒子に対して完全な反射体とみなせるとすると，ポテンシャルは境界で急に無限大になると考えねばならない．質量 m の粒子が波動方程式に従うとして取扱うことができると仮定すれば，

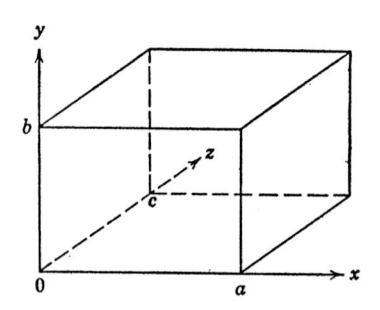

第50図　気体の一分子を入れた直方体の箱

$$-\frac{h^2}{8\pi^2 m}\left(\frac{\partial^2 \psi}{\partial x^2}+\frac{\partial^2 \psi}{\partial y^2}+\frac{\partial^2 \psi}{\partial z^2}\right)=(E-V)\psi \qquad (1)$$

となる（40頁を見よ）．箱の内部では V は零であるから，

$$-\frac{h^2}{8\pi^2 m}\left(\frac{\partial^2 \psi}{\partial x^2}+\frac{\partial^2 \psi}{\partial y^2}+\frac{\partial^2 \psi}{\partial z^2}\right)=E\psi \qquad (2)$$

となる．ここに ψ は座標 x, y および z の函数である．

3つの変数を分離することが望ましいが，それには ψ が

$$\psi = X(x)Y(y)Z(z) \qquad (3)$$

で表わされると仮定すればよい．ただし X は x だけ，Y は y だけ，Z は z だけの函数である．（2）式を ψ で割り，（3）式を入れると

$$-\frac{h^2}{8\pi^2 m}\left(\frac{1}{X}\cdot\frac{\partial^2 X}{\partial x^2}+\frac{1}{Y}\cdot\frac{\partial^2 Y}{\partial y^2}+\frac{1}{Z}\cdot\frac{\partial^2 Z}{\partial z^2}\right)=E \qquad (4)$$

となる．X は x だけの函数であるから X を含む項は y および z が変化しても変わらない．同様に Y の項は x および z に無関係であり，また Z

の項は x および y が変わっても変化しない．しかし，3つの項の和は常に一定で，因子 $(-h^2/8\pi^2 m)$ を掛ければ E に等しくならなければならない．

p. 155
したがって，もし y と z とを一定に保てば，$(1/X)(\partial^2 X/\partial x^2)$ の値は x が変化しても不変である；この項はまた y と z にも無関係であるから，明らかに定数でなければならない．y および z を含む類似の項にも同じことがいえるから，それらはおのおの定数である．従って E を3つの座標に沿うエネルギーに対応して3つの定数部分，すなわち E_x, E_y および E_z に分割することが可能であり，(4)式は同じ形の3つの方程式に分離する；すなわち x についての方程式は

$$-\frac{h^2}{8\pi^2 m}\left(\frac{1}{X}\cdot\frac{\partial^2 X}{\partial x^2}\right)=E_x \tag{5}$$

と書かれ，その一般解は

$$X=C\sin(Ax+B) \tag{6}$$

である．ただし A, B および C は定数である．箱の中の任意の点に粒子を見出す確率はその点における函数 ψ の絶対値の二乗で与えられる（31頁参照）；故に X^2 は x 座標だけの函数であり，粒子が x 軸上のある位置に存在する確率の尺度となる．粒子が壁の中にある確率は当然零であるから，X は x 軸に垂直な2つの壁の x 座標 $x=0$ および $x=a$ で零でなければならない．この条件は，

$$A=\frac{n_x\pi}{a} \quad \text{および} \quad B=0 \tag{7}$$

であるときだけ満足される．ここで n_x は整数でなければならない．ゆえに（5）式を満足する解を表わすためには，(6)式で与えられる函数 X は

$$X=C\sin\frac{n_x\pi}{a}x \tag{8}$$

でなければならない．この X の値を（5）式に入れると

$$E_x=\frac{n_x^2 h^2}{8a^2 m} \tag{9}$$

となる．ここで n_x は x 軸に平行な粒子のエネルギーの可能な値を定める

エネルギー準位と自由度
p. 156

量子数とみなしてよい．座標 y および z によってきまるエネルギー E_y および E_z に対してもそれぞれ類似の式が導かれる．すなわち

$$E_y = \frac{n_y^2 h^2}{8b^2 m} \quad \text{および} \quad E_z = \frac{n_z^2 h^2}{8c^2 m} \tag{10}$$

これらの式は箱の中の粒子の3つの直交座標に沿う並進運動の許されるエネルギー準位を与える．実際の場合には気体においては $h^2/8a^2m$ に対応する3つの量は非常に小さい．すなわち相隣るエネルギー準位の間隔は極めて小さいから，エネルギー分布は連続とみなしてよい．通常の条件の下で並進エネルギーを大した誤りなく古典的な方法で取扱えるのはこの理由によるのである．

エネルギー準位と自由度

エネルギー間隔の大きさは今のところはさておいて，量子数が n_x であるとき，x 方向のエネルギーは $E_x(n)$ であることが (10) 式よりわかる．すなわち 0 と $E_x(n)$ との間にあるエネルギーに対して n 個の量子準位，すなわち状態がある．(10) 式によると，n は $E_x^{1/2}(n)$ に比例するから，一方向，すなわち一自由度に 0 から E までの間にあるエネルギーをもつ準位の数 L_1 は

$$L_1 \propto E^{1/2} \tag{11}$$

で与えられる．もしエネルギー E が2自由度，例えば x および y にあるものであれば，すなわちもし2つの量子数 n_x および n_y が E の指定に必要であれば，

$$E = E_x + E_y = \frac{n_x^2 h^2}{8a^2 m} + \frac{n_y^2 h^2}{8b^2 m} \tag{12}$$

$$= \frac{h^2}{8m}\left(\frac{n_x^2}{a^2} + \frac{n_y^2}{b^2}\right) \tag{13}$$

$$= \frac{h^2}{8m} l^2 \tag{14}$$

ただし

$$l^2 = \frac{n_x^2}{a^2} + \frac{n_y^2}{b^2} \tag{15}$$

である．二つの直交する座標をもつ系を想像し，二つの方向にそれぞれ n_x/a と n_y/b を目盛ることによって，2自由度中に0から E までのエネルギーをもつ量子準位の数を都合よく研究することができる．n_x および n_y のおのおのの正の整数値に対して，2自由度中の一定の量子状態に対応した図上の一点が存在するであろう．もし系のエネルギーが E をこえなければ，(15) 式によって n_x および n_y の値は

$$\frac{n_x^2}{a^2} + \frac{n_y^2}{b^2} \leq l^2 \tag{16}$$

のようなものでなければならない．この要求を満たす第51図中の各点は2自由度における0から E までのエネルギーに対する可能な量子準位を表わしている．このような点の総数は第51図の原点を中心としてもつ半径 l の四分円を描くことによって求めることができる．四分円内のすべての点は (16) 式を満足し，したがって求める量子準位の数 (L_2) はその面積 $\frac{1}{4}(\pi l^2)$ に比例する．したがって

$$L_2 \propto l^2 \tag{17}$$

となり，(14) 式によって2自由度中のエネルギーに対しては

$$L_2 \propto E \tag{18}$$

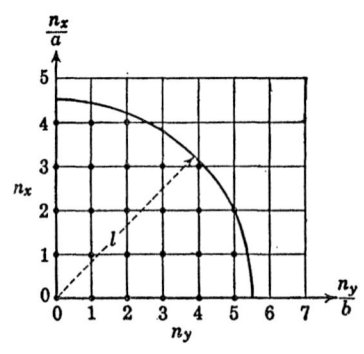

第51図　2自由度における並進量子準位の表示

となる．

もしエネルギーが3自由度中にあれば，

$$E = \frac{h^2}{8m}\left(\frac{n_x^2}{a^2}+\frac{n_y^2}{b^2}+\frac{n_z^2}{c^2}\right) \tag{19}$$

$$= \frac{h^2}{8m}l^2 \tag{20}$$

ただし

$$l^2 = \frac{n_x^2}{a^2}+\frac{n_y^2}{b^2}+\frac{n_z^2}{c^2} \tag{21}$$

である．0 から E の間にあるエネルギーをもつすべての量子状態は

$$\frac{n_x^2}{a^2}+\frac{n_y^2}{b^2}+\frac{n_z^2}{c^2} \leq l^2 \tag{22}$$

p. 158
なる条件を満足しなければならない．容易にわかるようにこれが成り立つような量子状態の数は，三次元的に n_x/a, n_y/b および n_z/c を目盛り，半径 l の8分球内にある n_x, n_y および n_z が整数である点の数を数えることによって得られる．すなわち

$$L_3 \propto l^3 \tag{23}$$

であり，従って (20) 式によって，

$$L_3 \propto E^{3/2} \tag{24}$$

となる．

この議論はどんな数の自由度にも拡張できる．(11)，(18) および (24) 式を比べると，一般に s 個の自由度に 0 から E までのエネルギーをもつ量子状態の数 L_s は

$$L_s \propto E^{\frac{1}{2}s} * \tag{25}$$

で与えられることがわかる．E と $E+dE$ の間のエネルギーの準位の数 dL_s は (25) 式を E について微分することによって得られる．$\frac{1}{2}s$ は定数であるから，

---

* n 次元空間の超球面や超楕円体面で囲まれた体積の詳細な計算については R. C. Tolman, "Statistical Mechanics", p. 128, Chemical Catalog Co., Inc., 1927 を見よ．

$$dL_s = 定数 \times \frac{s}{2} E^{\frac{1}{2}s-1} dE \tag{26}$$

$$= 定数 \times E^{\frac{1}{2}s-1} dE \tag{27}$$

となる.

温度計としての粒子*

次におのおのが3自由度に並進のエネルギーをもつ N 個の粒子の入っている箱を考える必要がある. 各粒子の完全な記述には3つの量子数が要るから, N 個の粒子**には $3N$ 個の量子数が要る. したがって全並進エネルギーが 0 と E との間にある状態の数は $E^{3/2N}$ に比例する. 考えている粒子は相互作用のない N 個の分子であるとし, さらに1分子を箱に追加するとする. もし $N+1$ 個の分子の全エネルギーを W とすると, この余分の分子に丁度正確にエネルギー量 w が一義的に入る確率 $P(w)$ は, 明らかに残りの N 分子が $3N$ の自由度にエネルギー $W-w$ をもつ確率に等しい. これは
p. 159
エネルギーが一定である限り, あらゆる可能な量子状態は等しい確率をもつという前提から帰結されることである. 求める確率 $P(w)$ は N 個の分子が $W-w$ と $W-w+dw$ との間の並進エネルギーをもつ確率と同一であり, したがってエネルギー $W-w$ の附近の量子状態の "濃度" (concentration) またはその "厚さ" (thickness) すなわち dL/dw に等しい. この量は (27) 式の適当な形で与えられる. この場合 E は $W-w$ で, s は $3N$ であることに注意すれば

$$dL = 定数 \times (W-w)^{3/2N-1} dw \tag{28}$$

したがって,

$$P(w) = \frac{dL}{dw} = 定数 \times (W-w)^{3/2N-1} \tag{29}$$

もしエネルギー w が追加した分子だけに一義的に存在するのでなく, この量のエネルギーに対応する g 個の準位, すなわち量子状態が存在するなら

---

* E. U. Condon, *Phys. Rev.*, **54**, 937 (1938).
** さし当り各粒子は同じでないとした方が便利である. 対称の考察の導入を必要とする場合の同種粒子の効果は直ぐ後で論じるであろう.

ば，確率 $P(w)$ は g 倍の大きさになるであろう．すなわち

$$P(w)=定数\times g(W-w)^{3/2N-1} \tag{30}$$

右辺を W で割ると，W は定数であるから，

$$P(w)=定数\times g\left(1-\frac{w}{W}\right)^{3/2N-1} \tag{31}$$

となる．二項定理を用いて $(1-w/W)^{3/2N-1}$ を展開し，$3N$ が大きく，w/W が小さいことを利用すれば，(31) 式は

$$P(w)=定数\times ge^{-3Nw/2W} \tag{32}$$

の形になることがわかる．一個の分子が2つの並進の自由度にもつ平均エネルギーすなわち $2W/3N$ なる一定量を τ で表わせば，

$$P(w)=定数\times ge^{-w/\tau} \tag{33}$$

となることがわかる．上の議論はエネルギー w の種類には無関係に成り立つ；すなわちそれは核，電子，振動，回転あるいは並進のいずれであっても
p. 160
よい．すぐ後で見るように (33) 式の量 τ は系の温度に関係し，したがって N 個の分子は，系の温度を考えている一個の分子と平衡に保つための理想気体温度計として実質的に振舞っている．

故に1分子が i で指定された特定のエネルギー ϵ_i をもつ確率は

$$P(\epsilon_i)=定数\times g_i e^{-\epsilon_i/\tau} \tag{34}$$

と書ける．縮重度 g_i は一般にその状態の "統計的重価" (statistical weight) または "先験的確率" (a priori probability) と呼ばれる．準位に縮重がなければ g_i は1であり，(34) 式は

$$P(\epsilon_i)=定数\times e^{-\epsilon_i/\tau} \tag{35}$$

となる．

ϵ_i が並進エネルギーのときは，g_i すなわち w と $w+dw$ との間のエネルギーをもつ一分子の量子状態の数の代りに，(27) 式で与えられる必要な自由度中の準位数 dL を用いると便利である．3自由度では

$$g=dL_3=定数\times \epsilon^{1/2}d\epsilon \tag{36}$$

となり，したがって分子が 3 自由度中に $(\epsilon)_3$ と $(\epsilon+d\epsilon)_3$ との間の並進エネルギーをもつ確率は

$$P(\epsilon)_3 = 定数 \times e^{-\epsilon/r} \epsilon^{1/2} d\epsilon \tag{37}$$

である．1 自由度では dL_1 は $\epsilon^{-1/2}d\epsilon$ であり，したがって

$$P(\epsilon)_1 = 定数 \times e^{-\epsilon/r} \epsilon^{-1/2} d\epsilon \tag{38}$$

である．

Maxwell-Boltzmann の方程式

先に進む前に，確率の式に現われた定数 r の意味を調べる必要がある．そのために体積 v の四角の箱の中にある N 個の分子を考えよう．箱の壁のうける圧力はあらゆる方向に運動する分子の衝撃によるものである；特にどの方向が優先されるというわけではないから，箱のいずれか一つの面，例えば x 軸に垂直な面上の圧力は他の面の圧力と同じであって全分子の速度の x 成分に基づくとみなしてよい．$\bar{x}$ を x 方向の速度成分の二乗の平均の平方根とすれば，考えている一分子の衝突の際の平均の運動量変化は $2m\bar{x}$ である．
p. 161
距離 $\bar{x}$ 以内にある分子は単位時間内に壁の $1\,\mathrm{cm}^2$ の面積に到達するであろう．体積 v の中に N 分子があるから，単位時間には $N\bar{x}/v$ 個の分子が壁にあたることになる．壁の $1\,\mathrm{cm}^2$ 当りの運動量の変化の割合は $2mN\bar{x}^2/v$ であり，これは定義によって，分子が壁におよぼす圧力に等しい．したがって

$$p = \frac{2mN\bar{x}^2}{v} \tag{39}$$

$\bar{x}^2$ の値は (38) 式を用いて導くことができる；すなわち一自由度例えば x 軸方向の並進エネルギー，すなわち運動エネルギーは $\tfrac{1}{2}m\bar{x}^2$ で表わされることを思い出すと，分子がある特定の方向に $\dot{x}$ と $\dot{x}+d\dot{x}$ との間の速さをもつ確率は

$$P(\dot{x})_1 = 定数 \times e^{-\tfrac{1}{2}m\dot{x}^2/r} d\dot{x} \tag{40}$$

となる．そうすると，平均値 $\bar{\dot{x}^2}$ は

$$\bar{x}^2 = \frac{\int_0^\infty e^{-\frac{1}{2}m\dot{x}^2/\tau}\dot{x}^2 d\dot{x}}{\int_{-\infty}^\infty e^{-\frac{1}{2}m\dot{x}^2/\tau}d\dot{x}} \tag{41}$$

で与えられる．ここで箱の適当な面に向って動いている分子だけを考えればよいから分子の積分は 0 と ∞ との間にとるが，分母で $-\infty$ から ∞ までの積分をとったのは両方向の運動の可能性を考慮したのである．この積分は標準の形をしており，これを計算すると，

$$\bar{x}^2 = \frac{\tau}{2m} \tag{42}$$

となり，(39) 式に入れると

$$p = \frac{N\tau}{v} \tag{43}$$

を得る．上述の圧力の導出は理想気体系に対して成り立つのであるが，理想気体系は通常 1 mole の気体に対して，$p=RT/v$ を満足するものとして定義される．故に τ は RT/N に等しいことが明らかである．ただし N は
p. 162
Avogadro 数，すなわち 1 mole 中の分子の数である．量 R/N は 1 分子当りの気体定数であって，記号 k で示され，"Boltzmann 定数"(Boltzmann constant) と呼ばれる．τ の関係式に k を代入すると

$$\tau = kT$$

を得るから，確率の式 (33) 式は

$$P(\epsilon) = 定数 \times g e^{-\epsilon/kT} \tag{44}$$

となる．これがエネルギー分布に対する Maxwell-Boltzmann の法則，すなわち古典的法則の一般形である．

対称性による制限

確率の式を導くとき，これまで対称性の考察を加えなかったが，これを無視することが容易ならぬ結果になるかどうかを見ておくことが重要である．実際は種々の対称性の制限によって粒子系の統計には 3 種の型ができること

がわかっているが，通常の条件では上に導いた結果からのずれは無視できる．しかしもう少し立入った議論をしておくことは興味がある．

古 典 統 計

まず n 個の区別できる要素* から成る系を考え，それらの座標を記号 q_1, q_2, …, q_n で表わす．また g 個の固有函数 u があって，それぞれ $u_a(q_1)$, $u_b(q_2)$, …, $u_g(q_n)$ が n 個の要素の波動函数の解であると仮定すると，全系の完全な固有函数 ψ はそれら個々の波動函数の積としてよい (58頁参照)．故に規格化因子を無視すれば，これは

$$\psi = u_a(q_1) u_b(q_2) \cdots u_g(q_n) \tag{45}$$

となる．もし対称性による制限がなく，要素 1, 2, …, n が区別できるものとすると，この特別な解は系の一つの固有状態すなわち量子準位に対応する．g 個の基礎にとった函数の間でこれら n 要素の割り当を任意に変えると，また一つの新しい解になり，したがってその n 要素に対するもう一つの可能な固有状態となる．n 個の区別できる要素を一連の群 n_1, n_2, …, n_i, … に分割し，各群の中でエネルギーはほぼ一定値であるとすれば，

$$n = \sum_i n_i \tag{46}$$

であり，n 個の要素をこのような群に分配する仕方の数は

$$\frac{n!}{n_1! \, n_2! \cdots n_i! \cdots} \tag{47}$$

で与えられる．もし i 番目の群には g_i 個の固有函数が附随するものとする，すなわちこの群は g_i 重に縮重しているとすると，この群の中の n_i 個の要素は $g_i^{n_i}$ 通りの異なった仕方で並べることができる．n 個の要素に対する固有状態，すなわち量子準位の総数はこの特別な分布の確率 P の尺度であって，

$$P = 定数 \times n! \left(\frac{g_1^{n_1}}{n_1!} \cdot \frac{g_2^{n_2}}{n_2!} \cdots \frac{g_i^{n_i}}{n_i!} \cdots \right) \tag{48}$$

---

* ここで要素 (element) という語は化学的な意味ではなく，一般的な意味で用いる．

古典統計

$$= 定数 \times n! \prod_i \frac{g_i^{n_i}}{n_i!} \tag{49}$$

で与えられる．ここに Π は類似項の数列の相乗積を示す記号である．(49) 式の対数をとると

$$\ln P = \ln n! + \sum_i (n_i \ln g_i - \ln n_i!) + 定数 \tag{50}$$

となることがわかる．Stirling の公式によると，

$$\ln x! = (x + 1/2)\ln x - x + 1/2 \ln 2\pi \tag{51}$$

または，x が大きいときには

$$\ln x! \approx x \ln x - x \tag{52}$$

である．n および n_i は大きいと仮定し，(46) 式によって $\sum_i n_i$ が n に等しいことを思い出して，(50) 式に代入すると

$$\ln P = n \ln n + \sum_i (n_i \ln g_i - n_i \ln n_i) + 定数 \tag{53}$$

となる．最も確からしい状態は，P したがって $\ln P$ が最大の状態である．
p. 164
この条件に対して $\delta \ln P / \delta n_i$ は零である．故に(53) 式を微分すれば

$$\sum_i \left(\ln \frac{n_i}{g_i} + 1\right) \delta n_i = 0 \tag{54}$$

となる．ただし g_i は定数とした．160頁の前提により要素の総数 n は定数であるから，(46) 式から

$$\sum_i \delta n_i = 0 \tag{55}$$

となる．第 i 番目の群の中の各要素のエネルギーを ϵ_i とすると，全エネルギー E はすべての群の中のエネルギーの総和，すなわち

$$E = \sum_i n_i \epsilon_i \tag{56}$$

であるから，エネルギーが保存されると仮定すれば

$$\delta E = 0 = \sum_i \epsilon_i \delta n_i \tag{57}$$

となる．(54)，(55) および (57) 式を解くには，次のように Lagrange の未定係数法を使う．すなわち (55) および (57) 式にそれぞれ未定定数 α と

β とを乗じ，(54) 式に加えると

$$\sum_i \left(\ln \frac{n_i}{g_i} + \alpha + \beta \epsilon_i\right) \delta n_i = 0 \tag{58}$$

変分 δn_i は全く任意であり，従って (58) 式の係数はおのおのが零でなければならない．すなわち

$$\ln \frac{n_i}{g_i} + \alpha + \beta \epsilon_i = 0 \tag{59}$$

$$\therefore n_i = \frac{g_i}{e^{\alpha + \beta \epsilon_i}} \tag{60}$$

または α は定数であるから，

$$n_i = 定数 \times g_i e^{-\beta \epsilon_i} \tag{61}$$

となる．この式は (34) および (44) 式と同形である．またもし必要ならば β が $1/kT$ に等しいことを示すこともでき，従って両式は実際同一である．
p. 165
厳密にいって (61) 式は，要素の最も確からしい配列は量子準位 ϵ_i のエネルギーをもっている要素の数 n_i が $g_i e^{-\epsilon_i/kT}$ に比例するような配列であることを述べているが，他方 (44) 式によれば，一つの要素がエネルギー ϵ_i の準位にある確率も同じ式で与えられる．しかしこの両式の意味の間に本質的な差異はない．170頁に指定した条件から Maxwell, Boltzmann らが導いた式と類似の式が得られるからそれらは古典統計の基礎をなすものとみなされる．

Bose-Einstein の統計

　第二の場合として n 個の粒子が互に区別できず，また対称な解だけが許される場合を考える．このように前提すると，S. N. Bose (1924) および A. Einstein (1925) が発展させ，また一般に彼らの名で知られている統計になる．前のように g 個の固有函数が用いられるとすると，全系の波動方程式の解は単に (45) 式で与えられるものだけでなく，その完全な固有函数は g 個の固有函数の間における n 個の要素のあらゆる可能な交換の和である (58 頁参照)．すなわち規格化因子を省略して，

Bose-Einstein の統計

$$\psi = \sum \mathbf{P} u_a(q_1) u_b(q_2) \cdots u_g(q_n) \tag{62}$$

である．対称な解だけが可能であるから，2つの要素の座標を交換しても符号は変わらないはずであり，したがって反対称の解の場合のように，和の中にはなんらかの正負の符号を含ませる必要が無い．さらに対称な固有函数では2つまたはそれ以上の要素的函数が同じであってもよい．故に $u_a(q_i)$ が $u_b(q_i)$ に等しくてもよく，したがって任意の量子状態，すなわち任意の与えられた要素的固有函数に附随する粒子の数には制限がない．全系に対する可能な解の数を見出すには，まず g_i 個の固有函数の間に n_i 個の粒子を，おのおのの特別な函数に附随させる粒子の数に制限を設けずに，分配する仕方の数を決める必要がある．この結果は次のようにして求められる．すなわち g_i-1 個の仕切で箱を g_i 個の空間にわけ，その中に n_i 個の粒子を分配するものとする；n_i 個の粒子と g_i-1 個の仕切との順列の総数は $(n_i+g_i-1)!$ である．n_i 個の粒子は区別できず，また g_i-1 個の仕切の順序はどうでもよいから，この結果を $n_i!$ と $(g_i-1)!$ とで割れば，n_i 個の粒子が g_i 個の空間すなわち g_i 個の固有函数の間に分割される仕方の数が求められる．求める数は

$$\frac{(n_i+g_i-1)!}{n_i!(g_i-1)!} \tag{63}$$

となる．この量は n_i 個の粒子を含む任意の群の中の異なる固有状態の数を与える．しかし総数 n は前のように，$n_1, n_2, \cdots, n_i, \cdots$ 個の粒子*を含む一組の群に分割することができ，n は $\sum_i n_i$ に等しいから，n 個の粒子の量子準位の総数は特別な分布の確率 P に比例し，

$$P = 定数 \times \frac{(n_1+g_1-1)!}{n_1!(g_1-1)!} \cdot \frac{(n_2+g_2-1)!}{n_2!(g_2-1)!} \cdots \frac{(n_i+g_i-1)!}{n_i!(g_i-1)!} \cdots \tag{64}$$

$$= 定数 \times \prod_i \frac{(n_i+g_i-1)!}{n_i!(g_i-1)!} \tag{64a}$$

となる．前のように対数をとり，Stirling の定理を用い，さらに n, n_i および g_i が大きいと仮定すれば，

---

* 今粒子は区別できないとしているので，これらの群に分割する仕方は唯一通りしかない．

$$\ln P = \sum_i [(n_i+g_i)\ln(n_i+g_i) - n_i \ln n_i - g_i \ln g_i] + 定数 \qquad (65)$$

となり，n_i について微分すると，最も確からしい状態に対しては

$$\sum_i [\ln n_i - \ln(n_i+g_i)]\delta n_i = 0 \qquad (66)$$

となる．(55) および (57) 式の関係を導入して，前と同様に Lagrange の未定係数法を用いると，

$$\sum_i \left(\ln \frac{n_i}{n_i+g_i} + \alpha + \beta \epsilon_i\right)\delta n_i = 0 \qquad (67)$$

p. 167
となることがわかり，この係数は零でなければならないから，次式が得られる．

$$n_i = \frac{g_i}{e^{\alpha+\beta\epsilon_i}-1} \qquad (68)$$

この式と古典統計の (60) 式とは分母に -1 を含む点だけが異なる．波動方程式の対称な解をもつ区別しえない粒子，例えば単位粒子すなわち電子，陽子および中性子の偶数個を含む原子核および原子，さらに粒子として扱われる単独の光子には，この修正した形のものを用いなければならない．もし温度があまり低すぎないか，または圧力が余り高すぎなければ，分母中の -1 を他の項に比して無視することが許され，Bose-Einstein の統計に基づく分布は古典的な形になってしまうのである．

Fermi-Dirac の統計

第三の可能性は E. Fermi (1926) および P. A. M. Dirac (1927) の統計と同等なものであって，これは前の場合と同じように，区別し得ない n 個の粒子があるのであるが，その波動方程式は反対称な解だけが許される場合である．したがって58頁の議論から，全系の固有函数は，規格化因子を除けば，

$$\psi = \sum \pm \mathbf{P} u_a(q_1) u_b(q_2) \cdots u_g(q_n) \qquad (69)$$

である．符号は交換の数が偶数か奇数かに従い，正または負をとる．すでに見たように (57頁)，完全な解が反対称であるためには，2つの粒子が同じ要素的波動函数をもつことはできず，したがってどの特別な群においても，

Fermi-Dirac の統計

その g_i 個の要素的固有函数のおのおのには n_i 個の粒子の中の唯 1 個しか対応できない．全系の固有状態，すなわちエネルギー準位の総数を表わす，(69) 式で与えられるような，完全な固有函数の数は，したがって n 個の粒子が g 個の固有函数の間に分布される仕方の数に等しい．ゆえに任意の n_i 個の区別できない粒子と g_i 個の要素的固有函数との特定の群においては，可能な配列の数は

$$\frac{g_i!}{n_i!(g_i-n_i)!} \tag{70}$$

p. 168
となり，従って全体の n 個の粒子に対して仮定された分布の確率 P は，

$$P=定数\times\frac{g_1!}{n_1!(g_1-n_1)!}\cdot\frac{g_2!}{n_2!(g_2-n_2)!}\cdots\frac{g_i!}{n_i!(g_i-n_i)!}\cdots \tag{71}$$

すなわち

$$P=定数\times\prod_i\frac{g_i!}{n_i!(g_i-n_i)!} \tag{72}$$

で与えられる．ただし前と同様に $n=\sum_i n_i$ である．前の場合と同じ取扱いを採用すれば，

$$\ln P=\sum_i[(n_i-g_i)\ln(n_i-g_i)-n_i\ln n_i+g_i\ln g_i]+定数 \tag{73}$$

となることがわかる*．最も確からしい状態の条件は

$$\sum_i[\ln n_i-\ln(g_i-n_i)]\delta n_i=0, \tag{74}$$

であるから，(55) と (57) 式および未定係数法を用いて，

$$n_i=\frac{g_i}{e^{\alpha+\beta\epsilon_i}+1} \tag{75}$$

が得られる．これが Fermi-Dirac の統計の分布式である．(75) 式では，Bose-Einstein の統計に基づく，対応する関係式の中の -1，および古典統計から得られる式の中の 0 の代りに $+1$ という項が現われているのがわかる．Fermi-Dirac の式はあらゆる基本的粒子すなわち電子，陽子および中性子，さらにこれらの粒子の奇数個を含む原子核や原子に用いるべきものである．比較的高い温度や余り高すぎない圧力では (75) 式は古典形になるので，

---

* Stirling の定理を用いるとき，g_i-n_i が 1 に比して大きいと仮定する．

大抵の目的，すなわち通常の条件の下では，Maxwell-Boltzmann の分布法則はあらゆる型の粒子に対して，充分によい近似として用いることができる．

分　配　函　数[2)]

分配函数の定義

　任意の分子または原子が g 重に縮重している任意の量子状態のエネルギー ϵ をもつ確率は $ge^{-\epsilon/kT}$ なる量に比例するから，特別な原子種または分子種の存在する全確率，すなわち与えられた体積中のそれらの種の数は $ge^{-\epsilon/kT}$ 項の和に比例する．この和の中にはあらゆる型のエネルギーの適当した項が入っている．

p. 169

$$f \equiv \sum_i g_i e^{-\epsilon_i/kT} \tag{76}$$

で定義される和が，与えられた体積に関する原子または分子の"分配函数" (partition function) と呼ばれる*．分配函数が非常に重要なのは，それから平衡定数，自由エネルギーおよびエントロピーのようなすべての熱力学量が得られることにある．それで分配函数の応用を論ずる前に，それを導く際に用いる原理を考察しておこう．

分配函数の決定

　任意の分子種の完全な分配函数は核，電子，振動，廻転および並進のエネルギーの項を含んでおり，この最後のものを除けばそれらの値は分光学的の測定結果から求められる．原子や一原子分子では振動および廻転のエネルギーは零であるから，これに対する分配函数は単に1である．しかし二原子分子やもっと複雑な分子では，特に高温では，可能なエネルギー準位の数は極

---

　2) 参考文献1；また W. H. Rodebush, *Chem. Rev.*, 9, 319 (1931); R. H. Fowler and T. E. Sterne, *Rev. Mod. Phys.*, 4, 635 (1932); S. Glasstone, *Ann. Rep. Chem. Soc.*, 32, 66 (1935); L. S. Kassel, *Chem. Rev.*, 18, 277 (1936) をも見よ．

　* この量はもとは *Zustandsumme* と呼ばれ，"状態和"(state sum) または "状態全体の和" (sum over states) と訳されたが，今では "分配函数" という語の方がもっと一般に用いられる．

めて多く，分配函数の計算に必要な求和は非常に面倒である．それ故，温度が余り低過ぎないならば，さらに長い手続きで得られる結果に満足に一致するような結果を与える幾つかの近似法がつくられている．水素および重水素の場合だけは，それぞれ 250°K および 150°K 以下の温度ではこれらの近似には幾らか誤差がある．

もし異なった型のエネルギー分布が相互に独立であると仮定すると，完全な分配函数は電子，核，振動，廻転および並進のエネルギーのそれぞれに対
p. 170
する函数の積に等しいとすることができる．全エネルギー ϵ が相互作用をもたないと仮定される種々のエネルギーの和であるとしよう．そうすればエネルギー準位の型を表わすために，1, 2, 3, $\cdots$, n のような数字を用い，また各型の準位の数を示すために $a, b, c, \cdots, z$ の文字を用いれば，

$$\sum_{a,b,c,\cdots,z} e^{-\epsilon/kT} = \sum e^{-(\epsilon_{1a}+\epsilon_{2b}+\epsilon_{3c}+\cdots+\epsilon_{nz})/kT} \tag{77}$$

$$= \sum_a e^{-\epsilon_{1a}/kT} \sum_b e^{-\epsilon_{2b}/kT} \sum_c e^{-\epsilon_{3c}/kT} \cdots \sum_z e^{-\epsilon_{nz}/kT} \tag{77a}$$

となる．個々の分配函数は $\sum_i e^{-\epsilon_i/kT}$ なる形であるから，明らかに

$$f = f_1 f_2 f_3 \cdots f_n \tag{78}$$

である．ただし f は完全な分配函数である．振動エネルギーが変化すると廻転準位の間隔も変化を生じ，また同様に振動と廻転の準位はともに分子の電子状態によって影響をうけるから，(78) 式は近似に過ぎないことを強調しておかなくてはならない．しかしその偏差は大したものでなく，現在の目的に対しては (78) 式を満足な式とみなしてよい．さて種々の形のエネルギーに対して，それぞれの分配函数の計算を考えよう．

並進エネルギー

並進のエネルギーに対する分配函数は，

$$f_{tr} = \sum g_{tr} e^{-\epsilon_{tr}/kT} \tag{79}$$

であるが，上述のように，準位が非常に密接しているので，エネルギー分布は量子化されているとしないで，連続であるとみなすことができる．この理

由から，g_{tr} をエネルギー範囲 $d\epsilon_{tr}$ にある準位の数 dn でおき換える (167頁参照) と求和は積分でおきかえられる．したがって 0 から無限大までのすべての準位にわたって積分すると，

$$f_{tr} = \int_0^\infty e^{-\epsilon_{tr}/kT} dn \tag{80}$$

になる．自由度が1の1個の粒子が一辺が a，すなわち一定容積の箱の中にあるときにもつ並進エネルギーは (9) 式で与えられる．すなわち

$$\epsilon_{tr} = \frac{n^2 h^2}{8a^2 m} \tag{81}$$

p. 171

したがって，定数部分 $h^2/8a^2 mkT$ を λ と書けば，

$$\frac{\epsilon_{tr}}{kT} = \frac{n^2 h^2}{8a^2 mkT} \equiv n^2\lambda \tag{82}$$

である．この ϵ_{tr}/kT の値を (80) 式に入れると，1自由度の並進分配函数は，

$$f_{tr(1)} = \int_0^\infty e^{-n^2\lambda} dn = \frac{1}{2}\sqrt{\frac{\pi}{\lambda}} \tag{83}$$

$$= \frac{(2\pi mkT)^{1/2}}{h} a \tag{84}$$

となる．他の2つの自由度すなわち辺 b および c に平行な運動についても同様の式が導かれ，したがって，3自由度の並進エネルギーに対する完全な分配函数はこの3つの項の積である．すなわち

$$f_{tr} = \frac{(2\pi mkT)^{3/2}}{h^3} v \tag{85}$$

ここに $v=abc$ は箱，すなわち容器の体積である．この結果が体積 v を占める1個の分子の並進分配函数である．

原子および一原子分子

1個の原子より成る種では，電子および核の分配函数だけを考えればよい．各電子エネルギー準位の統計的重価 g は $2j_s+1$ である．ここに j_s は $l\pm s$ で与えられる正の値だけをとるものであって，方位量子数 l と電子の合成

スピン s との組み合せからできる．j_s のおのおのの値に対して，磁場内では同じようなエネルギーをもった $2j_s+1$ 個の配向をとることができる；例えば j_s が 4 に等しいとすると，$g=9$ であり，m（磁気量子数）の値，4, 3, 2, 1, 0, $-1, -2, -3, -4$ に対応する 9 個の配向がある．完全な電子分配函数を得るには，g の値に適当な項 $e^{-\epsilon/kT}$ を乗じ，さらにスペクトルの実測値が示
p. 172
すあらゆる可能な電子配置について和をとらなければならない．ここで ϵ は基底状態より余分にもっている電子エネルギーである．量 $e^{-\epsilon/kT}$ は温度が $hc\bar{\nu}/4k$ をこえるときだけ相当の値になるという事実を用いると，事情は簡単化される．ここに $\bar{\nu}\,\mathrm{cm}^{-1}$ は与えられた励起準位と基底状態との間の振動数の差である*．常温では，$\bar{\nu}$ が約 $1000\,\mathrm{cm}^{-1}$ 以上の場合，すなわちエネルギー差が 0.125 電子ボルト (e.v.) をこえると，それ以上の高いエネルギー準位の寄与は無視できる．しかし 1000°K では，$\bar{\nu}$ が $3,000\,\mathrm{cm}^{-1}$ をこえる準位，すなわちエネルギー差が 0.375 e.v. より大きい準位だけを無視することが許される．

原子または一原子分子の核スピンの縮重度は $2i+1$ に等しい．ただし i は核のスピン角運動量の単位の数である．すなわちこの量は摂動場におかれた核がとるほとんど等しいエネルギーをもつ可能な配向の総数である．基底状態では，ϵ_{nuc} が零であるから $e^{-\epsilon/kT}$ が 1 となり，したがってエネルギーを含む指数函数因子は 1 に等しい．原子または一原子分子の核スピンによる完全な分配函数への寄与は $2i+1$ となる．

上に述べた規則を説明するいくつかの例を与えておく．原子状水素の基底電子状態は $l=0, s=½$ であるから，j_s は ½，ゆえに $2j_s+1$ は 2 に等しい．したがって，指数函数項は 1 であるから，この準位の分配函数への寄与は 2 である．励起準位の振動数の間隔は非常に大きいため，極めて高温の場合の他はそれらの準位は無視できる．水素の核スピンは ½ 単位であるから，分配函数へのスピンの寄与は 2 である．ゆえに原子状水素の核および電子函

---

* 量子論により，輻射の振動数 $\bar{\nu}\,\mathrm{cm}^{-1}$ のエネルギー当量は $hc\bar{\nu}$ である．ただし c は光の速度である．

数の寄与は 4 という分配函数を与える．重水素原子のスピンは 1 であるから，対応する分配函数は 6 である．

スペクトルの研究から，基底状態にある塩素原子は逆転 ^2P 二重項で，その成分項は $^2P_{3/2}$ および $^2P_{1/2}$ であることが知られている．したがって低い準位と高い準位の j_s 値はそれぞれ ³⁄₂ と ½ とである．両準位に対する $2j_s+1$ はそれぞれ 4 および 2 であり，したがって電子分配函数は $4+2e^{-881hc/kT}$ である．あまり高すぎない温度では励起準位は考える必要がない．塩素原子のスピンは ⁵⁄₂ であるから，電子の寄与に 6 をかけると，電子と核とを合成した分配函数が得られる．

p. 173

二 原 子 分 子

分子の励起状態のエネルギーは一般に基底準位のそれより遙かに高いから，1000°K 以下では基底準位以外のすべての準位の分配函数への寄与は無視できる．たいていの 2 原子分子は $^1\Sigma$ の基底項をもつており，したがって一重項の状態にある．いくつかの 2 原子分子は多重項の基底状態をもつので，それを考慮に入れなければならない．この振舞いをするものに酸化窒素，酸素および OH ラジカルが見つかっている．核スピン因子とともにこれらの例を適当に考慮するには廻転の分配函数の取扱いを合わせて考察するのが最も好都合である．

振動の分配函数

隣接する振動準位のエネルギー間隔は電子準位の場合より小さいので，分配函数を構成する項の和の中には常に多数のこれらの準位を含ませる必要がある．縮重はときどき起るのでるが，もしそれがない場合には，振動準位の統計的重価は 1 であり，したがって分配函数は

$$f_{\text{vlb}}=\sum e^{-\epsilon_{\text{vlb}}/kT} \tag{86}$$

と書ける．ここに ϵ_{vlb} は任意の準位の 振動エネルギーと最低準位のそれとの差である．二原子分子に対して，それを調和振動子と仮定すれば，量子力

学から，その実際の振動エネルギーが

$$\epsilon_v = hc(v + 1/2)\omega \tag{87}$$

となることが導かれている．ここに h と c とは通常の意味をもち，ω は基底状態にある分子の基本振動数を波数 (cm^{-1}) で表わしたものであり，v は振動の量子数であって，零を含めた任意の整数値をとる．最低準位，すなわち v が零のとき，振動の零点エネルギー ϵ_0 は

$$\epsilon_0 = 1/2 \, hc\omega \tag{88}$$

で与えられる．故に $\epsilon_v - \epsilon_0$ で定義される ϵ_{vlb} は

$$\epsilon_{vlb} = \epsilon_v - \epsilon_0 = hcv\omega \tag{89}$$

p. 174
で与えられる．ここに v は零から無限大までの任意の整数である．ゆえに振動の分配函数は

$$f_{vlb} = \sum_{v=0}^{\infty} e^{-hcv\omega/kT} \tag{90}$$

$$= (1 - e^{-hc\omega/kT})^{-1} \tag{91}$$

である．厳密にいうと二原子分子が調和振動子として振舞うときだけこの結果が成り立つ．また分光学的測定から，この条件は実際には満足されないことがわかるが，それにもかかわらず (91) 式の結果は，殊に温度が少し高くなると，帯スペクトルから得られるものとあまり違わない．

多原子分子の振動の分配函数の計算はずっと手続きがこみ入っていて，実際には各様式の振動のエネルギー準位を二原子分子に対すると同じ型の式，すなわち (87) 式で表わすことができると仮定するのが普通である．一般に n 原子より成る分子は $3n-6$ 種の基準振動をもっている．直線状分子ではこれが $3n-5$ に増え，また束縛されていない内部廻転の自由度を一つもつような型の分子では $3n-7$ に減る．全体のうち $n-1$ 個が伸縮，すなわち原子価の振動で，残りが屈曲，すなわち変形振動である．分子が $3n-x$ の振動様式をもつならば，分配函数の振動部分は

$$f_{vlb} = \prod_{i=1}^{3n-x} (1 - e^{-hc\omega_i/kT})^{-1} \tag{92}$$

あるいは

$$f_{\text{vib}} = \prod_{i=1}^{3n-x} (1-e^{-h\nu_i/kT})^{-1} \qquad (92a)$$

と書かれる．この積はあらゆる種類の振動にわたってとる．ω_i cm^{-1} は波数で表わした第 i 番目の振動の基本振動数であり，ν_i は sec^{-1} で表わしたそれに対応する値である．

廻転の分配函数

簡単な分子でもその廻転の分配函数を正確にきめるには多くの複雑さをともなうが，多くの目的に対しては，近似的な取扱いでも充分に正確な結果を
p. 175
与えることが証明される．各廻転準位の統計的重価は廻転量子数と分子を構成する核のスピンとの両者で定まる．二原子分子では量子数 J の各準位に対して，同じエネルギーをもった $2J+1$ 個の可能な配向があるので，$2J+1$ は純粋な廻転の縮重度である．しかしこの数にさらに，分子の種類によるスピン因子を乗じなければならない．等核二原子分子の各原子核のスピンを i とすれば，両スピンを組合せるには $2i+1$ 通りの仕方があって，合成スピンの可能な値の系列 $2i, 2i-1, 2i-2, \cdots, 2, 1, 0$ を与える．これらのうち，第1，第3，第5などは対称スピン固有函数に対応し，第2，第4，第6などは反対称固有函数に対応する．一般に分子の合成スピン (t) は $2i-n$ と書ける．ここに n は零または $2i$ をこえない整数である．対称すなわちオルト状態では，n は偶数または零，反対称すなわちパラ状態では n は奇数である．分子にはそのおのおののスピン値に対して，$2t+1$ 個の可能な配向があるので，各合成分子スピンは $(2t+1)$ 重に縮重している．t は $2i-n$ に等しいから，2つの核スピンの各組合せに対応する縮重度は $2(2i-n)+1$ になる．オルト状態すなわち n が偶数のときの全縮重度は，したがって，

$$g_{\text{nuc}}(\text{オルト}) = \sum_{n=0,2,4,\cdots,2i} [2(2i-n)+1] = (i+1)(2i+1) \qquad (93)$$

パラ状態に対しては，

$$g_{\text{nuc}}(\text{パラ}) = \sum_{n=1,3,5,\cdots,2i-1} [2(2i-n)+1] = i(2i+1) \qquad (94)$$

である．ゆえに核スピンに基づく統計的重価はオルト廻転準位には $(i+1) \times (2i+1)$ を，パラ準位には $i(2i+1)$ を乗じて得られる．

水素原子の核スピンは ½ 単位であるから，核スピン因子はオルト状態では3であり，パラ状態では1である．種々の理論的および実験的研究から，水素分子ではパラ準位は廻転量子数 J が偶数の状態であり，奇数値の J はオルト状態であることがわかっている．したがって，水素分子の完全な廻転分配函数は，

$$f_{\rm rot} = \sum_{J=0,2,4,\cdots}^{\infty} (2J+1)e^{-\epsilon_J/kT} + 3\sum_{J=1,3,5,\cdots}^{\infty} (2J+1)e^{-\epsilon_J/kT} \tag{95}$$

となる．ここに ϵ_J は J 番目の準位の廻転エネルギーである．

重水素核は2個の素粒子，すなわち陽子と中性子とから成っているが，水素核は陽子だけであるから，上に述べたことから，重水素核は Bose-Einstein の統計にしたがうことは明らかである；すなわち全固有函数は対称である．しかし水素原子核は Fermi-Dirac の統計を満足し，したがって全固有函数は反対称である．二つの核の他の本質的な性質は同一であるから，重水素分子の廻転準位間におけるオルトおよびパラ状態の分布は水素の場合と反対になるであろう．すなわち分子状重水素の偶数の廻転準位はオルト状態であり，J の奇数値はパラ状態を与える．重水素核のスピンは1であるから，オルト状態およびパラ状態に対してそれぞれスピン因子は6および3である．したがって分子状重水素の完全な廻転分配函数は

$$f_{\rm rot} = 6\sum_{J=0,2,4,\cdots}^{\infty} (2J+1)e^{-\epsilon_J/kT} + 3\sum_{J=1,3,5,\cdots}^{\infty} (2J+1)e^{-\epsilon_J/kT} \tag{96}$$

である．異核分子にはオルトおよびパラ状態がない．i と i' を二つの核のスピンとすると，すべての廻転準位における二原子分子の核スピン因子は

$$(2i+1)(2i'+1)$$

であり，i' を i でおき換えると，これはオルトおよびパラ状態に対する値の和と同じになる．したがって異核二原子分子の廻転分配函数は

$$f_{\rm rot} = (2i+1)(2i'+1)\sum_{J=0}^{\infty}(2J+1)e^{-\epsilon_J/kT} \tag{97}$$

で，求和は零から無限大までのすべての J の整数値についてとる。

上では振動および廻転のエネルギーは独立であるという前提に立っている。したがって近似的に分子は剛体であると仮定してもよい。この型の二原子分子では，廻転エネルギーは量子力学で導かれる通り，

$$\epsilon_J = \frac{J(J+1)h^2}{8\pi^2 I} \quad (98)$$

で表わされる。ただし I は分子の慣性能率である。ゆえに異核分子に対しては（97）式と（98）式とを組合わせると，

$$f_{\text{rot}} = g_{\text{nuc}} \sum_{J=0}^{\infty} (2J+1) e^{-\rho J(J+1)} \quad (99)$$

となる。ここに ρ は $h^2/8\pi^2 I kT$ を書き換えたものであり，g_{nuc} は核スピンの縮重度，すなわち $(2i+1)(2i'+1)$ である。もし ρ が小さい場合，すなわち比較的高温で，特に大きい慣性能率をもつ分子では（99）式の求和は積分でおき換えられる。ゆえに

$$f_{\text{rot}} = g_{\text{nuc}} \int_0^{\infty} 2\left(J + \tfrac{1}{2}\right) e^{-(J+1/2)^2 \rho} dJ \quad (100)$$

$$= \frac{g_{\text{nuc}}}{\rho} \quad (101)$$

$$\therefore \ f_{\text{rot}} = g_{\text{nuc}} \left(\frac{8\pi^2 I kT}{h^2}\right) \quad (102)$$

二原子分子が等核であれば，廻転分配函数は一般の場合には

$$f_{\text{rot}} = g'_{\text{nuc}} \sum_{J=0,2,\cdots}^{\infty} (2J+1) e^{-\rho J(J+1)} + g''_{\text{nuc}} \sum_{J=1,3,\cdots}^{\infty} (2J+1) e^{-\rho J(J+1)} \quad (103)$$

と書ける。ここに g'_{nuc} および g''_{nuc} はスピン因子すなわち $i(2i+1)$ および $(i+1)(2i+1)$ を表わし，そのどちらをとるかはオルトおよびパラ状態の間への廻転準位の分布によって定まる。ρ が小さければ（103）式中の二つの和はほとんど等しくなる。さらに求和を積分でおき換えると，おのおのが $1/2\rho$ に等しいことが容易に示され，

$$f_{\text{rot}} = \frac{g'_{\text{nuc}} + g''_{\text{nuc}}}{2\rho} \quad (104)$$

となる。ここに $g'_{\text{nuc}} + g''_{\text{nuc}}$ は $(2i+1)^2$ である。この結果は水素および重

p. 178

水素以外のすべての二原子分子に対して，極めて低い温度まで充分正確に成立する．しかし水素および重水素の場合には慣性能率が比較的小さいので，近似が顕著な誤りにならないのは，それぞれ 273°K および 200°K 以上のときだけである．この結論は，(104) 式は水素と重水素が"正規"(normal) のオルト-パラ比，すなわちそれぞれ3対1および1対2を含んでいるときに限り適用できる，という別な形で言い表わしてもよい．低温で"平衡にある"(equilibrium) 水素および重水素ではこの近似は適用できず，廻転分配函数を得るには，スペクトル測定から得た廻転エネルギーを用いて (95) および (96) 式によって詳細に求和を遂行する必要がある．

両原子が O^{16} から成る酸素分子のように，核スピンが零の等核二原子分子では当然パラ状態の核スピン因子 $i(2i+1)$ が零となる．これはこのような分子のスペクトルでは廻転準位が一つおきに欠けているという観測事実と合う．奇数値の J がオルト準位を与え，それが実際に現われているとすれば，廻転分配函数は

$$f_{\text{rot}} = g_{\text{nuc}} \sum_{J=1,3,5,\cdots}^{\infty} (2J+1) e^{-\epsilon_J/kT} \qquad (105)$$

である．ここに i は零であるから，g_{nuc} すなわち $(i+1)(2i+1)$ は1である．(98) 式の ϵ_J の値を代入し，前のように ρ が小さいと仮定し，求和を積分でおき換えると，(105) 式は

$$f_{\text{rot}} = \frac{1}{2\rho} \qquad (106)$$

となる．これは大抵の二原子分子のように，分子が一重基底状態をもっているならば，核スピンに対する考慮を含めて正しい結果を与える．しかし酸素は $^3\Sigma$ の基底項をもつから最低準位は3重状態である．その3つの準位のエネルギー間隔は小さいから，それらが分配函数に与える寄与は同等としてよい．したがって，酸素分子では電子および核の因子を含めた廻転分配函数は，1000°K を越えない温度では，

$$f_{\text{rot}} = \frac{3}{2\rho} \qquad (107)$$

であり，1000°K 以上では第一励起準位を考慮に入れなければならない (179

頁).
p. 179
　基底状態が $^2\Pi$ 項で表わされる酸化窒素では，二重項は $120\,\mathrm{cm}^{-1}$ の振動数の間隔をもち，その寄与は無視できない程に大きい．それ故因子 $e^{hc\bar{\nu}/kT}$ を含ませることによって，これを考慮しなければならない．ただし $\bar{\nu}$ は 120 cm^{-1} である．さらに，Σ 基底項以外をもつ分子は，その各廻転準位が2つの接近した副準位に分れる Λ 型の二重化として知られているものが現われる．故にこの二重化を考慮するために廻転分配函数に因子2をかける必要がある．したがって電子および核の寄与を含めた酸化窒素の完全な廻転分配函数は，

$$f_{\mathrm{rot}} = g_{\mathrm{el}} g_{\mathrm{nuc}} (1+e^{-hc\bar{\nu}/kT}) \sum_{J=1/2, 3/2, 5/2, \cdots}^{\infty} (2J+1)e^{-\epsilon_J/kT} \tag{108}$$

と書ける*．ここで g_{el} は電子の統計的重価であり，この場合には Λ 型二重化に対して2である；また N^{14} および O^{16} の核スピンがそれぞれ1および0であるから，g_{nuc} は3になる．最初の括弧内の数1は基底準位の低い方の多重項に対するエネルギー $\epsilon=0$ の指数函数因子，次の項は上述のように $\bar{\nu}=120\,\mathrm{cm}^{-1}$ の高い方の準位のそれである．求和の項は前と同様に積分によって算出してよい．その結果は (102) 式と同じであることがわかる．

　個々の物質を取扱った結果を要約すると，明らかに任意の二原子分子の分配函数に対する電子，核および廻転の寄与を合せたものは，

$$f_{\mathrm{rot}} = \frac{g_{\mathrm{el}} g_{\mathrm{nuc}}}{\sigma} \cdot \frac{(8\pi^2 I k T)}{h^2} \tag{109}$$

で表わされる．ここで g_{nuc} は i と i' とが同じときでも違うときでも $(2i+1)(2i'+1)$ であり，σ は"対称数"(symmetry number) と呼ばれる．対称数とは特別の分子が廻転したとき区別することのできない配向の数を示す
p. 180
ものである．等核二原子分子，例えば H_2, D_2, O_2 および N_2 では σ は2に等しい；異核分子では1である．二原子が互に同位体であるとき，例えば

＊ 2重項の2つの準位は同じ J 値をもたず，また和は同じでないから，与えられた式は正確ではない．しかし相当の温度になるとその差は無視できる程になる．さらに酸化窒素では J 値は整数でなく半奇数，すなわち $1/2, 3/2, 5/2$ などであることに注意すべきである．

多原子分子

HD, $O^{16}O^{18}$, $N^{14}N^{15}$, $Cl^{35}Cl^{37}$ は，オルトおよびパラ状態をもたないので異核分子とみなさなければならないことに注意すべきである．もちろん電子および核のスピン因子 g_{el} および g_{nuc} はすべての場合に別々に考慮しなければならない．

多原子分子

任意の<u>直線状</u>の剛体多原子分子は唯一つの慣性能率があるだけであるから，その廻転の分配函数には (109) 式が適用できる．非対称物質例えば HCN および N_2O では対称数は 1 であるが，CO_2 および C_2H_2 では 2 である．核の寄与は常に分子中の各原子に対する $2i+1$ の項の積で与えられる．

メタンや四塩化炭素のように，3 つの等しい慣性能率をもっている剛体非直線状多原子分子すなわち剛球廻転体の廻転分配函数は，

$$f_{rot} = \frac{g_{el}g_{nuc}}{\sigma} \cdot \sum_{J=0}^{\infty}(2J+1)^2 e^{-\rho J(J+1)} \tag{110}$$

ここで ρ は前と同じく，

$$\rho \equiv \frac{h^2}{8\pi^2 I k T} \tag{111}$$

で定義され，I は何時もの通り慣性能率である．通常のように求和を積分でおき換えると，

$$f_{rot} = \frac{g_{el}g_{nuc}}{\sigma} \cdot \frac{\pi^{1/2}}{\rho^{3/2}} \tag{112}$$

$$= \frac{g_{el}g_{nuc}}{\sigma} \pi^{1/2} \left(\frac{8\pi^2 I k T}{h^2}\right)^{3/2} \tag{113}$$

となる．σ の値は CR_4 型の分子では 12 である．これらの式は分子内に自由廻転が無い場合に限り適用できることに注意しなければならない．

分子がアンモニアやクロロホルムのように対称的なこまの形であれば，3 個の慣性能率のうち二つが等しい；廻転エネルギーの式は比較的複雑になり，廻転分配函数は近似式としてだけ誘導することができる．すなわち

$$f_{rot} = \frac{g_{el}\,g_{nuc}}{\sigma} \cdot \frac{\pi^{1/2}}{\rho_A \rho_C^{1/2}} \tag{114}$$

である．ここに ρ_A および ρ_C は適当な慣性能率すなわち相等しい二つに対しては A，第三のものに対しては C を用いて (111) 式と同様の式で定義される．(112) と (114) 式とは明らかに同じ形であり，したがって3つの異なる慣性能率 A, B, C をもつ非対称的なこまに対して廻転分配函数は同様な式

$$f_{\text{rot}} = \frac{g_{\text{el}}g_{\text{nuc}}}{\sigma} \cdot \frac{\pi^{1/2}}{(\rho_A\rho_B\rho_C)^{1/2}} \quad * \quad (115)$$

で表わされることが明らかである．ρ_A, ρ_B および ρ_C の値を入れると，(115) 式はよく用いられる形

$$f_{\text{rot}} = \frac{g_{\text{el}}g_{\text{nuc}}}{\sigma} \cdot \frac{8\pi^2(8\pi^3 ABC)^{1/2}(kT)^{3/2}}{h^3} \quad (116)$$

になることがわかる．もし非対称廻転体が水やベンゼンのように平面状であれば，$A+B$ は C に等しいため，いくらか簡単になる．この上述の二つの例では σ はそれぞれ2および12である．

分配函数と平衡定数

もし任意の系が化学的あるいは物理的変化の結果として，状態 A から状態 B へ変わり，またその逆が起り得るものとすると，その系の平衡定数 K_c は

$$K_c = \frac{\text{終りの状態の濃度}}{\text{初めの状態の濃度}} \quad (117)$$

$$= \frac{\text{終りの状態の分子数/系の体積}}{\text{初めの状態の分子数/系の体積}} \quad (118)$$

で与えられる．ある与えられた体積中に含まれる任意の種類の分子の数はその体積内のその特別な分子種の完全な分配函数に比例することがわかっている (176頁) ので，(118) 式は

$$K_c = \frac{f_f/V}{f_i/V} \quad (119)$$

---

* この式は非直線状分子の f_{rot} に対する一般形とみなされる．$A=B=C$ ならばこれは (112) 式になり，$A=B$ ならば (114) 式となる．

と書ける．ここに f_f および f_i はそれぞれ終りおよび初めの状態の分配函数，V は系の体積である．f 項は並進分配函数を含むが，(85) 式によると後者は系の体積に比例するので，

$$K_c = \frac{F_f}{F_i} \tag{120}$$

となる．ここで F 項は単位体積当りの分配函数，換言すれば，F 函数を導く場合に体積の項を省いたものである．上と全く同様の議論によって，可逆反応

$$a\mathrm{A}+b\mathrm{B}+c\mathrm{C}+\cdots \rightleftarrows l\mathrm{L}+m\mathrm{M}+n\mathrm{N}+\cdots$$

に対する平衡定数はそれぞれの分子種の単位体積当りの分配函数を用いて，

$$K_c = \frac{F_\mathrm{L}^l F_\mathrm{M}^m F_\mathrm{N}^n \cdots}{F_\mathrm{A}^a F_\mathrm{B}^b F_\mathrm{C}^c \cdots} \tag{121}$$

と書けることが容易に証明できる．ゆえに，明らかに分配函数がわかれば系の平衡定数がきめられ，したがって反応に対する自由エネルギーの変化やその他の熱力学的諸量が難なく導かれる．

平衡定数は分配函数の比であって，エネルギーはその指数函数項の中に入っているから，

$$K_c = \frac{F_f}{F_i} = \frac{\sum_f g_f e^{-\epsilon_f/kT}}{\sum_i g_i e^{-\epsilon_i/kT}} \tag{122}$$

であり，従って，いろいろのエネルギー準位 ϵ_i および ϵ_f を測る零点としては，どのようなエネルギー準位を選んでもよいことがわかる．例えば，任意の変化に対するエネルギー曲線が第52図のようなものであるとし，そこで特別な型のエネルギーに対する種々の量子準位を水平線で示す．初めの状態の最低の量子準位（零準位）すなわち絶対零度における準位を任意的な零の基準にとることができる．分配函数の計算には，初めの状態のすべてのエネルギー ϵ_i と終りの状態のエネルギー ϵ_f' とをこの準位から測らねばならない．そうする代わりに，ϵ_f' を ϵ_0 と ϵ_f の和としてもよい．ただし ϵ_0 は初めと終りの状態の零準位のエネルギーの間の差，ϵ_f は終りの状態の任意の

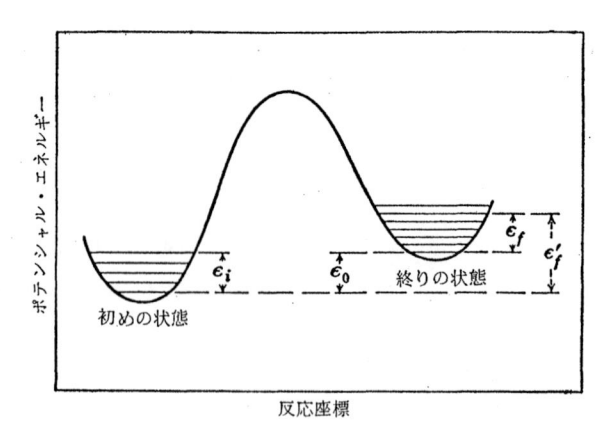

第52図 分配函数計算のためのエネルギー準位

準位を，それ自身の零準位から測ったエネルギーである．すなわち
$$\epsilon'_f = \epsilon_0 + \epsilon_f$$
したがって
$$F_f = \sum_f g_f e^{-\epsilon'_f/kT} = e^{-\epsilon_0/kT} \sum_f g_f e^{-\epsilon_f/kT} \quad (123)$$
となる．特に反応速度の問題に関してしばしば用いられるのは，この関係式の最後の形のものである．第52図はエネルギーの一つの型を表わすために用いるが，一般的な議論はあらゆる形のエネルギーにも適用できることに注意すべきである．しかし零点エネルギーが認められる程度に存在するのは振動のエネルギーだけである．ゆえに量 ϵ_0 は絶対零度における終りと初めの状態の全エネルギーの差とみなしていよい．

完全な分配函数はいろいろな種の核スピン因子を含むべきであることをみた；しかし平衡定数の大抵の計算ではこれらの因子を省いてよいことが次のようにして証明できる．簡単な反応
$$A_2 + B_2 \rightleftarrows 2AB$$
を考えると，この平衡定数は
$$K = \frac{F_{AB}^2}{F_A \times F_B} \quad (124)$$
で与えられる．ここに F_A, F_B および F_{AB} はそれぞれ分子 A_2, B_2 および

p. 184
ABの単位体積当りの分配函数である．Q_A, Q_B, Q_{AB}を核スピン効果を除いた対応する分配函数とすると，この因子を含む完全な分配函数は

$$F_A = \tfrac{1}{2} Q_A (2i_A+1)^2, \quad F_B = \tfrac{1}{2} Q_B (2i_B+1)^2$$

$$F_{AB} = Q_{AB} (2i_A+1)(2i_B+1)$$

である．ただし i_A および i_B は原子 A および B の核スピンである．そうすると (124) 式によって平衡定数は

$$K = \frac{[Q_{AB}(2i_A+1)(2i_B+1)]^2}{[\tfrac{1}{2} Q_A (2i_A+1)^2][\tfrac{1}{2} Q_A (2i_B+1)^2]} = \frac{4Q^2_{AB}}{Q_A Q_B} \tag{125}$$

である．もし核スピン i_A と i_B を含む項を全く無視したとしても，A_2 および B_2 の両者に対しては 2，AB に対しては 1 である対称数を導入しておけば，分配函数はそれぞれ $\tfrac{1}{2} Q_A$, $\tfrac{1}{2} Q_B$, Q_{AB} となっていたであろう．これらを F 函数の代りに (124) 式に用いれば，

$$K = \frac{Q^2_{AB}}{(\tfrac{1}{2} Q_A)(\tfrac{1}{2} Q_B)} = \frac{4Q^2_{AB}}{Q_A Q_B} \tag{126}$$

となり，これは (125) 式と同じである．ゆえに核スピンの項を省略しても対称数を含んだ分配函数を用いれば得られる平衡定数は正しく，しかもこのことはいかなる反応を考えても同じ結論となる．含まれている分子あるいは原子でさえもが，対称的であるかあるいは非対称的であるかは問題でない．この規則の唯一つの例外は反応の途中にオルト-パラ比が変化する場合である．この場合には近似式 (104) およびそれに関連した式を用いることができず，その代りもっと複雑な求和の手続きを採用しなければならない．

絶対反応速度の理論

反応速度の統計的計算[3]

本章の目的とする分配函数の特別な応用は，反応の速さの統計的計算の中

---

3) H. Eyring, *J. Chem. Phys.*, **3**, 107 (1935); *Chem. Rev.*, **17**, 65 (1935); *Trans. Faraday Soc.*, **34**, 41 (1938); 反応速度の研究における統計的方法の最初の応用については10頁の参考文献を見よ．

に含まれている．活性化エネルギーを必要とする原子または分子の関与する任意の過程，すなわちその速度が $e^{-a/T}$ の型の因子に依存する過程では，関与する原子や分子は，まず互いに集まって活性錯合体，すなわち一般には"活性化状態"(activated state) を形成しなければならない．第Ⅲ章で見たように，この錯合体は初めと終りとの状態の中間にあるエネルギー障壁の頂上に位置するとみなされ，反応速度はその活性錯合体が障壁の頂上を通過する速さで与えられる．活性化状態に対応する配置は，分解座標における基準振動数が虚数値であること以外は普通の分子の性質をすべてもっている；すなわち活性錯合体はそれが破片に分解してしまう唯一の方向を除くすべての方向の原子変位に対して安定であることが示されている．もし活性化状態付近のエネルギー障壁が比較的平らであれば，分解座標の自由度は統計論的に一次元の並進であると考えることができる．こうして，活性錯合体の $3n$ 個の自由度はそのままに保たれる．ただし n はそれが含む原子数である*．

反応速度を統計論的に取扱うため，初めの反応物質は活性錯合体と常に平衡にあり**，後者は一定の速度で分解するとする．活性化状態を適当に定義するのが便利であり，そのため障壁の頂上の長さ δ のポテンシャルの箱の中にそれが存在するものと想像する（第53図）．すぐ後で見られるように，その実際の大きさは最後の式で打消し合うため，どんなものでもよい．

反応が起る正味の速度は障壁の頂上を越える活性錯合体の平均の速さできまる．168頁に示したように，一分子が一自由度内で $\dot{x}$ と $\dot{x}+d\dot{x}$ の間の速さをもつ確率 $P(\dot{x})_1$ は

$$P(\dot{x})_1 = 定数 \times e^{-\frac{1}{2}m\dot{x}^2/kT} d\dot{x} \tag{127}$$

である．ここで (40) 式の γ をそれと等価な量 kT でおき換えてある．活性化状態には速度の平衡分布があると仮定すると，一方向，例えば正の方向

---

* 量子力学で一個の活性錯合体を指定するには，不確定性原理のために障壁の頂上においてある程度の拡がりをもった領域を仮定することが必要である．しかし古典論ではこのような制限はなく，しかも大ていの化学反応では障壁が平担になっているのでこの制限は重要でなくなる．以下で行うような多くの錯合体の統計的平均の考察にも同様のことが言える．
** これはここに展開する理論の基本的前提の一つである．すなわち反応は活性錯合体の平衡濃度を認めうる程には乱さないと仮定するのである．

反応速度の統計的計算

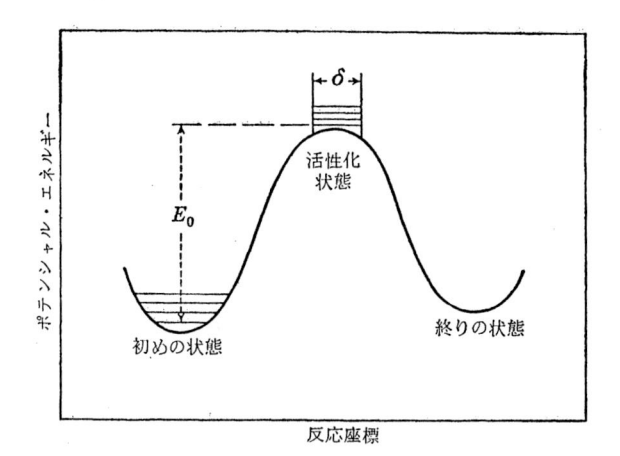

第53図 活性化状態を入れた想像上のポテンシャル箱を示す反応の
ポテンシャル・エネルギー曲線

の錯合体の平均速度は，したがって

$$\bar{x} = \frac{\int_0^\infty e^{-\frac{1}{2}m\dot{x}^2/kT} \dot{x}\,d\dot{x}}{\int_{-\infty}^\infty e^{-\frac{1}{2}m\dot{x}^2/kT} d\dot{x}} \tag{128}$$

ここに分母の積分の限界は錯合体が両方向に動くことを考慮に入れて $-\infty$ から ∞ までとり，分子は求めるものが分解方向への平均の速さであるため 0 から無限大までとる．この標準型の積分を計算すれば，

$$\bar{x} = \left(\frac{kT}{2\pi m}\right)^{1/2} \tag{129}$$

となるから，分解座標に沿う一方向に障壁を越えてゆく活性錯合体の平均速
p. 187
度は $(kT/2\pi m^*)^{1/2}$ である．ただし m^* は同じ方向の錯合体の有効質量である．

活性錯合体の平均寿命，すなわち障壁を通過するに要する平均時間 τ は，障壁の頂上の長さ δ を (129) 式で与えられる平均通過速度 $\bar{x}$ で割ったものに等しい．したがって

$$\tau = \frac{\delta}{\bar{x}} = \delta\left(\frac{2\pi m^*}{kT}\right)^{1/2} \tag{130}$$

である．単位時間に障壁を通過する活性錯合体の分率は $1/\tau$ に等しい．ゆえに分解座標の長さ δ の上にある単位体積当りの活性錯合体の数を $c_\ddagger$ とすれば，量 $c_\ddagger/\tau$ は単位時間に単位体積当り障壁を通過する錯合体の数になる．もし障壁を通過する錯合体すべてが破片に分解するとすれば，すなわち透過係数 (153頁) が1ならば，$c_\ddagger/\tau$ は反応速度に等しい．すなわち

$$反応速度 = \frac{c_\ddagger}{\tau} = c_\ddagger \left(\frac{kT}{2\pi m^*}\right)^{1/2} \frac{1}{\delta} \tag{131}$$

もし種 A, B, … などが互に反応し合って活性錯合体をつくるとし，k が濃度を単位とした比反応速度とすれば，実際の速さ，すなわち単位時間に単位体積当り分解する分子数は $kc_Ac_B\cdots$ となる．ただし $c_A, c_B, \cdots$ は単位体積当りの分子数で示した A, B, … の濃度である．そうすると

$$反応速度 \equiv kc_Ac_B\cdots = c_\ddagger \left(\frac{kT}{2\pi m^*}\right)^{1/2} \frac{1}{\delta} \tag{132}$$

となり，したがって

$$k = \frac{c_\ddagger}{c_Ac_B\cdots} \left(\frac{kT}{2\pi m^*}\right)^{1/2} \frac{1}{\delta} \tag{133}$$

活性錯合体が反応物質と平衡にあるとの前提をおいたので，系の平衡定数は

$$K_c = \frac{a_\ddagger}{a_Aa_B\cdots} \tag{134}$$

p. 188
と書くことができる．ここに a の項は種々の分子種の活動度である．もし関与する物質が理想的に振舞うとみなしてよいならば，活動度は濃度でおき換えられ，従って

$$K_c = \frac{c_\ddagger}{c_Ac_B\cdots} \tag{135}$$

平衡定数を表わす別な方法は189頁に見たように，分配函数を用いるものである．

$$K_c = \frac{F'_\ddagger}{F_AF_B\cdots} \tag{136}$$

ここに F 項は単位体積当りの完全な分配函数である．(123) 式を出したとき行ったように，零準位エネルギーの差を分配函数の外へ出せば，(136) 式は

反応速度の統計的計算

$$K_c = \frac{F_{\ddagger}'}{F_A F_B \cdots} e^{-E_0/RT} \tag{137}$$

となる．ただし E_0 は活性錯合体と反応物質との 1 mole 当り* の零準位エネルギーの差である（第18図を見よ）．この量は 0°K で反応物質が活性化されて反応する前に獲得していなければならないエネルギーの量である．すなわち E_0 は 0°K における反応の活性化エネルギーである（101頁参照）．E_0 は 1 mole 当りのエネルギー差であるから Boltzmann 定数 k を 1 mole 当りの気体定数 R におき換えてある．さて $e^{-E_0/RT}$ 因子を分配函数の外へ出したから，(137) 式の F 項を計算するとき，エネルギーの零点をおのおのの場合についてそれぞれの分子種の零準位エネルギーにとることを忘れてはならない．事実これは分配函数を表現する通常の方法と一致しており，別に複雑な因子を導入することにはならない．(133)，(135) および (137) 式を組み合わせると

$$k = \frac{F_{\ddagger}'}{F_A F_B \cdots} \left(\frac{kT}{2\pi m^*}\right)^{1/2} \frac{1}{\delta} e^{-E_0/RT} \tag{138}$$

となることがわかる．

p. 189

活性錯合体の完全な分配函数 $F_{\ddagger}'$ の代りに，分解座標に沿う一自由度の並進運動に基づく寄与 $f_{\mathrm{tr}(1)}{}^{\ddagger}$ を含まない新しい函数 $F_{\ddagger}$ を用いて，$F_{\ddagger}' = F_{\ddagger} \times f_{\mathrm{tr}(1)}{}^{\ddagger}$ とすると便利である．並進分配函数 $f_{\mathrm{tr}(1)}{}^{\ddagger}$ は (84) 式で

$$f_{\mathrm{tr}(1)}{}^{\ddagger} = \frac{(2\pi m^* kT)^{1/2}}{h} \delta \tag{139}$$

と与えられるから，(138) 式は次の式となる．

$$k = \frac{kT}{h} \cdot \frac{F_{\ddagger}}{F_A F_B \cdots} e^{-E_0/RT} \ ** \tag{140}$$

分解座標に沿う活性錯合体の性質を含む二つの項，すなわち分配函数 $(2\pi m^* kT)^{1/2}/h$ と分解方向の速度 $(kT/2\pi m^*)^{1/2}$ を組合せると，あらゆる型の反

---

* 慣例に従って，ここでもまたできる限り全巻を通じて，1 mole 当りのエネルギーにはイタリックの大文字 E を，1分子当りのエネルギーにはギリシヤ文字 ϵ を用いる．

** (138) 式と (139) 式とを組合わせると δ が消えるから，明らかにその大きさには制限がない．もしこれを $h/(2\pi m^* kT)^{1/2}$ に等しく選んであれば，その大きは 10^{-8} cm の数位であり，$\mathrm{tr}(1){}^{\ddagger}$ は 1 になるであろう．この事情のもとでは $F_{\ddagger}'$ と $F_{\ddagger}$ とが同じになるから，$F_{\ddagger}'$ の中に分解座標に沿う附加的な並進自由度を含める必要はないであろう．

応物質および反応に対して同一の量 kT/h を与えることに注意すべきである．ゆえにこれは各温度に対し，振動数の次元をもつ普遍定数であり，ある与えられた温度で任意の活性錯合体が障壁を通過する頻度を表わし，300°K でその値は約 6×10^{12} である*．

障壁の頂上に達し，分解座標に沿つて運動する活性錯合体がすべて反応するわけではないという可能性を考慮に入れるためには，透過係数 κ を導入する必要がある．そうすると

$$k=\kappa\frac{kT}{h}\cdot\frac{F_\ddagger}{F_A F_B\cdots}e^{-E_0/RT} \tag{141}$$

p. 190
となる．もし活性錯合体が固い振動 (stiff vibration) を行う正規分子であるか，または δ が195頁の脚註に示唆したように，$f_{tr(1)}{}^\ddagger$ を1にするように選んであれば，分配函数は丁度（140）および（141）式に現われている $F_\ddagger$ の値をもつであろう．故に

$$\left(\frac{F_\ddagger}{F_A F_B\cdots}\right)e^{-E_0/RT}$$

はすべての分子が正規分子であるとして取扱ったときの活性化状態と初めの状態との間の平衡定数とみてよいことになる．この平衡定数を記号 $K^\ddagger$ で表わせば，（141）式は次の簡単な形になる．

$$k=\kappa\frac{kT}{h}K^\ddagger \tag{142}$$

（142）式は比反応速度が濃度の項で表わされ，すなわち標準状態が単位濃度であるという仮定に立って導かれたことが思い出されるであろう．この条件のもとでは $K^\ddagger$ は濃度で表わした平衡定数である．もし比速度定数に対して濃度の代りに圧力単位を用いると，すなわち標準状態は単位の圧力であるとすると，$K^\ddagger$ は圧力で表わした平衡定数となることが容易に示される．ゆえに k と $K^\ddagger$ とに同一の単位を使えば，（142）式は一般に通用すること

---

* 他の観点から kT/h 因子を近似的に導く方法は次の通りである．振動数 ν の振動に対する古典的分配函数は $kT/h\nu$ で，これはかなり高い温度で量子論的な値でもある．活性錯合体の反応座標に沿うすべての振動がその分解に導くから，分解の起る速度すなわち障壁を通過する速度は，この振動の振動数 ν に等しいとしてよい．対応する分配函数 ($kT/h\nu$) と障壁を通過する速度 ν との積は上にみたように kT/h を与える．

になる．しかし分配函数を含む式，例えば (141) 式は濃度単位の場合に限り成立することに注意しなければならない．

ある過程では活性錯合体ができると，これに伴ってもはや反応に与らない他の分子あるいはイオンを放出する場合がある；すなわち A および B などが結合して，活性錯合体 $M^{\ddagger}$ を生じると同時に，安定な分子種 N および O をも形成する．このとき活性化状態と初めの状態との間の平衡は

$$A+B+\cdots \rightleftarrows M^{\ddagger}+N+O$$

であり，上述の方法を適用すれば，(141) 式と同様な次の式

$$k=\kappa \frac{kT}{h} \cdot \frac{F_{\ddagger}F_N F_O}{F_A F_B \cdots} e^{-E_0/RT} \tag{143}$$

p. 191
になる．またこれは (142) 式の形に書くことができる．ただし $K^{\ddagger}$ は一方の A，B などと他方の $M^{\ddagger}$，N および O の間の平衡定数を表わす．

(141)，(142) および (143) 式またはそれらと等価な式は，任意の相における任意の反応において，そのおそい過程がエネルギー障壁を乗り越えることにある限りその比反応速度を与えるはずであり，これらの式は"絶対反応速度論"(theory of absolute reaction rate) としてよく知られるようになったものの基礎をなしている．

エネルギー障壁を通り抜ける漏れ[4]

古典的な取扱いによると，反応する分子はそれが生成物質の状態に移る前には，エネルギー障壁を乗り越えなければならないが，量子力学的には，それより小さいエネルギーをもつ分子でもなお初めの状態から終りの状態に達することができるある有限の確率が存在する．エネルギー障壁を通り抜ける"トンネル"(tunneling) または"漏れ"(leakage) として知られるこの効果は，障壁の頂上の曲率に依存する．またこれを考慮に入れるには (141) および (142) 式に余分に因子 $1-\frac{1}{24}(h\nu_l/kT)^2$ を含ませなければならない．量 ν_l は分解座標に沿う虚数の伸縮振動の振動数で，122頁で述べた方法によ

---

4) E. P. Wigner, *Z. physik. Chem.*, B, **19**, 903 (1932); C. Eckart, *Phys. Rev.*, **35**, 1303 (1930); R. P. Bell *Proc. Roy. Soc.*, **139** A, 446 (1933) 参照．

ってポテンシャル・エネルギー面から計算できる．ν_i は虚数であるから，ν_i^2 は負となり，この補正項は1より大きいが，温度が高く，面の曲率が小さいほど，1に近くなる．この漏れ効果は一般には小さくて，通常これを無視しても大した誤りはない．平坦な面すなわち小さい曲率のものでは，ν_i^2 の数値は小さく，その振舞いは古典的考察から予想されるものに近い．

比 速 度 式[5]

単 分 子 反 応

ここで (141) 式を応用して，簡単な反応の比速度に対する幾つかの具体的な式を導いておくのは興味のあることである．最初に n 個の原子を含む非直線状分子が分解する単分子反応を考えよう．もし活性錯合体を $3n-7$ 個の振動自由度をもつ正規分子としてあつかえば，分配函数は3個の並進自由度に対する単位体積当りの正規の分配函数すなわち

$$F_{tr} = \frac{(2\pi m k T)^{3/2}}{h^3} \tag{144}$$

(ただし m は活性錯合体の実際の質量*) と (115) および (116) 式の適当な形から得られる3自由度の廻転の分配函数と $3n-7$ 種の振動の分配函数すなわち

$$F_{vib} = \prod^{3n-7} (1-e^{-h\nu_i/kT})^{-1} \tag{145}$$

との積である．初めの状態の分配函数も3個の同様な項の積で与えられるが，並進のそれは事実上活性化状態におけるものと同じである．廻転の分配函数もまた (115) 式あるいは (116) 式から適当な対称数と慣性能率とを用いて与えられる．振動の分配函数には，任意の非直線状分子の場合と同様に $3n-6$ 個の項がある．電子的因子は初めおよび活性化状態で同じであると仮定して (141) 式に代入すると比速度定数は

---

5) Eyring, 参考文献 3; J. O. Hirschfelder, H. Eyring and B. Topley, *J. Chem. Phys.*, **4**, 170 (1936); A. Wheeler, B. Topley and H. Eyring, 同誌, **4**, 178 (1936).

* これは (139) 式に用いられた分解座標に沿う有効質量 m^* と同じものではない．

二分子反応

$$k = \kappa \frac{\sigma_i}{\sigma_\ddagger} \left(\frac{A_\ddagger B_\ddagger C_\ddagger}{A_i B_i C_i} \right)^{1/2} \frac{\prod^{3n-7}(1-e^{-h\nu_\ddagger/kT})^{-1}}{\prod^{3n-6}(1-e^{-h\nu_i/kT})^{-1}} \cdot \frac{kT}{h} e^{-E_0/RT} \quad (146)$$

となる．ここに添字 i は初めの状態，記号 $\ddagger$ は活性化状態を指す．もし $kT \gg h\nu$ すなわち比較的高温では振動の自由度は古典的に振舞い，$(1-e^{-h\nu/kT})^{-1}$ は $kT/h\nu$ でおき換えられ，(145) は書き換えられて

p. 193

$$k = \kappa \frac{\sigma_i}{\sigma_\ddagger} \left(\frac{A_\ddagger B_\ddagger C_\ddagger}{A_i B_i C_i} \right)^{1/2} \frac{\prod^{3n-6} \nu_i}{\prod^{3n-7} \nu_\ddagger} e^{-E_0/RT} \quad (146a)$$

となる．他方もし振動数が大きく，温度があまり高くなければ，$e^{-h\nu/kT}$ は零とあまり違わない；このときは振動の分配函数は近似的に1に等しい．

二分子反応

原子と二原子分子とを含む簡単な二分子反応

$$A + BC \rightarrow A \cdots B \cdots C \rightarrow AB + C$$

では，s- 電子が関与する限りでは，活性錯合体 $A \cdots B \cdots C$ が直線上にあるとき活性化エネルギーは最小であるから (91頁)，したがってこの配置を仮定しよう．反応物質 A および BC の性質をそれぞれ添字 1 および 2 で示すと，種々の分配函数は次のようになる．

$$F_\ddagger = g_\ddagger \frac{(2\pi m_\ddagger kT)^{3/2}}{h^3} \cdot \frac{8\pi^2 I_\ddagger kT}{\sigma_\ddagger h^2} \prod^{3}(1-e^{-h\nu_\ddagger/kT})^{-1} \quad (147)$$

$$F_i = g_1 \frac{(2\pi m_1 kT)^{3/2}}{h^3} \cdot g_2 \frac{(2\pi m_2 kT)^{3/2}}{h^3} \cdot \frac{8\pi^2 I_2 kT}{\sigma_2 h^2} (1-e^{-h\nu_2/kT})^{-1} \quad (148)$$

錯合体は 3 個，分子 BC はただ 1 個の振動様式をもつことがわかるであろう．もちろん原子 A は分配函数に対して回転の寄与も振動の寄与もしない．(141) 式に $F_\ddagger$ と F_i の値を入れ，適当に約すと，

$$k = \kappa \frac{g_\ddagger}{g_1 g_2} \left(\frac{m_\ddagger}{m_1 m_2} \right)^{3/2} \frac{I_\ddagger \sigma_2}{I_2 \sigma_\ddagger} \cdot \frac{h^2}{(2\pi)^{3/2} (kT)^{1/2}} \cdot \frac{1-e^{-h\nu_2/kT}}{\prod^{3}(1-e^{-h\nu_\ddagger/kT})} e^{-E_0/RT} \quad (149)$$

となる．もし例えば高温で，振動が古典型になるか，あるいはもし ν が大きくて温度があまりに高くなければ，上に示したようにもっと簡単になる．

二分子反応が

$$AB+CD \rightarrow \begin{matrix} A \cdots\cdots B \\ \vdots \quad \vdots \\ C \cdots\cdots D \end{matrix} \rightarrow AC+BD$$

のような型のときは，結果は幾らか複雑になる．活性錯合体は5種の振動を
p. 194
もつ非直線状分子として扱わねばならない．1, 2 および ‡ をそれぞれ AB, CD および錯合体の添字に用いると，分配函数は

$$F_‡ = g_‡ \frac{(2\pi m_‡ kT)^{3/2}}{h^3} \cdot \frac{8\pi^2 (8\pi^3 A_‡ B_‡ C_‡)^{1/2} (kT)^{3/2}}{\sigma_‡ h^3} \prod^5 (1-e^{-h\nu_‡/kT})^{-1} \quad (150)$$

$$F_i = g_1 \frac{(2\pi m_1 kT)^{3/2}}{h^3} \cdot \frac{8\pi^2 I_1 kT}{\sigma_1 h^2} (1-e^{-h\nu_1/kT})^{-1}$$

$$\times g_2 \frac{(2\pi m_2 kT)^{3/2}}{h^3} \cdot \frac{8\pi^2 I_2 kT}{\sigma_2 h^2} (1-e^{-h\nu_2/kT})^{-1} \quad (151)$$

となり，これらを (141) 式に入れると適当な比速度定数が得られる．

古典的および実験的活性化エネルギー

絶対反応速度論の式は活性化エネルギー因子を $e^{-E_0/RT}$ の形で与えるが，第Ⅲ章で述べたポテンシャル・エネルギー面から直接導かれる活性化エネルギーは 1 mole 当りのいわゆる"古典的"(classical)な値 E_c である．したがって因子 $e^{-E_c/RT}$ を使用するには，どのように修正すればよいかを見ることは興味がある．102頁に見たように，$E_0 = E_c - N\Sigma\epsilon_0$ である．ここに $\epsilon_0 =$ ½$h\nu$ はあらゆる様式の振動についての1分子当りの零点エネルギー，N は Avogadro 数である．振動の分配函数と $e^{-E_0/RT}$ との積をこの E_0 と E_c の間の関係を用いて書き改めると

$$\prod (1-e^{-h\nu/kT})^{-1} e^{-E_0/RT} = \prod \frac{e^{-½h\nu/kT}}{(1-e^{-h\nu/kT})} e^{-E_c/RT} \quad (152)$$

$$= \prod 2[\sinh ½(h\nu/kT)]^{-1} e^{-E_c/RT} \quad (153)$$

となる．ゆえに比速度の式を書くときは，各振動分配函数を $2[\sinh ½\times (h\nu$

$/kT)]^{-1}$ で，同時に E_0 を E_c でおき換えればよい．

実験で得られる 1 mole 当りの活性化エネルギー $E_{\exp}$ は式

$$\frac{d \ln k}{dT} = \frac{E_{\exp}}{RT^2} \tag{154}$$

から得られる．また $E_{\exp}$ と E_0 との関係は比反応速度の理論式の対数を
p. 195
微分することによって容易に得られる．実験的活性化エネルギーと E_0 との差は明らかに速度式の分母および分子の中の温度を含む項に依存するから，各型の場合を別々に考察しなければならない．例えば AB と CD との二分子反応では，

$$E_{\exp} = E_0 + N\left[\sum^5 \frac{h\nu_t}{e^{h\nu_t/kT}-1} - \sum^2 \frac{h\nu_i}{e^{h\nu_i/kT}-1} - kT\right] \tag{155}$$

となる．ただし N は Avogadro 数，$E_{\exp}$ と E_0 とは各反応物質の 1 mole 当りの値である*．

反応速度の熱力学[6]

活性化自由エネルギー

正規分子として扱う活性錯合体と反応物質との間の平衡定数 $K^\ddagger$ は，よく知られた熱力学の式

$$-\Delta F^\ddagger = RT \ln K^\ddagger \tag{156}$$

により過程の標準自由エネルギー ($\Delta F^\ddagger$) を用いて表わされる．量 $\Delta F^\ddagger$ は一般には"活性化自由エネルギー"(free energy of activation) と呼ばれるけれども，活性化過程の標準** 自由エネルギーなのである．さし当りのと

---
* 上に与えた比速度の式は反応物質などの分子数の項で速度を与えるものであるから，N を含ませる必要がある．

6) W. F. K. Wynne-Jones and H. Eyring, *J. Chem. Phys.*, **3**, 492 (1935); また M. G. Evans and M. Polanyi, *Trans. Faraday Soc.*, **31**, 875 (1935); **32**, 1333 (1936); **33**, 448 (1937); E. A. Guggenheim, 同誌, **33**, 607 (1937) も見よ．

** 記号 ‡ は，熱力学的な量に例えば $\Delta F^\ddagger$, $\Delta S^\ddagger$, $\Delta H^\ddagger$ などとして用いているが，常にすべての物質についてその標準状態における活性化過程にともなう変化を示す．普通用いる零の添字は省いても，混乱しそうにないから，表現の複雑さを避けるためにこれを用いてない．

ころは実際の標準状態を指定する必要はなく，比反応速度を表わすときに用いる単位に一致するように選ぶものと理解すればよい．(156) 式で与えられる $K^{\ddagger}$ の値を (142) 式に入れると，その結果は

$$k = \frac{kT}{h} e^{-\Delta F^{\ddagger}/RT} \tag{157}$$

p. 196
となる．ただし透過係数は簡単のため省かれている．さらに $\Delta F^{\ddagger}$ を等価な式 $\Delta H^{\ddagger} - T\Delta S^{\ddagger}$ でおき換えると，

$$k = \frac{kT}{h} e^{-\Delta H^{\ddagger}/RT} e^{\Delta S^{\ddagger}/R} \tag{158}$$

となる．ここに $\Delta H^{\ddagger}$ および $\Delta S^{\ddagger}$ はそれぞれ活性化過程にともなう標準熱変化および標準エントロピー変化である（これらはしばしば"活性化熱" (heat of activation) および"活性化エントロピー" (entropy of activation) と呼ばれている）．前者は反応の実験的活性化エネルギーと少ししか違わないことはすぐ後でわかる．

(157) および (158) 式は，化学反応の速度をきめるものは活性化自由エネルギーであって，必ずしも活性化熱ではないという本質的な点を引き出しているので基本的な重要性をもっている．活性化熱あるいは活性化エネルギーが重要な因子であるように見えるのは，多くの気体反応ではエントロピー因子にあまり変化がないためにすぎない．しかし (158) 式から明らかなように，$T\Delta S^{\ddagger}$ の値が大きいと，大きい $\Delta H^{\ddagger}$ でも打消すことがある．このようなことは特に蛋白質類の変性の場合に起る (p. 442 を見よ)．活性化エネルギーが例外的に高くて，例えば 100 kcal またはそれ以上のことがある；しかしそのときの変化が大きなエントロピーの増大をともなうために反応は常温でも相当な速さで起る．また一方蒸気の凝縮では，その活性化熱が小さいかまたは零であるのに，エントロピーの減少が甚だしいため，比較的おそい過程である．前者では活性化熱が高いにかかわらず活性化自由エネルギーは比較的低く，反対に後者では活性化熱が小さいにかかわらずそれが高いのである．一般に活性化自由エネルギーを減少させるどのような外部的因子も反応速度を増すのであって，外から加えた電位の勾配はイオンの放電にこの効

実験的活性化エネルギー

果をもっており (p. 576),またイオンあるいはその他の荷電した分子種による電場も多くの溶液反応に同様の影響をもっている(第Ⅷ章). $\Delta F^{\ddagger}$ を内部的因子に基因する活性化自由エネルギーの増加, $\Delta F_{\text{ext}}^{\ddagger}$ を上に述べたような外部的因子がもたらす増加とすれば,比速度の式は

$$k = \frac{kT}{h} e^{-\Delta F^{\ddagger}/RT} e^{-\Delta F_{\text{ext}}^{\ddagger}/RT} \qquad (159)$$

p. 197
となる.上の議論によると,触媒とは均一反応を正規の値よりも低い活性化自由エネルギーを必要とする径路に沿って起させる物質のことである (p. 438 を見よ).[7]

実験的活性化エネルギー

実際上の目的には $\Delta H^{\ddagger}$ の代りに実験的活性化エネルギー(200頁)を含む形で (158) 式を書く方が望ましい.しかし比反応速度を表わすのに用いる単位によって標準状態がきまるから,その前にこの単位をまずきめておく必要がある.圧力の単位,例えば気圧を用いると,(142)式は対数の形で書くと

$$\ln k_p = \ln\frac{k}{h} + \ln T + \ln K_p^{\ddagger} \qquad (160)$$

となり,これを温度について微分すれば

$$\frac{E_p}{RT^2} \equiv \frac{d\ln k_p}{dT} = \frac{1}{T} + \frac{d\ln K_p^{\ddagger}}{dT} \qquad (161)$$

$$= \frac{1}{T} + \frac{\Delta H^{\ddagger}}{RT^2} \qquad (162)$$

$$\therefore\ E_p = RT + \Delta H^{\ddagger} \qquad (163)$$

となる.ここに E_p は対応する実験的活性化エネルギーである.これらの式で $\Delta H^{\ddagger}$ は標準状態に対する値ではないが,理想的に振舞う系では $\Delta H^{\ddagger}$ は標準状態に依存しないから,その違いは無視される.選んだ標準状態に対して,(158)式は

$$k_p = \frac{kT}{h} e^{-\Delta H^{\ddagger}/RT} e^{\Delta S_p^{\ddagger}/R} \qquad (164)$$

---

[7] A. E. Stearn, H. P. Johnston and C. R. Clark, *J. Chem. Phys.*, 7, 970 (1939) 参照.

となる．添字 p は前に説明したように $\Delta H^{\ddagger}$ にはつけなくてよい．(163)式で与えられる $\Delta H^{\ddagger}$ を (164) 式に入れると，

$$k_p = e\frac{kT}{h}e^{-E_p/RT}e^{\Delta S_p{}^{\ddagger}/R} \tag{165}$$

比反応速度 k を一般の場合のように濃度を用いて表わせば，それに対応する実験的活性化エネルギー $E_{\exp}$ を表わす式は*，

p. 198

$$\frac{E_{\exp}}{RT^2} = \frac{d\ln k}{dT} = \frac{1}{T} + \frac{d\ln K_c{}^{\ddagger}}{dT} \tag{166}$$

$$\therefore\ E_{\exp} = RT + \Delta E^{\ddagger} \tag{167}$$

$$= RT + \Delta H^{\ddagger} - p\Delta v^{\ddagger} \tag{168}$$

となる．ここに $\Delta E^{\ddagger}$ は活性化過程における内部エネルギーの増加で，熱力学的には $\Delta H^{\ddagger}-p\Delta v^{\ddagger}$ に等しい．ただし $\Delta v^{\ddagger}$ は活性化の過程に伴う体積の増加である．この場合標準状態は単位濃度であるから，(158)式の適当な形は

$$k = \frac{kT}{h}e^{-\Delta H^{\ddagger}/RT}e^{\Delta S_c{}^{\ddagger}/R} \tag{169}$$

である．標準状態による $\Delta H^{\ddagger}$ の制限は系が理想的に振舞うという近似に基づいて省いてある．(168) 式から得られる $\Delta H^{\ddagger}$ を入れると

$$k = \frac{kT}{h}e^{-(E_{\exp}-RT+p\Delta v^{\ddagger})/RT}e^{\Delta S_c{}^{\ddagger}/R} \tag{170}$$

となる．気体反応では $p\Delta v^{\ddagger}$ は $\Delta n^{\ddagger}RT$ に等しい．ただし $\Delta n^{\ddagger}$ は活性化状態が反応物質からつくられるときの分子数の増加である．従って (170) 式は

$$k = e^{-(\Delta n^{\ddagger}-1)}\frac{kT}{h}e^{-E_{\exp}/RT}e^{\Delta S_c{}^{\ddagger}/R} \tag{171}$$

と書ける．標準状態として単位の濃度を用いたときの量 $\Delta S_c{}^{\ddagger}$ で気体系のエントロピー変化を表わすのは幾分異例的であるから，その代わりに $\Delta S_p{}^{\ddagger}$ を使用した方がよい．理想気体の系では

$$\Delta S_c = \Delta S_p - \Delta n R \ln RT \tag{172}$$

---

* 一般に濃度単位が用いられるから，添字 c を省く．

であることが熱力学的に示される．故にこの特別な場合には

$$e^{\Delta S_c\ddagger/R} = e^{\Delta S_p\ddagger/R}(RT)^{-\Delta n\ddagger} \tag{173}$$

であり，従って（171）式は

$$k = e^{-(\Delta n\ddagger - 1)}\frac{kT}{h}e^{-E_{\exp}/RT}e^{\Delta S_p\ddagger/R}(RT)^{-\Delta n\ddagger} \tag{174}$$

p. 199
になる．もし速度式が反応物質の x 個の分子を含む場合，すなわち過程が x 次であり，また活性錯合体がそれらすべてを含むときは，$\Delta n\ddagger$ は $-x+1$ に等しく，したがって（174）式は

$$k = e^x \frac{kT}{h} e^{-E_{\exp}/RT} e^{\Delta S_p\ddagger/R}(RT)^{x-1} \tag{175}$$

である．k（濃度単位）は $k_p(RT)^{x-1}$ に等しいことを用いると，(165) 式からも同じ結果が直接得られる．したがって $E_{\exp}$（濃度単位）は $E_p + (x-1) \times RT$ に等しい．

二分子気体反応では x は 2，$\Delta n\ddagger$ は -1 であるから，(171) 式および (175) 式はそれぞれ

$$k = e^2 \frac{kT}{h} e^{-E_{\exp}/RT} e^{\Delta S_c\ddagger/R}$$

および

$$k = e^2 \frac{kT}{h} e^{-E_{\exp}/RT} e^{\Delta S_p\ddagger/R} RT \tag{176}$$

となる．

単分子反応では x は 1，$\Delta n\ddagger$ は零であるから，

$$k = e\frac{kT}{h} e^{-E_{\exp}/RT} e^{\Delta S\ddagger/R} \tag{177}$$

となり，$\Delta S\ddagger$ の値は標準状態に無関係である．予期されるように一次反応の比速度は用いる単位に，またしたがって標準状態に無関係であるから，k および k_p には同じ式が適用される．

溶液反応では，実際上常に濃度の項を使用するから，考察する必要のある標準状態は単位濃度（または単位活動度）のものだけである．(170) 式を用

いなければならないが，$\Delta v^{\ddagger}$ は溶液内では実質上零であるから，理想液体系の中で起るすべての反応に対して，

$$k_\text{soln} = e\frac{kT}{h}\, e^{-E\text{exp}/RT}\, e^{\Delta S_c^{\ddagger}/R} \tag{178}$$

となる．

逐 次 反 応

活 性 化 状 態

　一連の続いて起る反応 (103頁参照) では，全体を通しての速度は活性錯合体
p. 200
が最高のエネルギー障壁，すなわち 103頁 第19図の C を通過する速度できまる．絶対反応速度論の見地からすれば，種々の中間状態の間に平衡が成立すれば，初めの状態と律速の活性化状態すなわち最高の障壁の頂上の状態と間の平衡だけを考察すれば充分であり，すべての中間の段階および中間の活性化状態は無視することができる．ゆえに (141) 式の $F^{\ddagger}$ が一般に "反応の活性化状態" (the activated state for the reaction) と呼ばれる律速の活性錯合体に適用され，E_0 がこの活性化状態と初めの反応物質との零準位間のエネルギー差であれば，(141) および (142) 式は一連の逐次反応にも適用できる．E_0 は第19図の E に零点エネルギーを考慮したものと同じであり，同様に (142) 式の $K^{\ddagger}$ はこの反応の活性化状態と初めの状態の間の平衡定数になる*．

　これらの結論から出てくるものの一つは，一連の反応の律速の活性錯合体の分子式が全反応の動力学から導かれることである．もし A と B の間の反応速度が c_A^x と c_B^y とできまれば，活性錯合体は $A_x B_y$ という分子式をもたねばならないが，この結果は (142) 式から直接出る．明らかに段階的に起る複雑な反応では殊にそうであるが，観察される反応の次数が化学量論方程式

　　* 計算の上からは第19図のどの極大でも活性化状態に選ぶことができる；しかしもし選んだものが最高のものよりも低いならば，$e^{-\Delta F/RT}$ に等しい附加的な透過係数を導入しなければならない．ただし ΔF は最高のものといま選んだ極大との間の自由エネルギー差である．

が示唆するよりもずっと低いことがよく見出される．この事実は律速段階には少数の分子しか関与せず，それに対応する活性錯合体が比較的簡単であることを意味する．この型の反応の一例は過酸化水素と沃化水素酸との反応

$$H_2O_2 + 2H^+ + 2I^- = 2H_2O + I_2$$

があり，その速度は過酸化水素と沃素イオンとの濃度に正比例することが反応動力学から示され，したがって活性錯合体は $H_2O_2I^-$ の形であることが明らかである．反応物質の一つが，例えばアセトンの沃素化の際の沃素のように，過程の動力学に影響しないときは，その物質は律速の活性錯合体の形成に関与しない；したがってそれは測定される反応速度には影響しない一つまたはそれ以上の速い段階だけに関与しているのである．

第Ⅴ章　均一気相反応

序

p. 202
　前の数章で展開した議論によれば，任意の化学反応の比速度定数はある普遍定数，初めおよび活性化状態の慣性能率および基準振動数，さらにその過程の活性化エネルギーを用いて表わされる．すべてこれらの量は理論的には分光学的の実測値や，これもまた分光学的の実測値に基づく反応系のポテンシャル・エネルギー面から直接導かれる．したがって必要な分光学的知識を手に入れることができれば，原理的には化学反応の比反応速度は計算できる．このようにして反応速度を計算するのが本書の前の方の数章の取扱いの目標でもあった．しかしこの結果が実際の反応速度の測定に基づいた何らかの実測値も参照しないで達成されるのは比較的少数の例に限られている．

　反応の比速度は一般式 $k = Ae^{-E/RT}$ の形で表わされる．また第Ⅰ章に見たように，反応速度の問題は二つの部分，すなわち一つは E の計算に他は A 項の計算に帰着する．第Ⅳ章の統計論的取扱いによれば，後者は活性錯合体の慣性能率および振動数を含み，それらは活性化エネルギー E と同様ポテンシャル・エネルギー面から求められる．しかしこうした A と E との間の結びつきは偶然のことに過ぎない．というのは A の計算に必要な量は全く独立な方法で導くことが理論上可能であるからである．従って反応速度の問題には相異なる二つの面があることになる．そしてたとえ比速度定数を絶対的に計算するためにそれらを結びつけることができなくても，しかもな

p. 203
お一方または他方の因子を計算することは興味がある．例えば反応

$$2NO + O_2 = 2NO_2$$

のように，ある種の例では，速度式の A 因子を与える計算の統計的部分は遂行できても，活性化エネルギーの方は反応速度の温度係数を実測して求めなければならない．しかしながら，他の場合には，活性化エネルギーはポテ

ンシャル・エネルギー面から導くことができるが, 透過係数 κ がはっきりしないものがある. このときは κ を 1 として計算した速度と実測した反応速度とを比較することによって κ についていくらかの情報が得られることがある.

水素の原子-分子反応[1]

反 応 速 度 式

反応速度を計算する方法が最も完全に応用されているのは, 水素または重水素の原子と分子とを含むオルトーパラ水素転移型の反応についてである. これにはつぎの10個の反応が可能である. すなわち

(1) $H + o\text{-}H_2 = p\text{-}H_2 + H$ およびその逆反応
(2) $D + p\text{-}D_2 = o\text{-}D_2 + D$ およびその逆反応
(3) $H + DH = HD + H$
(4) $D + HD = DH + D$
(5) $H + HD = H_2 + D$
(6) $D + H_2 = HD + H$
(7) $D + DH = D_2 + H$
(8) $H + D_2 = HD + D$

これらは一般式

$$A + BC = A \cdots B \cdots C \to AB + C$$

により表わされる. 速度定数は199頁 (149) 式を適当に修正した形で与えられ

$$k = \kappa i_n \frac{g_{ABC}}{g_A g_{BC}} \left[\frac{M}{m_A(m_B + m_C)} \right]^{3/2} \frac{I_{ABC}}{I_{BC}} \cdot \frac{\sigma_{BC}}{\sigma_{ABC}} \cdot \frac{h^2}{(2\pi)^{3/2}(kT)^{1/2}}$$
$$\cdot \frac{1 - e^{-h\nu_{BC}/kT}}{\prod\limits^{3}(1 - e^{-h\nu_{ABC}/kT})} e^{-E_0/RT} \qquad (1)$$

---

1) H. Eyring and M. Polanyi, *Z. physik. Chem.*, B, **12**, 279 (1931); J. O. Hirschfelder, H. Eyring and B. Topley, *J. Chem. Phys.*, **4**, 170 (1936); また L. Farkas and E. Wigner, *Trans. Faraday Soc.*, **32**, 708 (1936) を見よ.

p. 204
である．ここに M は原子の質量の和 $m_A+m_B+m_C$ に等しい；障壁の貫通に対する因子 (197頁) は省略してある．(1) 式で m_A, m_B および m_C はそれぞれ原子 A, B および C の質量であり，また電子状態の数 g, 慣性能率 I, 対称数 σ および振動数 ν につけてある下つき添字 BC および ABC はそれぞれ分子 BC および活性錯合体 A—B—C に関するものであることを示す．(1) 式には第IV章 (149) 式に現われなかった因子 i_n があることが見られるであろう．反応でオルトーパラ比が変わらなければ，これは1であろう．しかし考えている反応にはこのような変化を含むものがあるのでそれを適当に考慮する必要がある．o-H_2 と p-H_2 の平衡における濃度比は3対1であるから，反応 $H+H_2(p)=H_2(o)+H$ の速度はその逆反応 $H+H_2(o)=H_2(p)+H$ の3倍の速さでなければならないことになる．これら二つの過程の速度の和はオルトーパラ比に変化がないときの反応速度の値を与えるが，これはすなわち i_n が 1 に等しいときの (1) 式で与えられるものであろう．パラからオルト-H_2 への転移では i_n は $3/4$, オルトからパラ-H_2 への転移では i_n は $1/4$ となる．オルトとパラ-重水素の平衡時の比率は 2 であるからパラからオルト形への転移では $i_n=2/3$, その逆反応では $1/3$ である．一般に i_n は生成物質の核スピン(179頁を見よ) に基づく統計的重価の，反応物質と生成物質との全重価に対する比率に等しい．オルトーパラ変化をともなわない上の6個の反応物質では因子 i_n は1である．

基準振動数 ν_{BC} は二原子分子 BC の振動数で，ν_{ABC} で示されている活性錯合体の3つの振動数には，その二乗が実数である伸縮振動数 ν_s と二重に縮重している曲げの振動数 ν_ϕ がある (124頁)．従って (1) 式の振動の分配函数の部分は次のように書ける．

$$\frac{1-e^{-h\nu_{BC}/kT}}{\prod\limits_{3}(1-e^{-h\nu_{ABC}/kT})}=\frac{1-e^{-h\nu_{BC}/kT}}{(1-e^{-h\nu_s/kT})(1-e^{-h\nu_\phi/kT})^2} \quad (2)$$

(1) 式の活性化エネルギー E_0 を古典的活性化エネルギー E_c で置き換えると，200頁に書いた方法でによって (1) 式は
p. 205
$$k=\kappa i_n \frac{g_{ABC}}{g_A g_{BC}}\left[\frac{M}{m_A(m_B+m_C)}\right]^{3/2}\frac{I_{ABC}}{I_{BC}}\cdot\frac{\sigma_{BC}}{\sigma_{ABC}}\cdot\frac{h^2}{(2\pi)^{3/2}(kT)^{1/2}}$$

$$\cdot \frac{1}{4} \frac{\sinh \frac{1}{2}(h\nu_{BC}/kT)e^{-E_c/RT}}{\sinh \frac{1}{2}(h\nu_s/kT)[\sinh \frac{1}{2}(h\nu_\phi/kT)]^2} \quad (3)$$

の形に書いてもよいことになる．活性錯合体の慣性能率 I_{ABC} と分子 BC の慣性能率 I_{BC} とは

$$I_{ABC} = \frac{1}{M}[m_A(m_B+m_C)r_{AB}^2 + 2m_Am_B r_{AB}r_{BC} + m_C(m_A+m_B)r_{BC}^2] \quad (4)$$

および

$$I_{BC} = \frac{m_B m_C}{m_B+m_C}(r_0)_{BC}^2 \quad (5)$$

である．ただし r_{AB} と r_{BC} は A と B および B と C が活性錯合体内でもつ距離であり，$(r_0)_{BC}$ は分子 BC 内における原子 B と C との平衡距離である．(3)，(4) および (5) 式に用いる質量は原子の実際の質量で，結果の比速度定数の単位は cc molecule^{-1} sec^{-1} である．通常の cc mole^{-1} sec^{-1} 単位に換えるには Avogadro 数をかける必要がある．

活性化エネルギー，その他

m_A, m_B および m_C の値は今の反応系列では m_H または m_D のどれかであって既知であり，それぞれ 1.67×10^{-24} g および 3.34×10^{-24} g である．また $(r_0)_{BC}$ は平衡核間距離すなわち 0.74 Å で H_2, HD および D_2 に対して同一である．二原子分子の基準振動数は分光学的測定から H_2 では 4,415.6 cm^{-1}, HD では 3,825.0, D_2 では 3,124.1 であることがわかっている．活性錯合体が直線状でクーロン・エネルギーが20％であるという仮定に基づいたポテンシャル・エネルギー面から，活性化状態の大きさは $r_{AB} = 1.354$ Å および $r_{BC} = 0.753$ Å となることが見出される．* 従って慣性能率 I_{ABC} は (4) 式によりどの同位体反応についても容易に計算できる．活性錯合体の
p. 206
振動数はポテンシャル・エネルギー面から導くことができる．力の定数 f_{11}, f_{22}, f_{12} および f_ϕ (124頁) はすべての同位体分子に対して同一であるから，

＊ ここで考えている場合のように，活性錯合体の配置が変わらなければ，ポテンシャル・エネルギー面は関与するすべての同位体原子に対して同じものになる．それで平衡のポテンシャル・エネルギーも活性錯合体の大きさもまた関与する同位体に無関係である．

一度これらがわかると，必要な振動数を求めるには，微小振動の理論式 (120頁) にその正確な質量を入れることだけになる．

上に言及したポテンシャル・エネルギー面から求めた E_c は 7.63 kcal であって，これは関与している同位体の種類に無関係である．何故ならばポテンシャル・エネルギー面はいずれの場合においてもほとんど同じであるからである．さて活性化エネルギー E_0 は

$$E_0 = E_c + N(\sum \tfrac{1}{2} h\nu_{\ddagger} - \sum \tfrac{1}{2} h\nu_i)$$

なる関係 (102頁) によって求めることができる．ここに $\nu_{\ddagger}$ は活性化状態の振動数のうち虚数のものを除いたもの，ν_i は初めの状態の振動数である．このようにして得られた結果を 第Ⅵ表 に示す．活性化状態の零点 エネルギー

第Ⅵ表 水素の分子-原子反応の活性化エネルギー

反応	I_{ABC} g cm² × 10^{40}	½$Nh\nu_\phi$ kcal	½$Nh\nu_s$ kcal	零点エネルギー kcal 活性化状態	零点エネルギー kcal 初めの状態	E_0, kcal
(1) H+H₂	3.79	0.95	5.18	7.08	6.21	8.50
(2) D+D₂	7.58	0.67	3.66	5.00	4.39	8.24
(3) H+DH	4.69	0.86	4.57	6.29	5.38	8.54
(4) D+HD	7.50	0.86	4.38	6.10	5.38	8.35
(5) H+HD	4.92	0.88	4.40	6.16	5.38	8.41
(6) D+H₂	5.45	0.93	5.17	7.03	6.21	8.45
(7) D+DH	5.77	0.76	4.56	6.08	5.38	8.33
(8) H+D₂	4.92	0.70	3.67	5.07	4.39	8.31

½$h\nu_{\ddagger}$ を計算するとき，二重に縮重している曲げの振動数 ν_ϕ の寄与を二回含ませねばならないことに注意しなければならない．活性錯合体の慣性能率も表に示してある．これらの結果によると オルト-パラ水素転移の活性化エネルギーは 8.5 kcal でなければならない．これは高温ならびに 低温における反応速度の測定結果[2] から引き出される結果と非常によく一致している．

（3）式によって 比反応速度を計算するためのすべての 数値が入手できる

---

2) K. H. Geib and P. Harteck, *Z. physik. Chem.* (*Bodenstein Festband*), 849 (1931); A. Farkas and L. Farkas, *Proc. Roy. Soc.*, **152**, A, 124 (1935).

前にはもはや係数 κ, g および σ の考察が残っているだけである．原子状水素に対する電子の統計的重価 g_A は 2 (179頁)，分子状水素の g_{BC} は 1 である．ゆえに活性錯合体に対する g_{ABC} は 2 であり，電子的因子 $g_{ABC}/g_A g_{BC}$ は 1 に等しいと仮定してもよい．初めの分子 BC が H_2 か D_2 かであれば，BC の対称数 σ_{BC} は 2 であるが，BC が HD のときは，それは 1 である．第27図から反応

$$H + H_2 = H_2 + H$$

のポテンシャル・エネルギー面は活性錯合体を非対称にすることがわかるであろう．故に対称数 σ_{ABC} は考えているすべての場合に 1 でなければならない．

透 過 係 数

水素の原子-分子反応に対する半経験的方法で計算されるポテンシャル・エネルギー面が正しければ，対称的な反応すなわち

$$H + H_2 = H_2 + H$$
$$D + D_2 = D_2 + D$$
$$H + DH = HD + H$$
$$D + HD = DH + D$$

に対する透過係数 κ は ½ のはずである．この結論は準安定分子 ABC を表わすポテンシャル・エネルギーの峠の頂上にある盆地が完全に対称的であるという事実から引き出される．それぞれ初めと終りの状態を表わす谷へ通じる盆地の二つの間隙は同一の高さにある．第28図に示したように，盆地をさまよう質点が各間隙を通り抜ける確率は等しい．初めの反応物質を表わす谷からやってきた活性錯合体の半分だけが生成物質を表わす谷へ移行するであろうことは明らかである．故に透過係数は上述のように 2 分の 1 になるであろう．非対称な反応では峠の頂上にあるポテンシャル・エネルギー盆地の二つの間隙は同一水準にはないであろう．従って系が一方の谷に入る確率は他方へ入る確率と同じではなく，透過係数は 2 分の 1 とは異なるであろう．

この因子を計算するには, 系がエネルギー盆地にあるとき, 二つの異なる路で分解する確率すなわち二つの間隙を通り抜ける確率は, 系が盆地へ入るときの方向には無関係であると仮定する. この仮定は $\kappa_f + \kappa_r = 1$ と前提することと同等である. ここに κ_f および κ_r はそれぞれ正の反応および逆の反応に関するものである.* G_f および G_r を両反応の透過係数を除外した比反応速度とすると,

$$k_f = \kappa_f G_f \quad \text{および} \quad k_r = \kappa_r G_r \tag{6}$$

である. ただし k_f と k_r とは実際の比速度である. 任意の反応の平衡定数 K は正方向と逆方向の比速度の比に等しいから,

$$K = \frac{k_f}{k_r} = \frac{\kappa_f G_f}{\kappa_r G_r} \tag{7}$$

となる. また $\kappa_f + \kappa_r = 1$ であるから,

$$\kappa_f = \frac{G_r K}{G_f + G_r K} \quad \text{および} \quad \kappa_r = \frac{G_f}{G_f + G_r K} \tag{8}$$

である. 透過係数を求めるには, その特定の反応の平衡定数を知らなければならない. これは容易に (3) 式を用いて導ける. 例えば反応 (5)

$$H + HD = H_2 + D$$

に対して, 平衡定数は初めおよび終りの状態の分配函数により求めることができる (188頁). すなわち

$$K = \frac{F_{H_2} \times F_D}{F_H \times F_{HD}} e^{-\Delta \epsilon_0 / kT} \tag{9}$$

p. 209

である. ただし F 項は零点エネルギーを含んでいない. 分配函数に通常の値を入れ, 振動因子の中に零点エネルギーを組みこませると (190頁参照)

$$K_{H+HD} = \frac{\sigma_{HD}}{\sigma_{H_2}} \cdot \frac{2m_D}{m_H + m_D} \cdot \frac{\sinh \frac{1}{2}(h\nu_{HD}/kT)}{\sinh \frac{1}{2}(h\nu_{H_2}/kT)} \tag{10}$$

となることが見出される. これから任意の必要な温度で K を容易にきめることができる. (3) および (8) 式より反応 (5) および (6) に対する κ

---

* エネルギーの峠の頂上に盆地がなく, したがって正および逆の二方向に対して鞍部に唯一つしか活性錯合体が存在しなければ, κ_r と κ_f とは等しくなければならない. そうすると多分双方とも 1 に近いであろう.

透過係数

すなわち κ_5 および κ_6 を計算することができる．κ_7 および κ_8 の値も同様の方法で求められる．ただし後者は $1-\kappa_7$ に等しい．κ_5 と κ_7 の結果のいくつかを第VII表に示す．

第VII表　水素の分子-原子反応の透過係数

温　度	300°K	600°K	900°K	1000°K
κ_5	0.192	0.332	0.383	0.396
κ_7	0.819	0.673	0.621	0.621

上に導いた種々の値を用いて得た 8 個の交換反応の速度を一連の温度について第VIII表に示す．他の反応と比較するために，反応（1）と（2）の数値は，両方ともオルト形からパラ形への転移およびその逆の和が与えてある．

第VIII表　反　応　速　度　（cc mole^{-1} sec^{-1} 単位）

反　　応		300°K $k\times 10^{-7}$	600°K $k\times 10^{-10}$	1000°K $k\times 10^{-12}$
(1) $H+H_2=H_2+H$	計　算 実　測[3,4]	7.3 9.0	7.3 …	1.5 2.2
(2) $D+D_2=D_2+D$	計　算 実　測[4]	3.0 …	3.5 …	0.76 1.2
(3) $H+DH=HD+H$	計　算 実　測[4]	2.2 …	2.6 …	0.52 0.68
(4) $D+HD=DH+D$	計　算 実　測[4]	2.4 …	2.4 …	0.44 1.0
(5) $H+HD=H_2+D$	計　算 実　測[4]	1.1 …	1.8 …	0.45 0.95
(6) $D+H_2=DH+H$	計　算 実　測[4]	7.1 …	6.2 …	1.2 2.5
(7) $D+DH=D_2+H$	計　算 実　測[4]	3.0 …	2.5 …	0.50 0.79
(8) $H+D_2=HD+D$	計　算 実　測[4]	1.5 …	2.6 …	0.74 1.2

3) Geib and Harteck, 参考文献 2.
4) Farkas and Farkas, 参考文献 2.

討　論

　実験値が利用できる場合は，反応速度の実測値と計算値との一致は極めて満足なものである．それでもこの一致はどこまでが偶然であるかを考察しておくことは大切である．すでに述べたように，ポテンシャル・エネルギー面から導いた活性化エネルギーの計算値は実際の値に極めて近い．しかしこの計算値は全結合エネルギーの 20% がクーロン的性質であるとする仮定に基礎をおいていることを忘れてはならない．その比率を変えると活性化エネルギーがいくらか変ってくることは事実である．しかしその本質的な点は20% という比率は不合理ではないということなのであり，したがって合理的な仮定をおくことによって，実験値のよい近似であるような活性化エネルギーを
p. 210
計算できることがわかる．

　非対称な反応では，二つの鞍部，すなわちエネルギー障壁の頂上にある盆地の間隙は同じエネルギーに相当しないという事実について述べた．上述の計算では，活性化エネルギーに用いた値は最初に出あう鞍部の高さに基づいたものである．系はいかなる場合にもそれが反応する前に両方の点を通過しなければならないから，二つのエネルギーのうちの高い方を用い，その時の透過係数を1にとるべきであるという示唆が与えられている．[5] しかしこれ
p. 211
に関連して生じる違いは非常に小さくて，0.25 kcal より大きくはなく（第VI表を見よ），透過係数の 1 からのずれを考慮することによって打ち消されるものである．

　水素および重水素の関与する原子-分子反応の系列の活性化エネルギーは明らかにあまり違わないので，比速度定数の実際の変化は主として統計的な因子すなわち頻度因子できまる．第VIII表の 8 つの反応の相対速度に対しては，反応速度の衝突説を基礎にして，すなわち M, m_A, m_B よびお m_C が（1）式の中と同じ意味をもつならば衝突因子は $[M/m_A(m_B+m_C)]$ に比例するとし，また H_2 または D_2 を含む反応ではどちら側からの衝突も同じ結果[6]

---

5) E. A. Guggenheim and J. Weiss, *Trans. Faraday Soc.*, **34**, 57 (1938).
6) Guggenheim and Weiss, 参考文献 5.

になるから，因子2を導入することによって，理論と実験との間にほとんど同じ位のよい一致が得られることが指摘された．この取扱いは（3）式中の振動数を含む項を無視し，慣性能率の比 I_{ABC}/I_{BC} が $m_A(m_B+m_C)/M$ に等しいと仮定することと同等である．ここで論じている特定の反応では，関与する物質の性質上大した誤りなしにこの近似をすることができる．しかしこのために第IV章に与えたような絶対反応速度論に基づく方法が無価値になるわけではない．もしあらゆる場合に衝突説が統計論的考察から導いたものと同じ位またはそれ以上のよい結果を与えることが示されるならば，後者の計算方法は不必要とみなされるかも知れないが，しかし，それでも誤ったものではない．衝突説が反応速度の測定の妥当な解釈を与えることに全く失敗するときでもここに述べた反応速度論では，成功することがわかるであろう．ゆえに上に考察した批判は絶対反応速度論を無効にするものであるとみなすことはできない．

水 素 ‐ 分 子 反 応[7]

交 換 反 応

パラ水素またはオルト重水素を約 600°C の温度に加熱すると，オルト形とパラ形との間の平衡が比較的速く成立する．その全体の反応はそれぞれ

$$H_2 + H_2 = H_2 + H_2$$

および

$$D_2 + D_2 = D_2 + D_2$$

である．同様に，もし分子状水素と重水素との混合物を加熱すると，重水素化水素（HD）の平衡濃度がすぐに形成され，上に述べたものと似た反応，すなわち

$$H_2 + D_2 = HD + HD$$

---

[7] H. Eyring, *J. Am. Chem. Soc.*, **53**, 2537 (1931); J. O. Hirschfelder and F. Daniels（私信）.

が容易に起る．見掛けの反応次数がおのおのの場合 1.5 に近いという事実は これらの過程には二分子の水素（または重水素）が関与するものではないことを示している．何となれば，もしそうならば反応は二次になるからである．ゆえに水素（または重水素）の分子と原子間には速かに平衡

$$H_2 \leftrightarrows 2H \quad または \quad D_2 \leftrightarrows 2D$$

が成立して，ついで上で考察した型の反応

$$H + H_2 = H_2 + H$$

が起るものと思われる．この段階の活性化エネルギーは約 7 kcal であることが知られているが，水素分子から 1 g-atom の水素原子の平衡濃度をつくるには，1 mole の水素の解離熱の半分すなわち 約 52 kcal を分子に与える必要があるから，上に考えている三つの反応の有効活性化エネルギーは 52＋ 7 kcal すなわちほぼ 59 kcal（第54図参照）であるということになる．この議論が正しければ，2 個の水素（または重水素）分子間の反応の活性化エネルギーはこの値よりかなり高いはずである．この反応に対して，系を4電子系として取扱い，半経験的方法によって計算が行なわれた．クーロン・エネルギーが 10% であるという仮定に基づくと，活性化エネルギーはほぼ 90 kcal であることが見出され，従って予想と一致している．

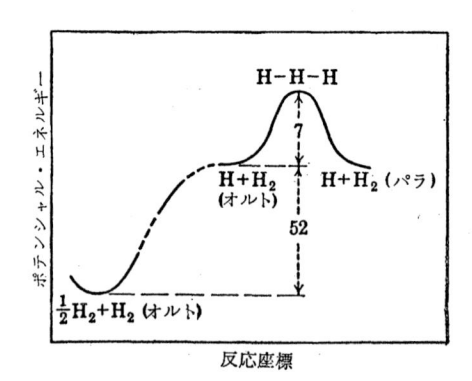

第54図　分子状水素または重水素のオルト-パラ
　　　　転移に対する有効活性化エネルギー

水 素 原 子 の 結 合[8]

第三体のない反応

二原子 A と B との間の反応,すなわち

$$A + B \to A \cdots B \to AB$$

に対して絶対反応速度論は

$$k_2 = \kappa i_n \frac{g_{AB}^\ddagger}{g_A g_B} \cdot \frac{\left[\frac{2\pi(m_A+m_B)kT}{h^3}\right]^{3/2}}{\left[\frac{(2\pi m_A kT)^{3/2}}{h^3}\right]\left[\frac{(2\pi m_B kT)^{3/2}}{h^3}\right]}$$

$$\cdot \frac{\sum_{J=0}^{\infty}(2J+1)e^{-\epsilon_J^\ddagger/kT}}{\sigma_{AB}^\ddagger} \cdot \frac{kT}{h} \quad (11)$$

を与える.ここに g および i_n 項は前と同様に,電子および核スピンの統計的重価であり,$\sigma_{AB}^\ddagger$ は活性錯合体の対称数である.A および B は原子であるから,それらの対称数は1である.二原子分子が一般にもっている1個の振動自由度は,ここでは分解座標に沿う並進でおき換えられるので,並進エネルギーを別にすれば,活性錯合体の分配函数は,廻転エネルギーに対する項を含むだけである.系の初めの状態,すなわち離れた状態の原子のエネルギーを零とすれば,分配函数への廻転の寄与は $\Sigma(2J+1)e^{\epsilon_J^\ddagger/kT}$ である.
p. 214
ただし $\epsilon_J^\ddagger$ は,第37図 (134頁) から見られるように,$\epsilon_J-(D-\epsilon_v)$ である.第III章に説明したように,実際の廻転エネルギー ϵ_J は $\epsilon_J=J(J+1)h^2/8\pi^2 I_\ddagger$ で与えられる.ただし $I_\ddagger$ は活性化状態の慣性能率で μr_J^2 に等しく,また錯合体の原子間距離 r_J は既述の方法 (131頁) で求められる.解離エネルギー D はわかっているはずであり,また ϵ_v は定安な分子 AB のポテンシャル・エネルギー曲線かまたは Morse の式から得られる.離れている原子のエネルギーは仮定により零であるから,それに対応する項 $e^{-E_0/RT}$ は (11)

---

8) H. Eyring, H. Gershinowitz and C. E. Sun, *J. Chem. Phys.*, **3**, 786 (1935).

式の中に現われないことに注意すべきである．

反応 $H + H = H_2$ に対しては，系内では常にオルト-パラ平衡が成立しているから，核スピン因子 i は 1 である．活性化状態は実質上 H_2 であるから，その電子の統計的重価 g_{AB} は分子状水素と同じ，すなわち 1 にとってよいが，原子状水素に対する g_A および g_B はおのおの 2 である．活性化状態は対称分子であるから，対称数 $\sigma_{AB}{}^{\ddagger}$ は 2 となるであろう．

これらの値を (11) 式に入れ，比反応速度 k_2 を cc mole^{-1} sec^{-1} 単位で得るために N をかけると，

$$k_2 = \kappa \times 2.78 \times 10^{14} \tag{12}$$

となることが見出される．不幸にして透過係数 κ を計算する直接の方法はなく，従ってその大きさを推定する必要がある．二個の水素原子が結合して分子を形成するとき，反応中に発生する熱は 1 mole 当り 100 kcal 以上であるが，分子が安定化するためには，これは散逸してしまわなければならない．このエネルギーが振動の自由度にある限り，一振動の間に分子は確実に再び原子に解離する．ゆえに κ はその振動している時間と分子がその過剰のエネルギーの一部を失うまでに経過する時間との比に依存する．適当な大きさの双極子をもつ二原子振動子ではそれがもつ過剰エネルギーを失うまでに経過する時間は約 10^{-2} から 10^{-3} sec である．双極子能率をもたず，四極子能率だけをもつ水素のような物質では振動的に励起している分子の平均寿命は 1 秒程度である．振動数は約 10^{14} sec^{-1} であるから，明らかに励起水素分子は平均してその過剰エネルギーを 10^{14} 回の振動に一回放出する．ゆえに二個の水素原子からできるこの分子が解離しない確率は 10^{-14} であり，従って透過係教 κ もまたこの程度の大きさであろう．もし (12) 式の κ を 10^{-14} にとれば，水素原子の結合の比速度は 3 cc mole^{-1} sec^{-1} であろう．この量は実験的には測定されていないが，硝子表面[9]上ではその比速度は約 10^8 cc mole^{-1} sec^{-1} であることが知られている．均一反応と不均一反応との間のこの程度の差異は不合理ではない．

---

9) I. Amdur, *J. Am. Chem. Soc.*, **62**, 2347 (1938).

分子状水素の解離

第三体の介在しない二原子間の反応が一時期待されていたよりも遙かに少いのは励起された振動子の寿命が比較的長いためである．励起分子が他の原子または分子と衝突してその過剰のエネルギーを奪われると，安定化される．原子の再結合が三体衝突によってほとんど常に起るのはこの理由による．この問題のいくつかの様相については第Ⅲ章ですでに論じたが，三個の水素原子間の反応については以下でさらに言及するであろう．一見すると，二個の遊離ラジカルの結合は二原子間の反応と同様であると思われる．しかしその違いは，前者では，遊離ラジカルが比較的複雑な場合*には，できた分子は多くの振動自由度をもっており，それらの間のエネルギーの再分配は比較的短い時間に起るということにある．そうすると，エネルギーがもとの結合に戻って解離の過程が再び起る前に，衝突によってエネルギーが除去されることができるのである．

分子状水素の解離[10]

解離反応

$$AB \rightarrow A\cdots B \rightarrow A + B$$

は丁度いま考えた逆の過程と同じ活性化状態をもっている．離れている原子のエネルギーを零の準位にとると，分配函数は（11）式の分子と同じになるから，比反応速度 k_1 は

p. 216
$$k_1 = \kappa i_n \frac{g_{AB}^{\ddagger}}{g_{AB}} \cdot \frac{\dfrac{[2\pi(m_A+m_B)kT]^{3/2}}{h^3}}{\dfrac{[2\pi(m_A+m_B)kT]^{3/2}}{h^3}} \cdot \frac{\sigma_{AB}}{\sigma_{AB}^{\ddagger}}$$

$$\cdot \frac{\sum_{J=0}^{\infty}(2J+1)e^{-\epsilon_J^*/kT}}{\dfrac{8\pi^2 I_{AB}kT}{h^2}} \cdot \frac{1}{(1-e^{-h\nu_{AB}/kT})^{-1}} \cdot \frac{1}{e^{D/RT}} \cdot \frac{kT}{h}$$

(13)

で与えられる．分母にある項 $e^{D/RT}$ に気づくであろう．これは初めの状態す

---
* 対をつくったメチルラジカルが結合するには第三体の存在が必要である．
10) Eyring, Gershinowitz and Sun, 参考文献 8.

なわち水素分子のエネルギーが，前提したエネルギーの零を基準にして，1 mole 当り $-D$ であることから来ている．それで分配函数の中の項 $e^{-E/RT}$ はこの例では $e^{D/RT}$ になるのである．原子の結合反応と丁度同じように，オルト-パラ比には変化はないから，i_n は1である．電子的多重度および対称数は確かに初めの分子および活性化分子で同一であるから，項 $g_{AB}{}^{\ddagger}/g_{AB}$ および $\sigma_{AB}/\sigma_{AB}{}^{\ddagger}$ はやはり共に1である．活性化状態には前の反応で見出されたような廻転分配函数を入れ，分子 AB の慣性能率および振動数がわかれば，(13) 式から速度定数を計算することができる．

$$H_2 = 2H$$

なる反応においては

$$k_1 = \kappa \times 3.6 \times 10^{14} e^{-D/RT} \text{ sec}^{-1} \tag{14}$$

となることが見出される．過程は一次であるから速度定数は濃度単位には無関係である．活性化状態は正および逆の両反応にに対して同一であり，k_1/k_2 は反応 $H_2 \leftrightarrows 2H$ の平衡定数に等しいから，(11) および (13) 式，したがってまた (12) および (14) 式の中の透過係数 κ は同じでなければならないことが容易にわかる．もしこれを前のように約 10^{-14} にとれば，分子状水素の解離の比速度 k_1 はほぼ $3\, e^{-D/RT}$ sec^{-1} になる．D が 100,000 cal 以上という比較的大きい値であることを考えると，この反応は非常に高い温度になるまでは，認められるような速度をもたないであろう．

三 原 子 反 応[11]

116頁の議論で三個の水素原子はある条件下で反応し，したがって

$$H + H + H \rightarrow H \cdots H \cdots H \rightarrow H_2 + H$$

p. 217
により原子と分子になる一定の確率をもつことを見た．この反応の速度は絶対反応速度論に基づく方法で計算することができる．二個の水素原子の結合の場合のように，恐らく低い廻転の障壁を通過することによって形成される活性錯合体が一方の谷に入り，中央線を過ぎり，ついで原子と分子とを表わ

---

11) Eyring, Gershinowitz and Sun, 参考文献 8.

三原子反応

す他方の谷に通じる路に入るには，反応の際に形成されるエネルギーが適当に二つの自由度の間に分配される必要がある（107頁）．ゆえに活性化状態の分配函数を書くとき，振動のうちの二つの寄与を錯合体が反応に必要なエネルギー分布をもつ確率を与える因子 H でおき換える．反応速度の統計論により，比速度は

$$k_3 = \kappa \frac{g_\ddagger}{g_i} \cdot \frac{\frac{[2\pi(m_1+m_2+m_3)kT]^{3/2}}{h^3}}{\frac{(2\pi m_1 kT)^{3/2}}{h^3} \cdot \frac{(2\pi m_2 kT)^{3/2}}{h^3} \cdot \frac{(2\pi m_3 kT)^{3/2}}{h^3}}$$

$$\cdot \prod_{1}^{3}(1-e^{-h\nu\ddagger/kT})^{-1} \frac{8\pi^2 I_\ddagger kT}{h^2 \sigma_\ddagger} H \bar{v} \tag{15}$$

で与えられる．ここに $\bar{v}=(kT/2\pi\mu)^{1/2}$ は第27図（112頁）の中央線を活性錯合体が過ぎるときの平均速度である．三個の同種原子，すなわち水素原子の反応では，質量 m_1, m_2 および m_3 はもちろん等しい．初めの状態の対称数は1であるから，(15) 式には書かれていない．またオルト-パラ変化がないから，核スピン因子は省かれている．三原子系は多分一つの不対スピンをもっている．すなわち $s=\frac{1}{2}$ であり，多重度は $2s+1$ であるから，活性化状態の電子的多重度 $g_\ddagger$ を 2 にとる．各水素原子は多重度 2 をもつから，g_i は 8 となる．ゆえに $g_\ddagger/g_i=\frac{1}{4}$ である．錯合体が直線状であるという仮定から，活性化状態はポテンシャル・エネルギー図の中央線上に位置するとみなされ，そのとき隣接している原子の対の間の距離 r_1 および r_2 は等しいから，対称数 $\sigma_\ddagger$ は恐らく 2 である．第27図およびそれに附随した議論から，r_1 および r_2 はほぼ 1.5 と 4 Å の間になければならないことがわかる．直線状錯合体の慣性能率 $I_\ddagger$ の計算には 3 Å という平均値を用いてよい．分解の座標における換算質量 μ の値が $\bar{v}$ の算出に必要であるが確実にはわからない．もし活性錯合体が中央線に平行に運動しておれば，その方向の換算質量は $\frac{1}{2}m$ となるであろう．ただし m は各原子の質量である．また一方運動が谷に沿っており，どちらかの軸に平行であれば，μ は $\frac{2}{3}m$ であろう．従って換算質量は $0.6\,m$ としてもひどくは違うまい．

統計力学の方法[12]によると，分配函数因子 H は

$$H = h^{-2} \int_a^b dx \int_c^d dy \int_e^f dp_x \int_g^h dp_y \, e^{-E/RT} \tag{16}$$

と書くことができる．ここに積分は重価因子を表わし，h^{-2} は規格化のためのものである．x および y は座標，p_x および p_y は対応する運動量である．エネルギー E は

$$E = \tfrac{1}{2}\mu(\dot{x}_1^2 + \dot{y}_1^2) + V(x_1, y_1) \tag{17}$$

で与えられ，μ は軸に平行な換算質量，すなわち $\tfrac{2}{3}m$ である．(17) 式の右辺第一項はポテンシャル・エネルギー面上を運動する質点の運動エネルギー，また第二項はポテンシャル・エネルギーを表わす．積分の限界は反応が起るために，中央線を過ぎる前後のエネルギーの分布の要求によってきまる．45 kcal 以上のポテンシャル・エネルギーをもつ系，すなわち活性化エネルギーを必要としない系だけを考えると，

$$H \approx \frac{2\mu kT}{h^2} \times 1.64 \times 10^{-8}$$

となることがわかる．中央線を過ぎる系がすべて実際に反応するとすれば，分配函数は $2\pi\mu kTr_J/h^2$ となるであろう．ただし r_J は活性化状態を表わす廻転の峰の上にある二個の水素原子間の距離である (132頁参照)．この分配函数を H' で表わすと，比 H/H' を透過係数の尺度としてよい．r_J に対して
p. 219
135頁に示した 4.4×10^{-8}cm という値を用いると，κ は $\tfrac{1}{8}$ となることがわかる．

　速度定数を (15) 式で計算するには，活性化状態の二つの振動数を知ることだけが必要となった．もしそれらが極めて低く例えば 100 cm^{-1} ならば，分配函数に古典的な値 $kT/h\nu$ を用いてもよい．さらに ν は $(f/m)^{1/2}/2\pi$ でおき換えられるから，分配函数は $2\pi kTm^{1/2}/f^{1/2}h$ となる．ただし f は力の定数で m は振動子の質量に関係する．二つの振動の自由度では，(15)

---

12) 例えば R. H. Fowler and E. A. Guggenheim, "Statistical Thermodynamics" p. 79 Cambridge University Press, 1939 を見よ．

式の分子に含まれる分配函数はしたがって m に比例するであろう. (15) 式中のすべての項の質量に対する依存性を考慮すると, すべて他の因子は等しいから, k_3 は $m^{-1/2}$ に比例することが容易にわかる. 三個の水素原子の反応を三個の重水素原子の反応と比べると, 振動が古典的である限り, 速度の比は $\sqrt{2}$ 対 1 となるべきである. この予想は実験[13]と一致しており, 従って活性化状態の振動数は約 100 cm^{-1} であると仮定してよかったわけである. これらおよび他の既知の値を (15) 式に入れると, 三個の水素原子に対して

$$k_3 \approx 3 \times 10^{15} \text{ cc}^2 \text{ mole}^{-2} \text{ sec}^{-1}$$

となることがわかる. これはほぼ 10^{16} cc^2 mole^{-2} sec^{-1} いう実験値[14]と比較されるものである. このように, 他の二個の水素原子の結合の際に発生するエネルギーのいくらかを運び去ることのできる水素原子があるために, 反応速度が極めて大きくなるのである.

二個の水素原子が直線上を運動し, 第三の水素が直角の方向にそれらに対称的に接近する結果, 三角形の活性錯合体を形成する可能性があることを 119 頁で見た. この機構で分子状水素ができる速度は, 上に考えた直線状錯合体をつくるもの程大きくない. しかしそれは別の形式の反応を与えるわけであるから, その速度は上述の速度に加えられなければならないが, そうしても速度は 2 倍も変わらないであろう.

水素分子-イオン反応[15]

p. 220
H_3^+ の形成

α 粒子にさらされた水素中で起る反応と関連して, 二つの反応

$$(1) \quad H_2 + H_2^+ = H_2 + H^+ + H$$

および

---

13) I. Amdur, *J. Am. Chem. Soc.*, **57**, 856 (1935).
14) H. M. Smallwood, 同誌, **56**, 1542 (1934); Amdur, 参考文献 13; *J. Am. Chem. Soc.*, **60**, 2347 (1938); W. Steiner, *Trans. Faraday Soc.*, **31**, 623 (1935).
15) H. Eyring, J. O. Hirschfelder and H. S. Taylor, *J. Chem. Phys.*, **4**, 479 (1936).

$$(2) \quad H_2 + H_2^+ = H_3^+ + H$$

の相対速度に関する知識を得ることは興味がある．（1）の過程は，ほぼ 61 kcal の程度の吸熱であり，従って活性化エネルギーは少くともこれだけはなくてはならないから，確かに遅い．ゆえに常温では反応（1）は全く検出されないであろう．これに反して反応（2）は非常に速く起ることができることが示される．

水素原子と水素分子との反応は約 7 kcal の活性化エネルギーが必要であり (212頁)，また遠距離では分子は分極力によってイオンに引きつけられ，さらにこの引力は分子とイオンが近距離に来るまで持続するから，反応（2）の活性化エネルギーは恐らく上の値に比べてずっと小さい．このような場合活性化状態における反応する分子種の間の距離は大きく，従って反応物質は共に，それらが全く離れた状態にあるときと同じ位自由に廻転していると考えられる．この条件は遊離ラジカルの結合 (136頁) の場合に起る条件と同様であって，見掛けの活性化エネルギーは反対の方向に作用する廻転の遠心力と分極による引力との合成よりでき上る．比較的遠距離にある分子とイオンとの間の分極のエネルギーは

$$E_{\text{pol}} = \frac{\alpha \varepsilon^2}{2r^4} \qquad (18)$$

で与えられ，廻転エネルギーは

$$E_{\text{rot}} = \frac{J(J+1)h^2}{8\pi^2 m_H r^2} \qquad (19)$$

である．ここに r は分子とイオンの中心間の距離，α は水素分子の分極率，m_H は水素原子の質量，J は廻転量子数である．すでに第Ⅲ章で示したように，活性化状態における分子とイオンとの間の距離は137頁 (45) 式で与えられ，それに対する活性化エネルギー 〔137頁 (46) 式〕 は

$$E = \frac{J^2(J+1)^2 h^4}{128\pi^4 m_H^2 \alpha \varepsilon^2} \qquad (20)$$

$$= J^2(J+1)^2 a^2 kT \qquad (21)$$

である．ただし a^2 は

H_3^+ の形成

$$a^2 \equiv \frac{h^4}{128\pi^4 m_H^2 \alpha \delta^2 kT} \qquad (22)$$

で定義される．

さて反応速度は絶対反応速度論を用いて書き下すことができる．二つの反応物質は活性化状態で比較的遠く離れているので，この状態の廻転および振動の自由度は孤立している分子およびイオンと同じであるとしてよい．ゆえに反応速度式では対応する分配函数は打消し合い，活性化状態の分配函数は並進の項と廻転と分極のエネルギーの結合した項とを含むだけになる．廻転量子数 J が零であって，廻転エネルギーが零のときは，有効な活性化状態は存在しない．* したがってこの状態の確率は $e^{0/kT}$ すなわち 1 であるから，これを分配函数の残りの部分からわけると便利である．後者は

$$1 + \sum_{J=1}^{\infty} (2J+1) e^{-E/kT} \qquad (23)$$

と書かれる．そうすると速度式は

$$k = \kappa \frac{\dfrac{(2\pi m_{H_4^+} kT)^{3/2}}{h^3}}{\dfrac{(2\pi m_{H_2} kT)^{3/2}}{h^3} \cdot \dfrac{(2\pi m_{H_2^+} kT)^{3/2}}{h^3}}$$

$$\times \left[1 + \sum_{J=1}^{\infty}(2J+1) e^{-E/kT}\right] \frac{kT}{h} \qquad (24)$$

p. 222
となる．(21) 式で与えられる E の値を利用すると，角括孤の中の量は A, すなわち

$$A \equiv 1 + \sum_{J=1}^{\infty} (2J+1) e^{-J^2(J+1)^2 a^2} \qquad (25)$$

でおき換えられる．a^2 の数値は小さく，$2.76 \times 10^{-3}/T$ であるから，求和 A を積分でおき換えてよい．すなわち

$$A = \int_0^{\infty} (2J+1) e^{-J^2(J+1)^2 a^2} \, dJ = \frac{\pi^{1/2}}{2a} \qquad (26)$$

---

* これは作用する力が分極による引力唯一つであるからであって，このため見掛上は負の活性化エネルギーになるであろう．

$$= \frac{(2\pi\alpha kT)^{1/2} 4\pi^2 m_H \delta}{h^2} \quad (27)$$

この値を (24) 式に入れると

$$k = \kappa \left(\frac{m_{H_4^+}}{m_{H_2} m_{H_2^+}} \right)^{3/2} 2\pi m_H \alpha^{1/2} \delta \quad (28)$$

になる．透過係数が1であると仮定し，質量および水素分子の分極率の既知の値を入れると，

$$k = 2.07 \times 10^{-9} \text{ cc molecule}^{-1} \text{ sec}^{-1}$$
$$= 1.25 \times 10^{15} \text{ cc mole}^{-1} \text{ sec}^{-1}$$

となることがわかる．従って反応 $H_2 + H_2^+ = H_3^+ + H$ の速度は非常に大きくなるはずである．

水素-ハロゲン反応[16]

三 電 子 問 題

第Ⅲ章のポテンシャル・エネルギーの計算の基礎に用いた式は *s*- 電子だけが反応に関与するという仮定を含んでいた．このような電子に対しては原子核のまわりの電子分布を与える固有函数の形は対称的であり，方向性をもつ原子価の問題は起らない．しかし *p*- あるいはそれより高い電子に対しては固有函数はもはや対称的でなく，事情はそう簡単ではない．二個の *s*- および一個の *p*- 電子に関する三電子問題と考えて，H と HCl との間の第一次の摂動エネルギーの計算に Heitler-London の方法を適用すると，最低のポテンシャル・エネルギーをもつ活性化状態は三個の *s*- 電子の場合のような直線状ではなく，三角形型である[17]ことが見出された．事実この結果は，
p. 223
H_2Cl という分子式をもつこの型の構造が H_2+Cl に関して安定であると'うことを意味している．

---

16) A. Wheeler, B. Topley and H. Eyring, 同誌, **4**, 178 (1936).
17) J. L. Magee, 同誌, **8**, 677 (1940).

水素の解離エネルギーについて得た値（84頁）から明らかなように，Heitler-London 型の計算の結果は，せいぜい近似的なものであることが指摘されねばならない．従って上に述べた結論にどれ程の重要性を附与できるかわからない．計算が骨の折れる性質のものであることから考えて，さし当り二個の s- および一個の p- 電子の系を直線状の活性錯合体をつくる三個の s-電子の系のように取扱い，第Ⅲ章で述べた半経験的方法を適用するとどんな結果が得られるかを見ておくことは価値があるであろう．

水素分子とハロゲン原子 X を含む反応すなわち

$$H_2 + X = H + HX, \qquad D_2 + X = D + DX,$$
$$DH + X = D + HX, \qquad HD + X = H + DX,$$

$$A \xleftarrow{\quad r_1 \quad} B \xleftarrow{\quad r_2 \quad} X$$

第55図 水素，重水素または重水素化水素分子（AB）とハロゲン原子（X）との系

を第55図に画いた形の直線状錯合体をもつ三電子問題として考察しよう．ただし第55図で A および B は水素または重水素原子である．ポテンシャル・エネルギー面は任意の一個のハロゲンを含む4種の反応についてすべて同一であって，これは分子 A_2 または B_2 すなわち H_2 および AX または BX すなわち HX に対する分光学的実測値から描かれる．この面から活性化状態の大きさ r_1 および r_2，したがってその慣性能率並びに基準振動数がわかる．種々の場合に活性化エネルギーについて得られた結果を次節で論じる．とくに指摘しないときは，関与するすべての分子の結合エネルギーの20%がクーロン的（加成的）性質であると仮定している．

水素-塩素反応

活性化状態における原子間距離は $r_1 = 1.40$ および $r_2 = 1.30$ Å である．もちろんこれらは関与する水素の同位体の種類に無関係である．種々の水素-塩素系についてこれらの大きさから計算した慣性能率 I を基準振動数とと

もに第IX表に示す. ν_s は伸縮振動数, ν_ϕ は二重に縮重している曲げの振動数である. 振動数 ν_l は虚数値をもっているが, エネルギー障壁を貫通するための補正の適用に必要となることに備えて, これもまた掲載しておく.

第IX表　水素-塩素活性錯合体の性質

系	$I\times 10^{40}$ g cm^2	ν_s, cm^{-1}	ν_ϕ, cm^{-1}	ν_l, cm^{-1}
H–H–Cl	8.55	2,496	551	720i
H–D–Cl	8.94	1,800	415	705i
D–H–Cl	15.11	2,496	523	520i
D–D–Cl	16.33	1,769	386	406i

活性化状態と初めの状態のポテンシャル・エネルギーの差, すなわちいわゆる"古典的"活性化エネルギー E_c は 11.6 kcal であることがポテンシャル・エネルギー面からわかり, E_0 を決めるに必要な零点エネルギーは初めおよび活性化状態の振動数から得られる. 反応

$$H_2 + Cl = HCl + H$$

では H_2 および H–H–Cl の零点エネルギーが必要である. これらはそれぞれ 6.2 および 5.1 kcal であり, 従って

$$E_0 = 11.6 + 5.1 - 6.2 = 10.5 \text{ kcal}$$

となる. この結果は 6 kcal[18] という実験値と比較される. 加成的エネルギーの比率を上の計算で仮定した20%よりも大きくとることは塩素電子が 3p 状態にある (86頁参照) という事実からみて全く合理的なことであって, もしそのようにとれば理論的活性化エネルギーは小さくなり, 従って実測値ともっとよく一致するであろう.

考えている過程の比速度は, これと全く類似している一般型の反応に対する (1) 式と同じ形に書くことができる. 核スピン因子 i_n は1であり, g_{ABC} p. 225 /$g_A g_{BC}$ なる量もこの値をもつと仮定される. H_2 および D_2 の対称因子は2

---

18) W. H. Rodebush and W. C. Klingelhoefer, *J. Am. Chem. Soc.*, **55**, 130 (1930); また J. C. Morris and R. N. Pease, *J. Chem. Phys.*, **3**, 796 (1935) も見よ.

であるが，他の場合はすべて1である．透過係数も恐らく1に近いからこの値をもつと仮定する．速度定数の計算に必要な振動数は既知（第IX表）であり，E_c が 7.0 kcal すなわち E_0 が 5.9 kcal であるという近似を用いると，$298°$K で計算した比反応速度は 7×10^9 になるが，これに対する実験値は 8×10^9 cc mole^{-1} sec^{-1} である．E_0 を $1000°$K における反応速度の温度変化と調和する 5.3 kcal にとれば，この温度の速度定数の計算値は 1.1×10^{13}，実測の比速度は 5.5×10^{12} cc mole^{-1} sec^{-1} [19)] である．

前と同様に E_c を 7.0 kcal ととれば，第IX表の慣性能率と振動数とを用いて反応

$$H_2 + Cl = H + HCl \quad \text{および} \quad D_2 + Cl = D + DCl$$

の相対速度が導かれる．0 と $25°$C でこれらはそれぞれ 5.6 と 3.3 である．水素の関与する過程は重水素の関与する過程よりも速い．一酸化炭素の存在において，また光の影響の下で原子状塩素の分子状水素および重水素との結合速度が測定されている．その速度の比が前述の両反応間の比を与えるものとすれば，その実験値は $0°$C で 13.4 および $32°$C で 9.75 である．計算値と実験結果とは定性的には一致するが，その食い違いからして活性化状態に対して導かれた振動数が大きすぎるように思われる．この食い違いは直線状の活性錯合体の代わりに三角形型の活性錯合体を考察すれば説明できるかも知れない．[20)] 前者では活性化状態に2つの廻転の自由度と3つの振動の自由度があるが，後者ではそれらがそれぞれ3つと2つとになるであろう．廻転の分配函数は振動の分配函数より大きいから，頻度因子 $(kT/h)F^\ddagger/F_i$

p. 226

は直線状錯合体よりも三角形型の方が大きいであろう．さらにその相対的な増加は関与する水素同位体の質量が小さいほど大きい．速度定数の質量依存性は $m^{-3/2}$ から m^{-2} の次数に変わるから，水素の場合と重水素の場合の速度の比は増すであろう．したがって計算による比は実験値と一層よく一致す

---

19) Rodebush and Klingelhoefer, 参考文献 18; W. Steiner and E. K. Rideal, *Proc. Roy. Soc.*, 173, A, 503 (1939); J. C. Morris and R. N. Pease, *J. Am. Chem. Soc.*, 61, 396 (1939) 参照．

20) Magee, 参考文献 17.

るであろう．

逆反応，例えば

$$H + HCl = H_2 + Cl$$

の活性化エネルギーは，過程の熱変化がわかれば，上に与えた結果から直接求めることができる(88頁参照)．上に書いた反応では ΔH は $+1.9\,\mathrm{kcal}$ であり，従って活性化エネルギーの計算値はその逆の変化よりこの量だけ少い．

(1)式の形の絶対反応速度論の式と第IX表の数値とを用いて三つの類似の同位体反応

$$H + HCl = H_2 + Cl$$
$$D + HCl = HD + Cl$$

および

$$H + DCl = HD + Cl$$

の速度の比を計算することができる．このようにして $k_{H+HCl}:k_{D+HCl}:k_{H+DCl}$ について得られた結果は $1.5:1.1:1.0$ であるが，一方実測の速度比は $3:1:1.3$ である．[21] H+HCl と D+HCl の反応では実測値と計算値との間に著しい差があることがわかる．これは同じか，または相似の活性錯合体をつくる反応 H_2+Cl と D_2+Cl とに関して上に注意したことと同様である．

交 換 反 応[22]

丁度いま考えた反応の他にも，水素および塩化水素の同位体形は交換反応

$$D + HCl = H + DCl$$

p. 227
に関与することができる．この過程では活性錯合体の配置は D−H−Cl でなく D−Cl−H であるから，ポテンシャル・エネルギー面は他の反応に用いられるものと異なる．20%の加成的エネルギーに基づいたこの面の主要な部分を第56図に示す．零点エネルギーを除けば，交換反応の活性化エネルギーはほぼ $5\,\mathrm{kcal}$ であることがわかる．これに代わる別の過程

---

21) G. K. Rollefson, *J. Chem. Phys.*, **2**, 144 (1934); Steiner and Rideal, 参考文献 19.
22) Steiner and Rideal, 参考文献 19.

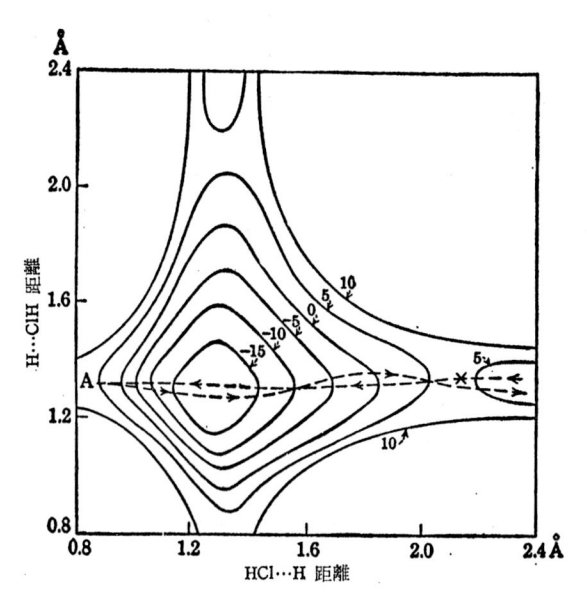

交換反応　　　　　　　　　　　　　　　　　　　　　　　　　233

第56図　原子状水素（または重水素）と塩化水素との間の反応に対するポテンシャル・エネルギー面 (Steiner および Rideal)

$$D + HCl = HD + Cl$$

の相当する計算値は，すでに与えた数値から，約 9 kcal であることが知られている．従って原子状重水素と塩化水素との間に同時に起る二つの反応のうち，特に分配函数も交換反応に都合がよいので，交換反応の方が速く起ることが期待される．しかし実験の結果はこの過程が実際はもう一方の反応より遅いことを示している．この食い違いは交換反応の透過係数が小さいためであるとして説明されるようである．第56図の軸は 90度 になっているが，これは，106頁 (10) 式によると，ポテンシャル・エネルギー面上を滑る質点が反応系の力学を表わすために必要なほぼ正しい角度である．面の形は，主
p. 228
として相対的な並進エネルギーをもつ系が"東西"の谷からやってきて，第56図に示すように，A の付近ではね返されるような形であることがわかる．

ゆえに活性化状態を通り越すに充分なエネルギーをもっている反応系の多くのものはもとの状態へ戻されるであろう．すなわち透過係数が1より相当小さいであろう．反射が起る領域 A では，原子間距離が非常に小さく半経験的な作図方法は用いられなくなるから (85頁参照)，ポテンシャル・エネルギー面はおそらく不正確であるが，第56図の一般的性質から，ポテンシャルの等高線は示されている反応径路におそらくは垂直であろう．このことは透過係数が小さいために必要なことのすべてである．

H-Cl-H 錯合体

二個の s- および一個の p- 電子に対する Heitler-London の計算は，安定な三角形型錯合体 H—Cl—H （または H—Cl—D）の可能性を示していることを228頁で述べた．このような物質の存在は水素原子の再結合に塩化水素が著しい効果をもつことの説明になるかもしれない．第三体が存在して過剰のエネルギーを除かない限り，H と HCl との単なる衝突では，滅多に H—Cl—H を形成することのないことはポテンシャル・エネルギー面の形から明らかである．ゆえに結合は器壁反応として起り，その結果できる錯合体が容易に離脱して，最後に気相中で反応すると考えられる．すなわち

$$H + H-Cl-H = H_2 + HCl$$

または

$$H-Cl-H + H-Cl-H = H_2 + 2HCl$$

このようにして塩化水素が水素原子の結合を促進する影響をもつことを説明することができる．もしこの説明が正しければ，反応容器の器壁の影響がはっきり観察されるはずである．

他の塩素-水素反応[23]

反応

$$H + Cl_2 = HCl + Cl$$

---

23) Eyring, 参考文献 7; J. C. Morris, 未発表.

の活性化エネルギーについて近似計算がなされている．結合エネルギーの14%が加成的であると仮定すれば，活性化エネルギーは約 2.7 kcal である．零点エネルギーを考慮してはいないが，初めの状態と活性化状態における値の差は一般に全く小さい．ほぼ 2 kcal という実測の活性化エネルギーは計算値とよく一致している．

$$H_2 + HCl = H_2 + HCl$$

のような型の交換反応について結合空間中にポテンシャル・エネルギー面が画かれているが，このうちの一例は

$$D_2 + HCl = HD + DCl$$

である．クーロン・エネルギーが17%であるとして，古典的活性化エネルギーすなわち零点エネルギーを無視したものは 53 kcal となることが見出される．20%の加成的エネルギーに基づいた別の計算は E_0 について 43.6 kcal を与え，また必要な考慮を加えると，E_0 は H_2+HCl 反応に対して 50.6 kcal，D_2 と HCl との反応に対して 48.9 kcal となることが見出される．1000°K で後者の過程の実測値はほぼ 57 kcal である．

反応

$$H_2 + Cl_2 = 2HCl$$

は系を 4 個の s-電子系とみなした近似的な方法だけで取扱われている．零点項を無視して種々の割合のクーロン・エネルギーを仮定したときの活性化エネルギーはつぎの通りである．

クーロン・エネルギー, %	10	14	20
活性化エネルギー, kcal	54	44.5	29.5

実験的にわかっているのは，その値が 36 kcal より大きいということだけである．というのはこれは分子状水素と原子状塩素との間の反応の活性化エネルギーであり（245頁），水素と塩素との間の反応はほとんど専ら後者の原子を通して起ることが知られているからである．

水素-臭素反応[24]

p. 230
　分子状水素の同位体形と原子状臭素との間の反応は対応する塩素の反応と全く類似した方法で取扱われる．活性化状態では距離 r_1（水素から水素まで）は 1.5 Å である．距離 r_2（臭素から隣接の水素まで）は 1.42 Å である．それに対する慣性能率および振動数を第X表に示す．

第X表　水素-臭素活性錯合体の性質

系	$I\times 10^{40}$ g cm^2	ν_s cm^{-1}	ν_ϕ cm^{-1}	ν_l cm^{-1}
H–H–Br	10.34	2,340	460	760i
H–D–Br	12.15	1,670	350	760i
D–H–Br	18.43	2,340	430	540i
D–D–Br	20.19	1,670	320	540i

　20％のクーロン・エネルギーを仮定して，ポテンシャル・エネルギー面から，古典的活性化エネルギー E_c が 25.1 kcal になることが見出され，従って

$$H_2 + Br = H + HBr$$

に対して

$$E_0 = 25.1 + 4.6 - 6.2 = 23.5 \text{ kcal}$$

である．ただし，4.6 kcal は第X表の ν_s と ν_ϕ（二重に縮重）から計算した活性化状態の零点エネルギーである．活性化エネルギーの実測値は約 18 kcal [25] である．差は相当あるが，加成的エネルギーの割合をもっと高く仮定するか，または活性錯合体について直線状でなく三角形型構造に甚いて計算すれば，もっとよい一致が得られるであろう．

　574.5°K での実験と合うように E_c を 20.5 kcal にとると，第XI表の結果

---

24) Wheeler, Topley and Eyring, 参考文献 16.
25) M. Bodenstein and H. Lütkemeyer, Z. physik. Chem., 114, 208 (1924); F. Bach, K. F. Bonhoeffer and E. A. Moelwyn-Hughes, 同誌, B, 27, 71 (1934); また Morris and Pease, 参考文献 18 を見よ．

が速度定数に対する適当な形の統計論の式を用いて計算される．同じ古典的活性化エネルギーを仮定して，それぞれ水素と重水素とを含む反応の速度の比も与えられている．

第XI表　比反応速度の計算値および実測値

比　速　度	499°K 実測	499°K 計算	574.5°K 実測	574.5°K 計算	612°K 実測	612°K 計算
$k(H_2+Br)$	$1.16×10^6$	$1.01×10^6$	$(1.25×10)^7$		$3.01×10^7$	$3.46×10^7$
$\dfrac{k_{(H_2+Br)}}{k_{(D_2+Br)}}$	7.1	4.2	5.4	2.9	4.8	2.5

前と同様に，計算値の比 k_H/k_D は小さ過ぎる．しかし，上に説明したように活性錯合体が直線状でなく三角形型であるとすれば，改善されるであろう．

p. 231
逆の反応

$$H + HBr = H_2 + Br$$

の ΔH の値は 16.4 kcal である．従って活性化エネルギーは 4 kcal 程度かそれ以下に違いない．実験値は実際その値が非常に小さいことを示している．絶対反応速度論に基づく速度式で，それを零と仮定し，第X表の数値を用いると，比速度定数は計算値が 500° および 900°K でそれぞれ $3.6×10^{13}$ および $4.5×10^{13}$ になることが計算されるが，実測の結果は $1.3×10^{13}$ および $2.5×10^{13}$ cc mole^{-1} sec^{-1} である．もし E_0 を 1 kcal とすれば，ほとんど正確に一致する．

その他の水素-臭素反応に対しても近似的に活性化エネルギーが導かれた．

第XII表　活性化エネルギーの計算値および実測値

反　応	実測, kcal	計算, kcal I	II	III
$H+Br_2=HBr+Br$	1.2	3	2.1	...
$H_2+Br_2=2HBr$	>43	45	39	26.5

それらを実験結果[26]と対比して第XII表に示す．表のI，IIおよびIIIの欄の値はクーロン・エネルギーをそれぞれ 10, 14 および 20% と仮定して得た値である．

交 換 反 応[27]

活性錯合体 H—Br—H または D—Br—H を含む交換反応

$$H + HBr = H + HBr$$

p. 232
のポテンシャル・エネルギー面を 20% のクーロン・エネルギーを仮定して描いたのが第57図である．反応の活性化エネルギーは約 3 kcal であることがわかる．今考えた逆の過程，すなわち

$$H + HBr = H_2 + Br$$

の活性化エネルギーはほとんど零であるから，後者の方が速いと考えられる．然し重水素と臭化水素との間の反応ではこの逆になる．この結果は，活性錯

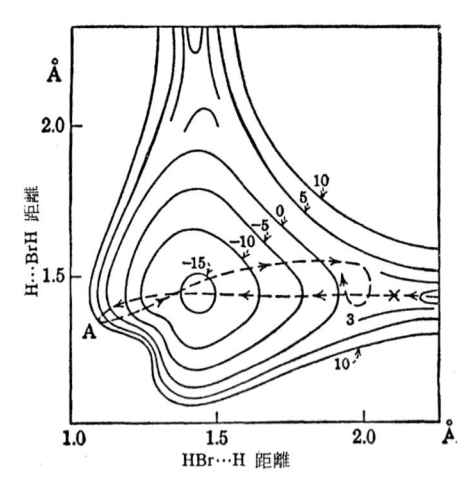

第57図 原子状水素（または重水素）と臭化水素との間の
反応のポテンシャル・エネルギー面 (Steiner)

---

26) Morris and Pease, 参考文献 18.
27) W. Steiner, *Proc. Roy. Soc.*, 173, A, 531 (1939).

合体 D−Br−H の曲げの振動数が $70\,cm^{-1}$ であって，D−H−Br 錯合体の類似の振動数 $480\,cm^{-1}$（第X表）に比べて非常に小さいことによると思われる．この差のために分配函数の比に交換反応を有利にする因子 10 が現われる．D−Br−H の曲げの振動数が小さいということとこれに対応して分配函数が大きいということの物理的意味は，重水素原子の接近方向が分子軸の方向と相当の角度をもっていても，活性化状態をつくる確率が著しいということである．しかし D−H−Br 錯合体では，活性化状態ができるには，原子は中心線に非常に近い所に沿って接近しなければならない．

p. 233
議論している反応と関連して，塩素と臭素との間の振舞いの差異に注意が引かれる．後者では交換過程の方がより速いが反対に前者ではこれに代る反応，すなわち分子状水素または重水素化水素ができる反応の方が速い．少なくともその差異の一部は 第56 および 57図 を比較してわかるように，それぞれの透過係数のためである．領域 A では"東西"の谷の底に沿って近づく系が跳ね返されやすいのであるが，臭素反応の場合には等ポテンシャル線は塩素反応の場合のように"東西"の谷に垂直ではない．それで反応系を表わす質点は，第57図の破線で示されるように，二つの谷の間の峠の頂上のポテンシャル・エネルギー盆地にはまり込み，透過係数は 213頁 で水素の原子-分子反応に関連して論じたのと同じ考察によってきまるであろう．対称反応 $H + HBr = H + HBr$ では κ の値は明らかに 0.5 である．交換反応 $D + HBr = H + DBr$ では盆地の間隙はわずか違った準位にあり，透過係数はこの値と少し違うが，塩素との対応する反応の場合程には小さくならないであろう．

水素-沃素反応[28]

後で見るように，水素と沃素との間の反応では沃素原子は関与しない．従って，反応

$$H_2 + I = H + HI$$

---

28) Wheeler, Topley and Eyring, 参考文献 16.

の活性化エネルギーを詳細に計算することはここでは問題にならない.この過程と原子状水素と分子状沃素との反応とに対する近似的な結果を第XIII表に掲げる.反応

$$H + HI = H_2 + I$$

に対する数値は 32.7 kcal という ΔH に基づいたものである.I および II の欄はそれぞれ 10% および 14% のクーロン・エネルギーのときの結果である.

p. 234

第XIII表 活性化エネルギーの計算値および実測値

反 応	実 測, kcal	計 算, kcal	
		I	II
$H_2 + I = H + HI$	34.2	43.3	40.4
$H + HI = H_2 + I$	1.5	10.6	7.7
$H + I_2 = HI + I$	0	2.5	1.8

一致は必ずしも良くないが,計算値は少くとも定性的に正しいことは認めねばならない.

反応

$$H_2 + I_2 = 2HI$$

は,沃素の方向性原子価の問題を無視して,4電子問題として,ある程度詳細に取扱われたが,このため恐らく約 5 kcal より大きくはない誤差が入ってくるであろう.130頁に見たように,6個の基準振動数は,次のような3つの群に分けられる.*

系	I	II		III	
	ν_1	ν_2	ν_3	ν_4	ν_5	ν_6
H_2+I_2	994	86	1,280	$965i$	1,400	1,730
D_2+I_2	700	86	915	$678i$	990	1,225

* 基準振動数の計算の根拠にした HI に対する Morse の式の a の値に幾分か誤差がある.しかし記載した結果への影響は比較的小さい.

活性化状態は恐らく平面状で，LM 平面 (130頁第32図を見よ) に関して対称であり，したがって必要な配置を与えるには3個の原子間距離で充分である．これらは H–H $= 0.97$ Å, H–I $= 0.75$ Å および I–I $= 2.95$ Å である．活性錯合体の3つの慣性能率は

錯合体	$A\times10^{40}$ g cm²	$B\times10^{40}$ g cm²	$C\times10^{40}$ g cm²
H₂I₂	921.5	6.9	928.4
D₂I₂	922.2	13.8	935.7

であり，H₂, D₂ および I₂ に対する値はそれぞれ 0.456, 0.913 および 748.5 $\times10^{-40}$ g cm² である．二原子分子の結合エネルギーの 14% が加成的であるという仮定に基づくと，古典的活性化エネルギーは 48.3 kcal になることがわかる．ゆえに H₂ と I₂ との反応に対して

$$E_0 = 48.3 + 7.8 - 6.5 = 49.6 \text{ kcal}$$

になる．ただし活性化状態の零点エネルギーは 7.8 kcal であり，反応物質のそれは 6.5 kcal, すなわち H₂ については 6.2, I₂ については 0.3 である．重水素との反応では，対応する零点エネルギーはそれぞれ 5.6 および 4.7 kcal である．ゆえに

$$E_0 = 48.3 + 5.6 - 4.7 = 49.2 \text{ kcal}$$

になる．二つの例ではともに零点エネルギーは明らかに初めの状態におけるよりも活性化状態において大きいことが注目される．この結果は幾分驚くべきことで，ポテンシャル・エネルギー面に誤差があるために不正確な振動数の割当てを招いたことをほのめかしているのであろう．この誤差はまた活性化エネルギーが 40 kcal[29] という実験結果にくらべて大きいことを説明するものであろう．絶対反応速度論に基づいた比速度定数の式は，障壁を通る漏れの因子を省けば，

---

29) M. Bodenstein, *Z. physik. Chem.*, **13**, 56 (1894); **22**, 1 (1897); **29**, 295 (1898); W. C. McC. Lewis, *J. Chem. Soc.*, **113**, 471 (1918) 参照；また L. S. Kassel, "Kinetics of Homogeneous Gas Reactions," p. 154, Chemical Catalog Co., Inc., 1932; C. N. Hinshelwood, "Kinetics of Chemical Change," Oxford University Press, 4th ed., p. 100, 1940 を見よ．

$$k = \kappa \frac{\dfrac{(2\pi m_{\ddagger}kT)^{3/2}}{h^3}}{\dfrac{(2\pi m_1 kT)^{3/2}}{h^3} \cdot \dfrac{(2\pi m_2 kT)^{3/2}}{h^3}} \cdot \frac{\dfrac{8\pi^2(8\pi^3 ABC)^{1/2}(kT)^{3/2}}{h^3 \sigma_{\ddagger}}}{\dfrac{8\pi^2 I_1 kT}{h^2 \sigma_1} \cdot \dfrac{8\pi^2 I_2 kT}{h^2 \sigma_2}}$$

$$\cdot \frac{\prod\limits^{5}(1-e^{-h\nu_{\ddagger}/kT})^{-1}}{(1-e^{-h\nu_1/kT})^{-1}(1-e^{-h\nu_2/kT})^{-1}} \cdot \frac{kT}{h} e^{-E_0/RT} \qquad (29)$$

となる.ここに分子は活性錯合体に,分母は反応物質に関するものである.添字‡は活性化状態に用い,1および2はそれぞれ水素および沃素分子に用いてある.対称数 $\sigma_{\ddagger}$ は4であるが,σ_1 および σ_2 はおのおの2であるから,それらを組合せたものは1となる.オルト-パラ比には変化がないから,核

p. 236
スピン因子は除いてあり,電子的因子もまた 1 としてある.計算した振動数に誤差があることがわかっているから,それらを用いて(29)式を吟味することはほとんど無意味である.振動数 ν_5 および ν_6 を 180 および 1,000 cm^{-1} にとり,他はそのままにすることによって,結果の値に多少の示唆が得られるかも知れない.700°K での実測の反応速度は E_0 が 39.7 kcal であることを必要とし,この数値と修正した振動数とを用いて 575 および 781°K における反応速度定数が算出された.第XIV表でその結果と実験値とが比較される.

第XIV表 H$_2$-I$_2$ 反応の計算および実測速度

T, °K	実　　測	log k	計　　算
575	-0.88	⋯	-0.85
700	⋯	(1.808)	⋯
781	3.13	⋯	3.09

このようにして得た一致は幾分技巧的なことは認めねばならないが,合理的な仮定をおけば,反応の絶対速度の計算について述べた方法は満足な結果を与えることができることを示している.

水素-弗素反応[30]

水素と弗素との間の反応に対して半経験的方法によって活性化エネルギーが近似的に計算されている．その結果が第XV表にまとめられている．欄Iおよび II の値はそれぞれ 10 および 14% のクーロン・エネルギーに基づいたものである．

第XV表 活性化エネルギーの計算値および実測値

反　　応	実　測, kcal	計　算, kcal	
		I	II
$H + F_2 = HF + F$	⋯	5.1	3.3
$H_2 + F = HF + H$	8	10.6	6.3
$H_2 + F_2 = 2HF$	>25	50.0	⋯

水素と弗素との間の反応の活性化エネルギーに関しては直接の観測からはほとんど知られていない．しかし，それが大きいことだけは確かにいえる．

p. 237
水素-ハロゲン反応の結果の討論

上に導いた結果の一つの興味ある応用は，X をハロゲンとして，

$$(1)\quad H_2 + X_2 = 2HX$$

で表わされる全反応が，分子状ハロゲンを通じて起るのか，または原子が関与して起るのかを決めることである．上の反応に代るもう一つの可能性は最初解離

$$(2)\quad X_2 = 2X$$

が起り，

$$(3)\quad H_2 + X = HX + H$$

および

$$(4)\quad H + X = HX$$

が続くということである．これらの段階の最後のものは二原子の結合であっ

---
30) Eyring, 参考文献 7.

て，非常に小さいかまたは零の活性化エネルギー (136頁) をもっている．また過剰エネルギーが三体衝突で除去されれば，律速段階としてこれ以上議論する必要はない．水素と沃素との間の反応を考えよう．分子反応に対する活性化エネルギー (E_1) はほぼ 48 kcal であることが計算され，また沃素原子が関与する反応 (E_3) では約 40 kcal である．二つの過程のどちらが優越するかを決めるには，沃素の分子と原子とが平衡にある定常状態が直ちに達せられると仮定する必要がある (218頁参照)．さらに最初の物質が沃素分子のときは，沃素原子との反応に対する有効活性化エネルギーを得るためには，沃素の 1 g-atom 当りの解離エネルギー 17 kcal を E_3 に加えねばならない．ゆえに

$$E_{atomic} = 40 + 17 = 57 \text{ kcal}$$

となる．沃素原子を含む過程の活性化エネルギーは，このように，沃素分子が水素と直接に反応する過程より相当大きく，したがって機構（1）が正しいものであることは明らかである．反応

$$H + I_2 = HI + I$$

の活性化エネルギーはほとんど零 (第XIII表) であるから，水素原子と沃素分子との反応では 51.5 kcal, すなわち水素 1 g-atom 当りの解離エネルギー
p. 238
だけの有効活性化エネルギーが必要であろうということに注意するのは興味がある．ゆえにこの特別な場合には水素-ハロゲン反応がハロゲン原子を経過するよりも水素原子を経過して起る方が容易であろう．

水素-臭素反応では，臭素原子の関与する反応の活性化エネルギーは

$$E_{atomic} = 18 + 22.6 = 40.6 \text{ kcal}$$

である．1 mole の臭素の解離熱が 45.2 kcal であり，従って 1 g-atom 当りの解離エネルギーは 22.6 kcal である．分子反応に対する活性化エネルギーの計算値 (E_1) は E_{atomic} とあまり違わず，従って分子反応および原子反応は同時に起ると考えられる．実際には，臭素原子を経由する反応の方が優勢であることが見出されている．

これとは別に塩素との反応の活性化エネルギーは E_1 に対して 10 または

14%のクーロン・エネルギーを基礎としたとき，それぞれ54または 45 kcal であるが，一方 E_atomic はほぼ $7+\tfrac{1}{2}\times 56.8$ すなわち約 36 kcal である．この例では原子反応の方が確かに分子状塩素のあずかる反応より優先的に起るはずである．またこれが事実であることは光化学的水素-塩素反応について認められている機構からも明らかである．

吸収された光による塩素分子の原子への初期の解離に続いて，

$$Cl + H_2 = HCl + H$$

および

$$H + Cl_2 = HCl + Cl$$

なる逐次段階を含む連鎖反応が起るということが一般にうけ入れられている．第二段階の活性化エネルギーは約 2 kcal (235頁) であり，従って第一段階が律速でなければならないことは明らかである．この反応の活性化エネルギーは約 10 kcal であることが計算されたが，実際の値は恐らくは多少低いであろう (230頁を見よ)．

比較的安定な分子 Cl_3 が存在する証拠があることを139頁で注意したが，これが，原子状塩素の関与する段階に代るものとして，反応

$$Cl_3 + H_2 = Cl_2 + HCl + H$$

によって連鎖運搬体として関与する問題を考察しなければならない．[31] Cl_3
p. 239
分子は準安定分子 H_3 のようにおそらく直線状であり，従って，上の反応の活性化状態の可能な配置は第58図に示すようなものである．離れている分子のエネルギーよりも超過したエネルギーは二原分子の結合エネルギーの10%が加成的であると仮定して，31 kcal となることが見出された．もしこの結果を水素と原子状塩素との反応についてすでに与えたものと比べると，Cl_3

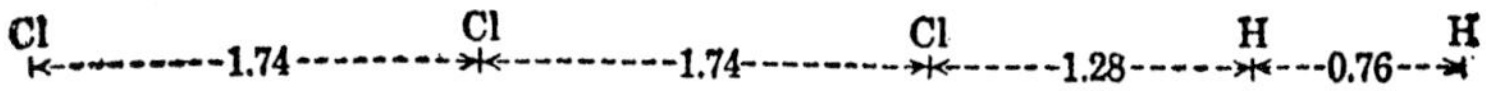

```
Cl             Cl            Cl        H         H
|<----1.74----><----1.74----><---1.28--><--0.76-->|
```

第58図　三原子塩素と水素分子との間の反応における直線状活性化状態の可能な大きさ

---

31) G. E. Kimball and H. Eyring, *J. Am. Chem. Soc.*, **54**, 3876 (1932).

分子は連鎖運搬体として作用しそうにないと思われる．しかしもし Cl−Cl −Cl−H−H 錯合体の大きさをいくらか変えて，例えば Cl−H 距離を 1.45 Å に，H−H 距離を 0.90 Å にとれば，Cl_3 と H_2 との間の反応の活性化エネルギーは 20.5 kcal に下ることが注目される．Cl_3 錯合体が光化学的水素-塩素反応の一部に与かることは不可能ではなく，これを含む機構が提案されている．しかし，この事柄については意見が一致していないようである．

分子状水素と分子状弗素との間の反応の活性化エネルギーの計算値は 50 kcal であり，従って H_2 と F_2 との反応は常温では起らない．水素原子または弗素原子を含む反応，例えば

$$H_2 + F = HF + H \quad および \quad H + F_2 = HF + F$$

はほとんど活性化エネルギーを必要としない．しかし分子状の種から出発すると，有効値はそれぞれ弗素または水素の解離熱のほぼ半分，すなわちそれぞれ約 40 または 50 kcal となるであろう．したがってもし水素または弗素原子がいくらかでもできれば連鎖反応が期待されるかも知れないが，水素と弗素との間の反応は常温では非常に遅いと思われる．弗素が他の場合に示す顕著な反応性を考えれば，これはちょっと驚くべきことである．しかし気体水素と弗素は常温で混合し，相当時間反応しないままで放置することができることがわかっているのである．数分後にしばしば爆発が起ることがある．
p. 240
これは触媒的影響のために局所的な加熱が起り，したがって充分な量の原子ができて連鎖反応を起させるためかも知れない．[32]

水素－一塩化沃素反応

水素と気体一塩化沃素との間の反応

$$2ICl(g) + H_2(g) = I_2(g) + 2HCl(g)$$

は確かに段階的に起る．つぎの段階

$$(1) \quad H_2 + ICl = HI + HCl$$

---

32) H. Eyring and L. S. Kassel, 同誌, **55**, 2796 (1933).

および

$$(2) \quad HI + ICl = HCl + I_2$$

のうち第一は遅く，第二は速いことが示唆されている．活性化熱の実測値 34 kcal はしたがって第一段階に基因するものである．[33] 4電子問題として二つの部分反応を近似的に取扱うと，14% のクーロン・エネルギーを仮定すれば，活性化エネルギーの計算値はそれぞれ 39 および 41 kcal になる．これらは決して正確ではないが，両段階は匹敵する速度で起ることを暗示している．第二の反応はおそらく実際には段階的に，すなわち

$$(3) \quad I + ICl = I_2 + Cl$$

および

$$(4) \quad Cl + HI = HCl + I$$

のように起り，沃素原子は平衡 $I_2 \leftrightarrows 2I$ からできると思われる．ポテンシャル・エネルギーの計算から，これらの段階のうちでは反応（3）が最も遅く，活性化エネルギーは約 16 kcal となることがわかる．これに 17 kcal すなわち分子状沃素の解離熱の半分を加えると，二段の機構による反応（2）の有効活性化エネルギーは 17 + 16 = 33 kcal になる．これはなお第一段階の反応に要するものとあまり違わないが，それでもなお全段階（2）を（1）よりも速くするには充分である．k_1 および k_2 を比速度定数とし，E_1 および E_2 を有効活性化エネルギーとすると，二つの二分子反応の頻度因子が同じであると仮定して，

$$\frac{k_2}{k_1} = e^{-(E_2-E_1)/RT} \tag{30}$$

である．いまの例では $E_1 - E_2$ は約 5 kcal であろうから，500°K で二つの速度の比は

$$\frac{k_2}{k_1} = e^{5,000/1,000} \approx 150$$

となる．ゆえに上の計算によると，第二の段階は第一の段階の約 150 倍の速

---

[33] W. D. Bonner, W. L. Gore and D. M. Yost, 同誌, **57**, 2723 (1935).

さであると考えられる．

反応

$$H_2 + ICl = HI + HCl$$

の詳細な理論的研究[34]が，結合空間 (125頁) 中にポテンシャル・エネルギー面を描くことによって行なわれた．17 および 20% の加成的な結合エネルギーについて計算を行ない，下に示すような結果が得られた．活性化状態について見出された大きさおよび慣性能率が第XVI表に与えられている．

第XVI表　活性錯合体の大きさと慣性能率

加成的エネルギー %	H-H r_1, Å	I-Cl r_2, Å	H-Cl r_3, Å	H-I r_4, Å	H-Cl r_5, Å	H-I r_6, Å	$A \times 10^{40}$ g cm²	$B \times 10^{40}$ g cm²	$C \times 10^{40}$ g cm²
17	0.803	2.34	1.60	2.26	2.21	2.48	254.9	7.7	264.6
20	0.791	2.35	1.56	2.37	2.17	2.55	264.2	10.0	274.2

6個の基準振動数は129頁に記載した方法で得られるが，その5個は実数，1個は虚数である．これらは古典的活性化エネルギー E_c と，それに零点エネルギーを考慮したあとの値 E_0 とともに第XVII表に示す．

p. 242

第XVII表　基準振動数と活性化エネルギー

加成的エネルギー %	ν_1 cm⁻¹	ν_2 cm⁻¹	ν_3 cm⁻¹	ν_4 cm⁻¹	ν_5 cm⁻¹	ν_6 cm⁻¹	E_c kcal	E_0 kcal
17	4,391	1,580	1,426	481	435	1,128i	32.8	37.9
20	4,696	1,522	1,344	550	442	933i	24.9	30.3

実測温度 (500°K) に対する活性化エネルギーは201頁に与えた方法で計算される．これらはそれぞれ 36.6 および 29.0 kcal になる．前にも考えたように，水素と気体一塩化沃素との間の反応の遅い段階がいま考えている反応であれば，その活性化エネルギーの実測値 34 kcal はこの半経験的なポテンシャル・エネルギーの計算の結果と満足に一致している．

---

34) W. Altar and H. Eyring, *J. Chem. Phys.*, **4**, 661 (1936); A. Sherman and N. Li, *J. Am. Chem. Soc.*, **58**, 690 (1936).

H₂ と ICl との反応の速度定数は(29)式と同じ形で書かれる．ここで添字1および2はそれぞれ H₂ および ICl に関するものである．この式は

$$k = \kappa \left(\frac{m_\ddagger}{m_1 m_2}\right)^{3/2} \cdot \frac{\sigma_1 \sigma_2}{\sigma_\ddagger} \cdot \frac{(ABC)^{1/2}}{I_1 I_2} \cdot \frac{h^3}{8\pi^2 kT}$$

$$\cdot \frac{\prod_{}^{5}(1-e^{-h\nu_\ddagger/kT})^{-1}}{(1-e^{-h\nu_1/kT})^{-1}(1-e^{-h\nu_2/kT})^{-1}} e^{-E_0/RT} \quad (31)$$

になる．(31)式と，式

$$k = Ae^{-E/RT} \text{ cc mole}^{-1}\text{ sec}^{-1} \quad (32)$$

を満足する活性化エネルギーの計算値とから導かれる頻度因子 A の値を，実測した速度定数と活性化エネルギーとから出した A の値とともに第XVIII表に示す．

第XVIII表　頻度因子の計算値と実測値

温度, °K	A (実測)	A (計算)	
		$E=36.6$ kcal	$E=29.0$ kcal
478	1.64×10^{15}	4.11×10^{12}	4.30×10^{12}
503	1.49×10^{15}	4.16×10^{12}	4.17×10^{12}
513	1.60×10^{15}	4.09×10^{12}	4.21×10^{12}

p. 243

これらの結果から，速度定数の計算値はほぼ350倍小さ過ぎるように思われる．この差は第XVII表にある振動数の誤差のためであるのかも知れない．最低の数値をさらに小さくすると，活性化エネルギーをそんなに変えなくても，A 因子の実測値と計算値との一致を改善することができる．ただし A と E の実測値は水素と一塩化沃素が反応して沃素と塩化水素とができる反応の研究に基づいているが，実測の速度は沃化水素と塩化水素とを生成する反応の速度であると仮定しているものであることを思い起すことが大切である．全体を通じた反応ではこの二つの段階は同じ程度の速さで起っているかも知れないから，実測された量が，ここで討論し，それについての計算を行った反応に直接適用できるかどうかは確かでない．

炭化水素-ハロゲン反応

エチレン-ハロゲン反応[35]

例えば沃化エチレンの分解

$$C_2H_4I_2 = C_2H_4 + I_2$$

の場合のように，ハロゲン分子を二重結合に付加したり，あるいはそれから取り除いたりする過程は重要である．それらの多くは実験的に研究されており，また反応動力学にいくつかの面白い問題を提起した．沃化エチレンの分解反応の活性化エネルギーをきめるには，その逆反応すなわち沃素分子の二重結合への付加の活性化エネルギーを考えた方が便利である．E_1 を正反応の活性化エネルギー，E_2 を逆反応の活性化エネルギーとすると，その差は反応熱に等しく（7頁），活性化エネルギーは吸熱反応の方が大きい．もし反応熱の直接の熱化学的な値を利用することができなければ，一組の合理的な結合の強さを用いて近似値を導くことができる．

エチレンと沃素との反応を沃素分子が二重結合している炭素の系に付加するという簡単な形，すなわち

p. 244

$$\begin{matrix} \diagdown \diagup \\ C \\ \| \\ C \\ \diagup \diagdown \end{matrix} \quad + \quad \begin{matrix} I \\ | \\ I \end{matrix} \quad \rightarrow \quad \begin{matrix} \diagdown \diagup \\ C-I \\ | \\ C-I \\ \diagup \diagdown \end{matrix}$$

で考えることができる．したがって問題は4電子の関与する系として考察できる．簡単のためおよび一つの近似として，これらの電子を方向性のない s-電子として取扱う．二つの炭素原子は反応中も結合したままであるが，始めは二重結合で結合しており，終りには一重結合がそれらを結びつけている．それ故その原子間距離は反応の過程において変化するに違いない．計算を簡単にするために，炭素原子は $1.46\,\text{Å}$ という一定の距離に保たれると仮定す

---

35) A. Sherman and C. E. Sun, 同誌, **56**, 1096 (1934); A. Sherman, O. T. Quimby and O. Sutherland, *J. Chem. Phys.*, **4**, 732 (1936).

る．これは一重結合と二重結合の距離の大体の平均値としてとった値である．もしこれを活性化状態における炭素原子間の近似的な距離とすれば，他の点ではポテンシャル・エネルギー面がいくらか不正確になるとしても，活性化エネルギーにはあまり誤差がない．さて沃素分子は，第59図に示すように，炭素原子平面内で対称的に C—C 結合に接近するものとする．最初 r_2 は分子状沃素における正規の原子間距離であって，2.66 Å にとり，r_1 は大きい．

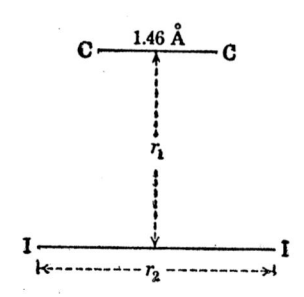

第59図 二重結合している炭素系への沃素分子の付加

反応が進むにつれて，C—C 結合と I—I 結合との垂直距離 r_1 は減少し，ついに C—I の距離は C—I 結合の正規の値 2.10 Å になり，それと同時に r_2 は 2.86 Å に増加する．上に仮定した簡単化によると4電子系のポテンシャル・エネルギー変化を二つの媒介変数，すなわち r_1 および r_2 だけで表わすことができる．このようにして反応のポテンシャル・エネルギー面を描くことができ，活性化状態も通常の方法で決められるのである．

考えている反応がエチレン-沃素反応と同等であると仮定して求めた活性
p. 245
化エネルギーを第XIX表の E_2 という見出しの下に示してある．逆過程すなわち沃化エチレンのエチレンと分子状沃素への分解に対する値は E_2 に反応

第XIX表 エチレン-ハロゲン反応の活性化エネルギー

反　　応	E_1, kcal	E_2, kcal
$C_2H_4I_2 = C_2H_4 + I_2$	30.0(36)	22.4
$C_2H_4Br_2 = C_2H_4 + Br_2$	50.2	24.4(30)
$C_2H_4Cl_2 = C_2H_4 + Cl_2$	80.4	25.2

熱を加えて得られるが，それを E_1 の欄に示してある．いま述べたのと同様な計算が分子状の臭素および塩素の二重結合への付加に対しても行われており，相当する活性化エネルギーがまた第XIX表に示されている．すべての場合に，クーロン・エネルギーは C—C および C—X 結合の全結合エネルギーの 14% であると仮定してある．ただし X はハロゲンを表わしている．Morse の式の定数はこれらの結合に関する分光学的測定値から導いてある．

括弧内の二つの結果は近似的な実測値である．一致はかなりよいことが見られ，さらに加成的エネルギーの比率を変えることによって人為的に改良することもできるであろう．

ハロゲン原子による触媒作用[36)]

すでに論じた沃化エチレンの直接分解の他に，沃素原子の関与する触媒反応もまた重要な役割を果すことが知られており，この過程を考察することは興味がある．沃素原子は分子の解離によって生じ，ついで段階

$$(1)\quad I + C_2H_4I_2 = C_2H_4I + I_2$$
$$(2)\quad C_2H_4I = C_2H_4 + I$$

を通り，そこで沃化エチレンが分解して沃素原子が再生される．これらの反応のうち第二のものは極めて速く，従って第一の反応の活性化エネルギーが触媒による分解の速度を決定すると考えられる．この過程の有効活性化エネルギーすなわち全体を通じての 活性化エネルギーは，水素-ハロゲン反応の p. 246 ときのように，律速段階の活性化エネルギーに分子状沃素の解離熱の半分を加えて得られる．上の反応（1）の活性化エネルギーを計算するには，つぎのように簡単化した逆の過程を考えると好都合である．すなわち，ラジカル C_2H_4I は二番目の炭素原子に自由電子をもつ $CH_2I\cdot\overset{|}{C}H_2$ とみなしてよい．

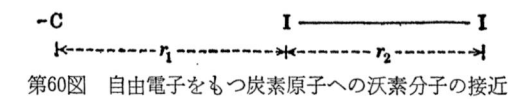

```
        -C              I ——————— I
        |←----r₁------→|←----r₂----→|
```

第60図　自由電子をもつ炭素原子への沃素分子の接近

---

36) Sherman and Sun, 参考文献 35; Sherman, Quimby and Sutherland, 参考文献 35.

そうすると分子状沃素の反応は実質上3電子問題になる．沃素分子は第60図に示すように沃素核を結ぶ線上に沿って炭素原子に近づくと考えられる．初め r_2 は正規の I–I 距離であり，r_1 は大きい．しかし反応が進むとともに，r_1 は一重結合の C–I 距離に近づき，r_2 は大きくなる．結合エネルギーの14%が加成的であると仮定し，半経験的手続きを用いてポテンシャル・エネルギー面を描き，通常の方法に従って活性化エネルギーを導くことができる．第XX表には，そこに書かれている反応の正反応の活性化エネルギー（E_1）および逆反応のそれ（E_2）を臭素および塩素の関与する対応する過程の値とともに引用してある．原子反応に対する有効活性化エネルギーは，おのおのの場合にハロゲン分子の解離熱の半分を E_2 に加えて得られるが，これは E_a の欄に与えられている．

第XX表 原子の関与するエチレン-ハロゲン反応の活性化エネルギー

反　　応	E_1, kcal	E_2, kcal	E_a, kcal
$C_2H_4I + I_2 = C_2H_4I_2 + I$	1.8	10.4	28.0(30)
$C_2H_4Br + Br_2 = C_2H_4Br_2 + Br$	2.3	22.4	45.0
$C_2H_4Cl + Cl_2 = C_2H_4Cl_2 + Cl$	3.0	24.6	53.0

沃素の原子反応について実験的に得られた近似値が括弧の中に与えられているが，これは計算値とよく一致していることがわかる．

第 XIX および XX 表の結果を吟味すれば，任意の特別な場合に，ハロゲン化エチレンの分解が単分子機構，すなわち活性化エネルギーが第XIX表の E_1 p. 247 で与えられるような直接分解で起るか，または活性化エネルギーが第XX表の E_a で与えられるようなハロゲン原子による 触媒分解が優勢を占めるかを予言することができる．沃化エチレンの場合，活性化エネルギーの二つの計算値すなわちそれぞれ 30.0 および 28.0 kcal は非常に近いので，両者の機構は同じ温度範囲では同時に起ると思われる．この予想は実験でも支持されている．臭化エチレン の分解では 反応径路を正確に予想できない．触媒分解に対して計算された活性化エネルギーは 45 kcal であり，これに比較して単分子分解に対しては 50 kcal であるから，前者が優勢であることが期待され

る．しかし両方の型の分解が並行して起ることも不可能ではない．塩化エチレンの場合には事情は一層はっきりしている．ここでは触媒反応の活性化エネルギーは 53 kcal であり，これに対して単分子分解については 80 kcal である．それ故明らかに前者の機構が優越するはずである．活性化エネルギーが比較的高いことから考えて，反応は温度が少くとも 700°K であるときだけ測定可能な速度をもつであろう．第 XIX および XX 表から臭化エチレンはより低い温度で，また沃化エチレンはさらに低い温度でかなりの分解速度をもつことが結論されるが，実際にそうであることが見出されている．

二重結合への三原子ハロゲンの付加[37]

四塩化炭素溶液中での桂皮酸の光臭素化は次のように起るといわれている．すなわち光化学的初期段階

$$Br_2 + h\nu \to 2Br$$

に，熱反応

$$Br + Br_2 = Br_3$$

および

$$Br_3 + Ph \cdot CH:CH \cdot COOH = Ph \cdot CHBr \cdot CHBr \cdot COOH + Br$$

が続く．おそらく最後の段階が律速段階であるが，その活性化エネルギーに関するいくらかの情報が Br_3 分子が $-C=C-$ 結合系に付加する一般的な
p. 248
機構の考察から得られる．これは 5 電子問題として取扱われ，直線状 Br_3 分子が，第61図に図示されているように，一平面内で $-C=C-$ 系に近づくと考えることによって，ポテンシャル・エネルギー面の表現が簡単になる．ハロゲン分子の付加の場合のように (250頁)，炭素-炭素結合距離は 1.46 Å の一定値をもつと仮定する．Br_3 と炭素-炭素系との反応は r_1 の減少と r_2 の増大をともなう．従ってポテンシャル・エネルギー面はこの二つの変数を用いて描くことができる．二原子の結合エネルギーの14%がクローン的性

---

37) Sherman and Sun, 参考文献 35; R. M. Purkayasta and J. C. Ghosh, *J. Ind. Chem. Soc.*, **2**, 261 (1926); **4**, 409, 553 (1927); W. H. Bauer and F. Daniels, *J. Am. Chem. Soc.*, **56**, 738 (1934) 参照．

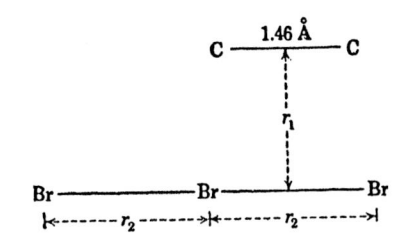

第61図　二重結合への三原子臭素分子の接近

質であると仮定すれば，考えている過程の活性化エネルギーは 35.6 kcal となることがわかる．そうすると，Br_3 とエチレンとの反応も恐らく約 36 kcal の活性化エネルギーを要することになるが，これはエチレンへの Br_2 の付加に対して第XIX表に示してある値より相当大きい．従って Br_3 分子がエチレンの臭素化に重要な役割を占めるであろうとは思われない．Br_3 および Br_2 が二重結合に付加するときの活性化エネルギーについてここに得た結果は溶液中の桂皮酸の臭素化に対して正確に成立つとは考えられないが，両者の活性化エネルギーの差が同程度のものであるということはあり得ないことではない．したがって桂皮酸と Br_3 との間の反応に関する上述の機構は正しくないと思われる．もっと確からしい機構は次のものである．すなわち臭素原子が光化学的初期段階で生じ，これらが反応して

$$Br + Ph \cdot CH:CH \cdot COOH = Ph \cdot CHBr \cdot \overset{|}{CH} \cdot COOH$$

ついで

$$Ph \cdot CHBr \cdot \overset{|}{CH} \cdot COOH + Br_2 = Ph \cdot CHBr \cdot CHBr \cdot COOH + Br$$

となる．第一の段階は会合反応的性質のものであるから，確かに活性化エネルギーは小さく，第二の段階のそれは反応

$$C_2H_4Br + Br_2 = C_2H_4Br_2 + Br$$

に対する活性化エネルギーに類似しており，これは 2.3 kcal に過ぎない（第XX表を見よ）．

Br₃ について述べたものと同じような計算が Cl_3 および I_3 の二重結合への付加についても行われている．それらは直接実際上の興味はないが，第XXI表にその結果を掲げる．

第XXI表 エチレン-三原子ハロゲン反応の活性化エネルギー

反　　　応	E, kcal
$C_2H_4 + I_3 = C_2H_4I_2 + I$	29.7
$C_2H_4 + Br_3 = C_2H_4Br_2 + Br$	35.6
$C_2H_4 + Cl_3 = C_2H_4Cl_2 + Cl$	48.2

それ故二重結合にハロゲンが付加する場合には，三原子分子の関与する反応が二原子分子との反応に優先するようなものはない．

共役二重結合へのハロゲンの付加[38]

二原子分子と共役二重結合系との反応は 1-2 または 3-4 位置への付加よりもむしろ 1-4 付加がしばしば起ることがよく知られている．すなわち

$$CH_2=CH-CH=CH_2 + X_2 = CH_2X-CH=CH-CH_2X$$
　　1　　2　　3　　4

有機化学者がこの現象を種々説明している[39]が，1-4 および 1-2 付加に要する活性化エネルギーをそれぞれ計算すれば，この問題にいくらか光明がもたらされるかも知れない．炭素原子の一重結合と二重結合との間の原子価角は 125°16′ である．しかし 2- と 3- 炭素原子を結ぶ一重結合のまわりには自由廻転の可能性があるために，二重結合の共役系について正確な配置は知られていない．ここでの計算の目的には炭素原子の連鎖は，例えば臭素の二
p. 250
原子が 1- および 4- 位置に付加するのに最も都合のよい状態にあるものと考えよう．そうすると，4個の炭素原子は一平面内にあって，しかも 1- お

---
38) H. Eyring, A. Sherman and G. E. Kimball, *J. Chem. Phys.*, **1**, 586 (1933); また L. S. Kassel, 同誌, **1**, 749 (1933) も見よ.
39) 例えば J. Thiele, *Ann.*, **306**, 87 (1899); E. Erlenmeyer, 同誌, **316**, 43 (1901); A. Lapworth, *J. Chem. Soc.*, **121**, 416 (1922); W. O. Kermack and R. Robinson, 同誌, **121**, 427 (1922) を見よ.

共役二重結合へのハロゲンの付加　　　　　　　　　　　　　　　257

よび 4- 原子は第62図のように，2- および 3- 原子を結ぶ線の同じ側に位置
するであろう．C-C 距離は 1.46 Å という一定値をもち，原子価角も 125°
を保つものとし，また臭素原子は図に示すように対称的に共役二重結合系に

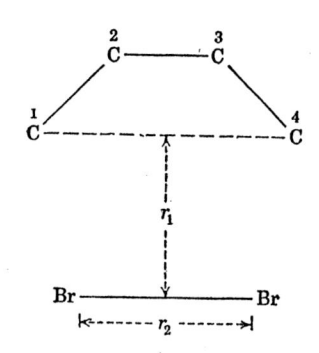

```
        2        3
        C--------C
       / \      / \
      /   \    /   \
     1     \  /     4
     C------\/------C
            |
            |
            r₁
            |
            ↓
     Br-----------Br
       ←---- r₂ ----→
```

第62図　1-4 炭素原子への臭素分子の付加

近づくものと仮定すれば，その配置は，前の場合と同じように，二つの座標
r_1 および r_2 で完全に記述することができる．最初 r_1 は大きく，r_2 は分
子状臭素の正規の原子間距離であって，2.28 Å にとる．反応の進行ととも
に，r_1 は減少し，r_2 は増加して，最後に C—Br 距離は一重結合の距離
(1.91 Å) になる．もし他の例におけるように，反応に直接関与する以外の
すべての電子が系のポテンシャル・エネルギーにおよぼす影響を無視すれば，
問題は 第63図 に示すような 6 電子の 再配列の問題に帰着する．炭素原子対
1-2，2-3 および 3-4 はおのおのもう一組の電子対によって結合されてい
るが，多分これらは反応によってその位置が変わらないから図示していない．
もし p- 電子のもつ方向性の効果を無視すれば，第Ⅱ章ですでに 4 電子につ
いて述べた方法を拡張して，系のポテンシャル・エネルギーを計算すること

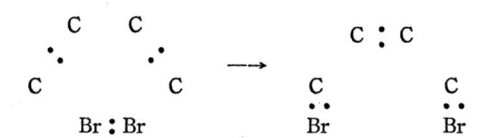

```
      C   C                  C : C
     ··   ··        →
    C     C              C         C
                         ··        ··
   Br : Br               Br        Br
```

第63図　6 電子問題として，臭素分子の 1-4 炭素原子への付加

ができる．結合の加成的エネルギーが14%であるということを基礎にして，共役二重結合系への臭素の 1-4 付加反応に対して，このようにして求めた
p. 251
ポテンシャル・エネルギー面を第64図に示す．反応径路は矢印で示してあり，活性化エネルギーは約 31 kcal であることがわかる．もし臭素の分子が上に前提したように，4個の炭素原子と同じ平面内で接近しないならば，活性化エネルギーはもっと高いであろう．例えば接近の方向がこの面に垂直であれば，活性化エネルギーは 65 kcal であることが計算され，またもし接近の線が平面と 109 度の角をなせば活性化エネルギーは 40 kcal となるであろう．このように6個の原子がすべて同一平面内にあるような活性錯合体は極小のポテンシャル・エネルギーをもち，これは大多数の臭素あるいは他の二原子分子が共役二重結合と反応する径路を与えるものとみなしてよい．

水素の 1-4 付加も同じように取扱われており，その活性化エネルギーは 46 kcal であることが計算されている．

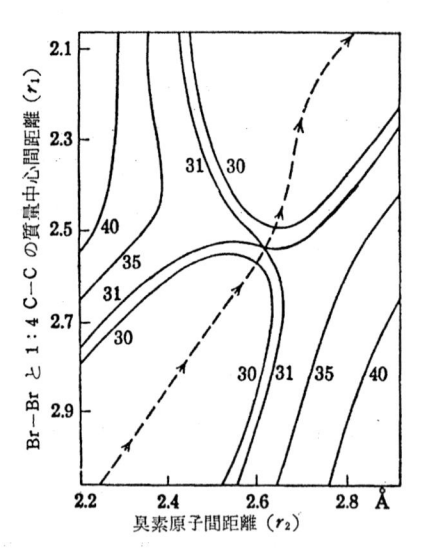

第64図 炭素原子への臭素分子の 1-4 付加に対する
ポテンシャル・エネルギー面 (Eyring, Sherman および Kimball)

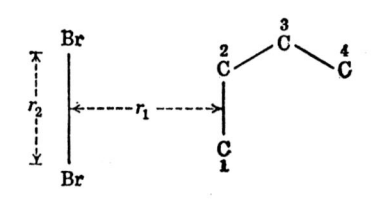

第65図　1-2 炭素原子への臭素分子の付加

　1-2 付加の活性化エネルギーも，付加する分子が第65図に示すように，4個の炭素原子の平面内で接近すると仮定して，同様の手続きで導かれている．p. 252 このときもポテンシャル・エネルギーは二つの変数だけの函数になり，臭素の付加の活性化エネルギーは 42 kcal，水素に対しては約 82 kcal となることが見出される．この場合にもまた，もし付加する分子がそれ以外のどの方向から接近しても，活性化状態のポテンシャル・エネルギーはこれより高くなるであろう．

　1-4 および 1-2 付加に対して計算された活性化エネルギーを比べると，明らかに前者の反応の方が後者より一層容易に起ることが期待される．しかし臭素の付加の活性化エネルギーは30から 40 kcal の程度であるから，均一反応は常温では非常に緩慢に起るであろうということに注意すべきである．しかし実際には付加は比較的速く，従って過程は触媒的機構を含んでいるに違いない．このことは実験と一致している．何故ならば，気体状臭素とブタジエンとの間の反応が主として反応容器の表面上で起ることが見出されているからである．[40] 可能な表面反応に対するポテンシャル・エネルギーを詳細に考察することはあまりにも複雑であって，現在のところ実行できないし，また残念ながら，今まで試みられた近似的取扱いも決定的な結果に達するに至っていない．

---
40) G. B. Heisig, *J. Am. Chem. Soc.*, **55**, 1297 (1933); また A. Sherman and H. Eyring, 同誌, **54**, 2661 (1932) を見よ．

ベンゼンへの付加[41]

水素とベンゼンとの反応,すなわち

$$C_6H_6 + H_2 = C_6H_8$$

では8個の電子,すなわち水素分子の各原子に1個ずつと,ベンゼン環中の炭素原子の一義的な結合をつくらない6個の電子を考察する必要がある. 8電子問題の永年方程式は14次であるが,この例では対称性のために4次式と10次式の積に簡単化することができる.活性化状態のポテンシャル・エネルギーを得るには後者だけを解けばよい.水素の分子は生成物質 1:2-ジヒドロベンゼンの新しい C—H 結合がベンゼン環の面となす角に相当する角を
p. 253
もった方向からベンゼン分子に接近すると仮定する.反応過程中には r_2 が増大するにつれて r_1 は減少するが,炭素-炭素間距離は一定に保たれると考える.問題を解くために必要な種々の積分は関係する二原子間の距離だけの函数と仮定して,Morse のポテンシャル・エネルギーの式を用いて計算する. 14%の加成的エネルギーに基づいたポテンシャル・エネルギー面は活性化エネルギーが約 95 kcal になることを示す.しかしこの結果は正しいとは思われない.何故ならば,計算によると終りの状態すなわち 1:2-ジヒドロベンゼンは 85 kcal だけベンゼンより不安定,すなわち $C_6H_6+H_2$ の $\varDelta H$ は +85 kcal になることを示すのに反して,熱化学的実測値はジヒドロ化合物の方がわずかに安定であることを示すからである.

実測される生成熱と結合の強さから計算される生成熱との差は共鳴エネルギーを表わすと考えられるが,隣接する原子上のもの以外のすべての電子対の間の交換積分を零と仮定すればその満足な値が得られる.それ故考察しているこの場合にも,この同じ近似を用いれば,同様な一致が得られる可能性があるように思われる.もし非結合原子対上の電子間の交換積分を無視するならば,すなわちもし含まれているものが交換積分 *ab, bc, cd, de, ef, fa, eg, fh* および *gh* (第66図)だけであるとすれば,$\varDelta H$ は 26 kcal となるこ

---

41) A. Sherman, C. E. Sun and H. Eyring, *J. Chem. Phys.*, 3, 49 (1935).

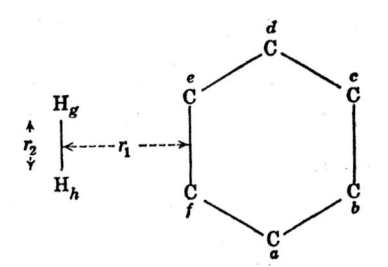

第66図　ベンゼンへの水素分子の付加

とが計算され，実験値にずっと近くなる．C—H 結合のエネルギーを少しばかり大きくすれば，一致をさらによくすることができる．初めと終りの状態に対して隣接原子の間の相互作用だけを考えればよいという近似は $\varDelta H$ について相当に満足できる結果を与えるが，この近似を用いると 36 kcal という活性化エネルギーに導くため，この近似を全体のポテンシャル・エネルギー面に適用することはできない．この値は明らかに小さすぎる．何故ならばこれはエチレンの水素化に要する値，すなわち 43 kcal より小さく，しかも後者の過程は水素とベンゼンとの間の反応よりもっと速く起ることが知られているからである．さらにまた 36 kcal という活性化エネルギーは，500°K 以下の温度でも均一反応の速度はかなりのものであることを意味しているが，実際には 500 から 550°K の温度範囲でベンゼンを水素化するには触媒を使用することが必要である．[42]

極めて合理的と思われるもう一つの可能性としては，eh および fg 以外のすべての非隣接原子に対する交換積分を零とおくことである．[43] これは約 80 kcal の活性化エネルギーおよび比較的小さい $\varDelta H$ の値を与える．電子 a, b, c および d を全く無視し，系を 4 電子系に帰着させても同様によい一致が得られると想像されるかも知れない．そうすると反応はエチレンと水素との間の反応と本質的に同じものになる．しかしすでに注意したように，後者

---

42) 例えば G. Dougherty and H.S. Taylor, *J. Phys. Chem.*, **27**, 533 (1923); P. Sabatier, *Ind. Eng. Chem.*, **18**, 1006 (1926) を見よ．
43) L. Pauling, *J. Chem. Phys.*, **1**, 362, 606 (1933) 参照．

の過程はベンゼンの水素化よりも速く，ΔH の値も違っている．それ故，実験と最もよく一致する結果は，隣接する原子上の電子に対する交換積分の他に，明らかに無視できない交換積分 eh および fg だけを考慮することによって得られると思われる．

炭化水素の反応

水素交換反応[44]

交換型の反応

$$H + CH_4 = CH_4 + H$$

は，接近する水素原子が炭素に付着する一方，もとのメタン分子の水素原子の一つを追い出すもので，図解的には第67図で表わされるようなものである．図において r_1 は接近する水素原子から炭素原子までの距離，r_2 はこの炭素原子と最後には追い出される水素原子との間の距離である．切断されるC—H 結合と他の任意の C—H 結合との原子価角は θ である．対称性を考えるとわかるように，これは三つの可能なすべての場合に同一でなければならない．反応の初めには r_1 は大きく，r_2 は C—H 結合の正規の値をもっている．過程が完結すれば今度は r_2 は大きく，r_1 は正規の C—H 距離に等しくなり，その位置は逆になる．系は交換に直接関与する二つの水素原子のおのおのにある一つずつの電子と，炭素原子の上の一つの電子との 3-電

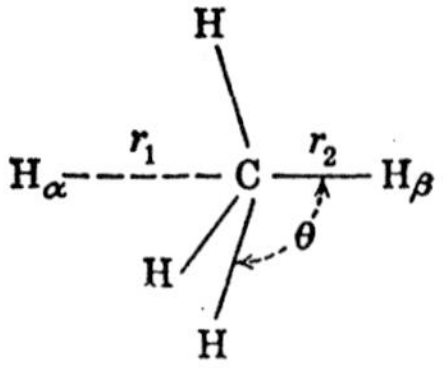

p. 255

第67図 水素原子とメタンとの間の交換反応

---

44) E. Gorin, W. Kauzmann, J. Walter and H. Eyring, 同誌, **7**, 633 (1939).

子問題とみなせる．ポテンシャル・エネルギー面は r_1, r_2 および θ の函数として計算されたが，その際 H—H 結合のエネルギーの10%が加成的であり，C—H 結合の交換エネルギーは θ とともに変わると仮定した．ただし後者では，その値は J. H. Van Vleck が提出した[45]積分を援用して得られる．しかし与えられた任意の角に対してクーロン・エネルギーは，この結合に対して Morse 曲線で与えられる全結合エネルギーと同じ仕方で，C—H 距離とともに変化すると仮定する．この反応に対する活性化エネルギーは37 kcal となることがわかり，また活性化状態は予期されるように，対称的な配置をもっていて，

$$r_1 = r_2 = 1.30 \text{ Å}$$

および $\theta = 90$ 度である．したがって，水素原子 H_α がメタン分子に近づくにつれて，遠い方の原子 H_β は追い出され，同時に他の三つの水素原子は，第68図に示すように，一平面内に押しこめられるように思われる．活性化状態の起るのは H_α と H_β が炭素原子から等距離にあり，他の三つの水素原子が炭素と同一平面内にあるときである．

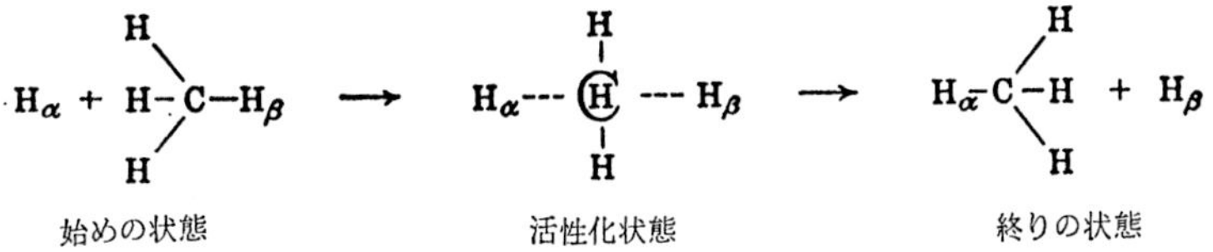

第68図 水素原子とメタンとの間の反転型の交換反応の機構

反 転 反 応[46]

メタンの反転に関連して行った計算は，光学的に活性な沃化アルキル，例えば RR′R″CI の気相中での沃素原子によるラセミ化に適用される．この

---

45) J. H. Van Vleck, 同誌, **1**, 183 (1933); また H. H. Voge, 同誌, **4**, 581 (1936) を見よ．
46) Gorin *et al.*, 参考文献 44; E. Bergmann, M. Polanyi and A. Szábo, *Z. physik. Chem.*, B, **20**, 161 (1933); R. A. Ogg and M. Polanyi, *Trans. Faraday Soc.*, **31**, 482 (1935): F. O. Rice and E. Teller, *J. Chem. Phys.*, **6**, 489 (1938) 参照．

過程の機構は，丁度第68図でメタン分子に水素原子が近づくのと同様に，沃素原子が沃化アルキルに接近し，R, R′ および R″ 基が中央の炭素原子を通る面内にあり，沃素原子が一つずつその両側に対称的に配置しているような対称的な活性錯合体が形成されるというものである．これらの二つの原子のうちのおのおのが錯合体から追い出される確率は等しい．ゆえに活性錯合体の半分はもとの状態に復帰し，他の半分は反転した配置をとるであろう．もし初めの分子 RR′R″CI が光学的に活性であるならば，生成物質はラセミ体になるであろう．何故ならば反転反応は d-形または l-形のどれにも平等に起るからである．反転過程の活性化エネルギーは，次の考察からわかるように，接近する沃素原子と中央の炭素原子の間にできる結合の強さに依存するであろう．活性化状態は，両側におのおの一個の沃素原子または他の原子をもつ平面状の CR_3 または CH_3 ラジカルとみなしてよい．遊離ラジカルには平面的な配置は安定なものであるから，ポテンシャル・エネルギーは主に交換に関与する原子に依存するであろう．これらの一つは中央の炭素原子に近づけられ，他のものは遠ざけられる必要があり，この過程を完結するに要するエネルギーの量は明らかに C—I 結合の強さ，またはメタンの場合には C—H 結合の強さに依存する．あらい近似としては，反転反応の活性化エネルギーはこの結合の強さに正比例すると考えてもよい．メタンの反転に要するエネルギーは約 37 kcal であるから，C—H および C—I 結合の強さをそれぞれ 100 および 40 kcal として，沃素原子によって引き起される化合物 RR′R″CI の光学的な反転に要するエネルギーは，ほぼ $37 \times 40/100$ すなわち 15 kcal となるはずである．実験値は 14 から 18 kcal の程度であり，これは計算された数値とよく一致している．

上に提出された反転機構のほかに，これに代る機構すなわち遊離ラジカルが実際にでき

$$d\text{-RR}'\text{R}''\text{CI} + \text{I} = \text{RR}'\text{R}''\text{C}\cdot + \text{I}_2$$

ついで

$$\text{RR}'\text{R}''\text{C}\cdot + \text{I}_2 = l\text{-RR}'\text{R}''\text{CI} + \text{I}$$

となる機構もまた可能であることに着目してもよい．第一の段階が恐らく律速段階であって，その活性化エネルギーは次のようにして評価される．この反応は 40 kcal を要する C—I 結合の切断と 34 kcal を放出する I—I 結合の生成とを含むから，過程は 6 kcal 程度の吸熱である．これとは別に，分子と原子との間の反応，例えば H_2+H あるいは H_2+Cl の正規の活性化エネルギーは約 8 kcal である．それ故 d-RR'R''CI と沃素原子との間の反応の活性化エネルギーは約 14 kcal となるはずである．このように遊離ラジカル機構はこの特別な例では可能性がある．

炭化水素-水素反応[47]

安定な錯合体 CH_5 の存在の可能性と関連して，反応

$$H + CH_4 = CH_3 + H_2$$

のポテンシャル・エネルギー面を考察した (140頁) が，さらにこの問題について次に言及しよう．その前にしばらく錯合体反応の活性化エネルギーを考察しよう．反応物質の配置は第69図に示すようなものと仮定され，問題は一電子が炭素原子の上に，また炭素の左側に示した二つの水素原子（$H_α$ および $H_β$）の上におのおの一電子がある三電子問題として取扱われる．r_1 および r_2 のおのおのの値に対して，原子価角 $θ$ に関するエネルギーの極小値を用いると，これら二つの座標だけを用いてポテンシャル・エネルギー面を描くことができる．活性錯合体は $r_1=1.40 Å$, $r_2=1.17 Å$ および $θ=105$ 度

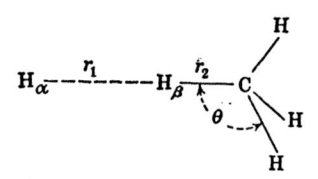

第69図 原子状水素とメタンとの間の反応
　　　　に対する模型

---

47) Gorin *et al.*, 参考文献 44.

という大きさをもち，クーロン・エネルギーの比率について 263 頁と同じ仮
p. 258
定をすれば，そのエネルギーは初めの状態よりも 9.5 kcal だけ大きい．活
性化状態の C—D および C—H 結合の零点エネルギーに差があるため，反
応

$$D + CH_4 = CH_3 + HD$$

の活性化エネルギーは，約 1 kcal 大きいと予想される．律速段階として明
らかにここで考えている反応が関与しているような種々の過程の研究から活
性化エネルギーは 13 ± 2 kcal であることが見出されるが，これは計算値と
よく一致している．

考えている反応の逆，すなわち

$$CH_3 + H_2 = CH_4 + H$$

は多くの研究者によって研究され，その活性化エネルギーは 11 ± 2 kcal で
あることが見出されている．[48] これは反応熱が零と 6 kcal との間になけれ
ばならないことを意味している．ポテンシャル・エネルギー面から見積られ
る理論値は 7.4 kcal である．

常温における重水素原子とエタンとの間の反応は多量の重水素化メタンの
生成をともない,[49] この過程の初期段階は

$$D + CH_3 \cdot CH_3 = CH_3D + CH_3$$

であるといわれており，これはメタンについて上で考察した反転型の反応に
似ている．この場合，重水素原子がエタンのメチル基の一つに近接し，その
結果他方を遂には追い出してしまうものである．C—C 結合の強さは C—H
結合よりわずかに弱いので，この反応の活性化エネルギーは少くとも 30 kcal
はなければならない．実験値は 7.2 kcal であり，従って別の機構を探さな

---

48) H. von Hartel and M. Polanyi, *Z. physik. Chem.*, B, **11**, 97 (1930); H. S. Taylor and C. Rosenblum, *J. Chem. Phys.*, **6**, 119 (1938).

49) N. R. Trenner, K. Morikawa and H. S. Taylor, 同誌, **5**, 203 (1937); E. W. R. Steacie, 同誌, **6** 38 (1938).

ければならないと思われる．一つの可能性[50]は第一段階として反応

$$D + CH_3 \cdot CH_3 = CH_3 \cdot CH_2 \cdot + HD$$

に基づいたものである．この過程は

$$H + CH_3 \cdot H (すなわち CH_4) = CH_3 \cdot + H_2$$

と似ており，この活性化エネルギーは上に計算した 9.5 kcal である．引き続いて起る段階は原子とラジカルとを含み，恐らく小さな活性化エネルギーしか要らないであろう．

CH_3—H—H 錯合体が比較的安定性をもつという示唆（140頁）を，水蒸気，アンモニアまたはメタンの共存下で起るオルトーパラ水素転移や水素-重水素交換反応に関連して観測されたいくつかの興味深い現象の説明に利用することができる．[51] 水またはアンモニアは，常温で励起された水銀原子により誘発されるオルト-水素からパラ-水素への転移速度をほとんど減少させないが，メタンは 150°C 以上でその速度を著しく遅くする．これはメタンが非常に顕著な程度に，水素原子を系から除去することを示唆する．このように，238°C でメタンは水素原子の濃度を炭化水素が共存しない場合の値の8分の1にまで減少するようである．故にメタンは反応

$$H + CH_4 = CH_3\text{—}H\text{—}H$$

に続いて起る

$$CH_3\text{—}H\text{—}H + H = CH_4 + H_2$$

または

$$2CH_3\text{—}H\text{—}H = 2CH_4 + H_2$$

によって，水素原子の再結合に対して触媒として作用する可能性がある．錯合体 CH_3—H—H が形成される前に，系は高さ約 10 kcal のエネルギー障壁（140頁第40図を見よ）を乗り越えねばならない．このことは 150°C でメタンの影響が顕著となり，さらにそれが温度の上昇とともに増大することを説

---

50) H. S. Taylor, *J. Phys. Chem.*, **42**, 763 (1938).
51) A. Farkas and H. W. Melville, *Proc. Roy. Soc.*, **157**, A, 625 (1936).

明するであろう．しかし 280°C で効果は最大になり，この温度を越えると減少する．このような結果は，メタンと水素原子との間の結合が比較的弱く，したがって適当な高温では平衡は解離した形に有利になることから予想されないことではない．

アンモニアの光化学的分解において水素原子の濃度が低いのは NH_4 ラジ

p. 260
カルの生成[52] のためであるとされていることをあげておくことは興味がある．重水素原子の存在する場合交換反応は起らないから，[53] NH_4 ラジカルが生成してもその四個の水素原子は同等でありえないことが確定している．それ故 CH_3—H—H に似た NH_2—H—H 錯合体ができるらしい．C—H 結合と N—H 結合の強さおよびその原子間距離が似ていることから考えて，CH_3—H—H が安定であると結論する計算が NH_2—H—H 錯合体に関しても同様の結論を導くであろう．

遊離ラジカルの結合とエタンの解離[54]

メチルラジカルが結合してエタンを生成する速度は，水素分子と分子イオンとの間の反応に関して用いた方法 (225頁) と正確に類似する方法で，絶対反応速度論を用いて計算することができる．第Ⅲ章 (136頁) で説明したように，二つの遊離ラジカルの間の反応の見掛けの活性化エネルギー E_{act} は相反する廻転および分極エネルギーの作用のために生じ，その結果は

$$E_{act} = \frac{[J(J+1)h^2]^{3/2}}{72(\pi^2\mu)^{3/2}\{\alpha_A\alpha_B[\mathcal{I}_A\mathcal{I}_B/(\mathcal{I}_A+\mathcal{I}_B)]\}^{1/2}} \tag{33}$$

である．ただし α_A と α_B および $\mathcal{I}_A$ と $\mathcal{I}_B$ はそれぞれ遊離ラジカル A と B の分極率およびイオン化ポテンシャル，μ は活性錯合体の換算質量，J は廻転量子数である．前に述べた理由 (125頁) から，速度式の中の廻転および振動の分配函数は打消し合い，したがって

52) A. Farkas and P. Harteck, *Z. physik. Chem.*, B, **25**, 257 (1937).
53) H. S. Taylor and J. C. Jungers, *J. Chem. Phys.*, **2**, 452 (1934).
54) E. Gorin, *Acta Physicochim. U. R. S. S.*, **9**, 691 (1938); Gorin *et al.*, 参考文献 **44.**

$$k = \kappa \frac{\dfrac{(2\pi m_{\ddagger} kT)^{3/2}}{h^2}}{\dfrac{(2\pi m_A kT)^{3/2}}{h^3} \cdot \dfrac{(2\pi m_B kT)^{3/2}}{h^3}}$$

$$\times \frac{[1+\sum_{J=1}^{\infty}(2J+1)e^{-E/kT}]}{\sigma_{\ddagger}} \cdot \frac{kT}{h} \tag{34}$$

p. 261
となる.ここに m_A, m_B および $m_{\ddagger}$ はそれぞれ A, B および活性錯合体の質量,$\sigma_{\ddagger}$ は後者の対称数である.227頁のように,角括弧の中の求和を積分で置き換えると,

$$k = \kappa 2^{3/2} 3^{1/3} \Gamma(2/3) \frac{\pi^{1/2}(kT)^{1/6}}{\sigma_{\ddagger}} \left[\alpha_A \alpha_B \left(\frac{\mathcal{J}_A \mathcal{J}_B}{\mathcal{J}_A + \mathcal{J}_B}\right)\right]^{1/3} \left(\frac{m_A + m_B}{m_A m_B}\right)^{1/2} * \tag{35}$$

となる.ここで $\Gamma(2/3)$ は $2/3$ のガンマ函数である.

二つのメチルラジカルが結合してエタンをつくるとき $\sigma_{\ddagger}$ は2,遊離メチルラジカルの分極率は結合しているラジカルに対する値,すなわち 2.25×10^{-24} cc よりわずかに大きく,2.5×10^{-24} cc にとってよい.このラジカルのイオン化ポテンシャルは8.4ボルトと計算されており,[55] これらの数値の単位を直して(35)式に代入すると,873°K における二つのメチルラジカルの結合の比速度は,透過係数を1と仮定すると,約

$$k = 2 \times 10^{-11} \text{ cc molecule}^{-1} \text{ sec}^{-1}$$

という値になる.ここで断っておかねばならないが,ラジカルは活性化状態において自由に廻転すると仮定したのでこの数値は最大値である.もしこの廻転が制限されていて,弱い振動すなわち秤動のような性質のものであるとすれば,比反応速度は2または3倍だけ低くなろう.さらに中程度の低圧では,活性錯合体の相当の部分が他の分子と衝突して安定化する前に再解離するかも知れない.したがって透過係数は1より小さくなり,このこともある程度は速度を下げる働きをするであろう.

---
 * 参考文献 (44),(54) に与えられている式の係数値は (35) 式のものと少し違うが,その差異は大したものでない.
 55) R. S. Mulliken, *J. Chem. Phys.*, **1**, 492 (1933).

上に導いた結果はエタンが二つのメチルラジカルに解離する速度の計算に利用できる。$k_f=k_b K$ であるからこの目的のためには反応の平衡定数 K をきめる必要がある．ここに k_f は正の反応すなわちエタンの解離の比速度であり，k_b は上にきめた逆反応の比速度である．故に

$$K=\frac{k_f}{k_b}=\frac{F_{CH_3}^2}{F_{C_2H_6}}e^{-\Delta E_0/RT} \tag{36}$$

となる．ここに E_0 は絶対零度における定容反応熱，F_{CH_3} および $F_{C_2H_6}$ はそれぞれメチルラジカルおよびエタンの単位体積当りの分配函数である．項 F_{CH_3} は通常の通り

$$F_{CH_3}=F_{tr}F_{vib}F_{rot} \tag{37}$$

で定義される．しかし $F_{C_2H_6}$ には内部廻転の寄与を含ませる必要がある．したがって

$$F_{C_2H_6}=F_{tr}F_{vib}F_{rot}F_{int.rot} \tag{38}$$

メチル基の振動数は沃化メチルにおける値，[56]すなわち 1,252, 2,860, 1,445 および 3,074 cm^{-1} を採用するが，最後の二つは二重に縮重している．これらから F_{vib} が普通の方法で計算される．メチル基の廻転の分配函数は

$$F_{rot}=\frac{8\pi^2(8\pi^3 I_z^2 I_x)^{1/2}}{\sigma h^3} \tag{39}$$

から得られる．平面的配置を仮定すると，慣性能率は既知の正規の C—H 距離から導かれる．すなわち $I_z=\frac{1}{2}I_x=6.3\times10^{-40}$ g cm^2；メチル基の対称数 σ は，分子が平らで分子の面が対称面であるから 6 である．

エタンに対する F_{vib} を計算するために用いた振動数[57]は 993, 1,460, 2,927, 1,380, 2,960 cm^{-1} および二重に縮重した振動数 827, 1,480, 3,000, 1,005, 1,575 および 3,025 cm^{-1} である．廻転の分配函数には (39) 式を用い，慣性能率は $I_z=40.1$ および $I_x=10.8\times10^{-40}$ g cm^2 とする．エタンの対称数は18である．[58]内部廻転の分配函数は，自由廻転をさまたげるエネル

---

56) H. Sponer, "Molekülspektren," Vol. I, p. 85, Verlag J. Springer, Berlin, 1935.
57) J. B. Howard, *J. Chem. Phys.*, 5, 442 (1937).
58) J. D. Kemp and K. S. Pitzer, *J. Am. Chem. Soc.*, 59, 276 (1937).

p. 263

ギー障壁よりも低い高さのエネルギー準位を一つの調和振動（秤動）に等価であるとみなし，その力の定数は極小附近におけるこの障壁のポテンシャル函数から得られるとして計算する．その函数は

$$V = \tfrac{1}{2} V_0 (1 - \cos 3\theta) \tag{40}$$

という形をとる．ここで V は廻転角 θ に対応するポテンシャル・エネルギーである．障壁の極大の高さ (V_0) は 3,000 cal である．このようにすると最低の振動数は 306 cm^{-1} となることが見出され，これは 1 mole 当り 887 cal に相当する．零点エネルギーを考慮すれば，廻転をさまたげる障壁の高さは最低準位より約 2,560 cal 上にあり，従って廻転をさまたげる障壁の頂点より下の準位の $F_\text{int.rot}$ への寄与は

$$3(1 + e^{-h\nu/kT} + e^{-2h\nu/kT} + e^{-2,560/RT}) \tag{41}$$

で与えられる．第三項は $e^{-3h\nu/kT}$ ではないことが注目されるであろう．これはそのエネルギーが 1 mole 当り 3×887 すなわち 2,661 cal に相当するとすると，その準位が障壁の頂点より上になってしまうからである．式の前にある係数 3 は，一つのメチル基が他のメチル基に対して制限された廻転をする結果，三つの平衡位置が存在するために出てきたものである．この量にさらに 1 mole 当り 2,560 cal を越えるエネルギーの内部廻転準位に対する寄与を加えなければならぬ．一次元の廻転体に対する分配函数を用いると，これは

$$e^{-2,560/RT} \frac{(8\pi^3 I k T)^{1/2}}{h} \tag{42}$$

となる．ここで I は $\tfrac{1}{2} I_x$，すなわち 5.4×10^{-40} g cm^2 に等しい．

このようにして導いた分配函数を（36）式に入れると，エタンとメチルラジカルとの間の平衡定数は，濃度として 1 cm^3 当りの分子数を用いて，

$$K = 2.5 \times 10^{25} \times e^{-\varDelta E_0/RT}$$

となる．上に与えたメチルラジカルの結合に対する k_b の値を用いると，エタンの解離に対する比速度定数 k_f は

$$k_f = 5 \times 10^{14} \times e^{-\Delta E_0/RT} \text{ sec}^{-1}$$

p. 264
となることがわかる．この値は，すでに述べたように，活性錯合体内の自由廻転の束縛を考慮すると，因子2または3だけ小さくなるかも知れない．

ジエン-付加反応[59]

不飽和化合物が一対の共役二重結合をもつ炭化水素へ付加する反応（Diels-Alder 反応）を理論的に考察する際の最も簡単な型の反応はブタジエンへのエチレンの付加

である．反応物質および生成物質の電子構造を考えると，この過程は6個の移動性の電子の再配列を含んでおり，系のポテンシャル・エネルギーを計算するにはこれらの電子だけを考察すればよいと思われる．そうすると5個の独立な結合固有函数（61頁参照）の Rumer の組 ψ_1, ψ_2, ψ_3, ψ_4 および ψ_5 は第70図のように表わすことができる．初めの状態は ψ_1 および ψ_2 を用いて定義することができ，終りの状態は ψ_3 で与えられる．活性化状態

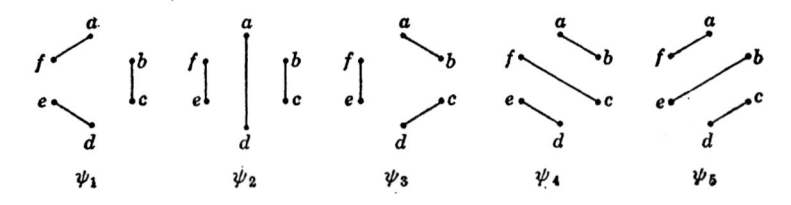

第70図　エチレンがブタジエンに付加するときの5個の
　　　　 独立な結合固有函数の表現

---

59) M. G. Evans and E. Warhurst, *Trans. Faraday Soc.*, 34, 614 (1938); M. G. Evans, 同誌, 35, 824 (1939).

ジエン-付加反応

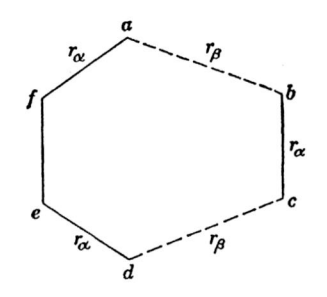

第71図 ブタジエンへのエチレンの対称的な接近；
r_α は正規の二重結合距離である

を定義するには 5 個の表現すべてが必要である．もしエチレン分子が，第71図に描いたように，対称的にブタジエン分子に接近するとすれば，5 次の永年方程式は 4 次になる．非隣接炭素原子間の交換積分を無視すればさらに簡単にすることができる．交換積分 af, fe, ed および bc は一定比率のクーロン・エネルギーを仮定して，C–C と C=C 結合との間の差に対する Morse 曲線から導かれ，積分 ab および cd は C–C のポテンシャル・エネルギー曲線から得られる．第一近似として初めの状態における距離 af, fe, ed および bc はすべて二重結合している炭素の正規の距離に等しいと仮定し，つぎに一重結合 fe をブタジエンの正規の値すなわち 1.41 Å から二重結合距離まで圧縮するための補正を施す．

クーロン・エネルギーを全結合エネルギーの10%にとれば，反応の活性化エネルギーは 17 kcal になることが見出されるが，15%のクーロン・エネルギーではその結果は 15 kcal となる．これらの値は 第XXII表 の値に見るよう

第XXII表 Diels-Alder 反応の活性化エネルギーの実測値

反　　　応	活性化エネルギー, kcal
アクロレイン＋イソプレン	18.7
アクロレイン＋ブタジエン	19.7
アクロレイン＋シクロペンタジエン	15.2
クロトンアルデヒド＋ブタジエン	22.0

に，多くの Diels-Alder 反応について実験的に[60] 得られたものとよく一致する．

活性化エネルギーの計算にはエチレン分子に置換しているラジカル，例えば －CHO の影響を考慮していない．もちろんこれは結果に多少影響はするが，その効果は明らかに小さい．

ジエン-付加の反応に対して，結合 ab と cd の距離とともに変化する終りの状態のポテンシャル・エネルギー E_2 の面が，bc が $afed$ に対称的に接近するときの反撥エネルギー面 E_1 を切る（149頁参照）最低点を決定することによる活性化エネルギーの計算の可能性が検討されている．[61] もし活性化状態における共鳴エネルギーが無視できる程小さいときはこれは正しい活性化エネルギーを与えるであろう．E_2 曲線は二つの C－C 結合 ab および cd を拡げるに要するポテンシャル・エネルギーからきまる．その他の距離は単にポテンシャル・エネルギーの基準にとられる零点を変えるに過ぎないとみなしてよい．必要な零点補正は，結合 de, ef, af および bc の長さの終りの状態から初めの状態への変化を考えることによって，C－C と C＝C に対する Morse の式から評価できる．反撥曲線 E_1 は近似的な関係（151頁参照）

$$E_1 = Q_{ab} + Q_{cd} - \tfrac{1}{2}(\alpha_{ab} + \alpha_{cd}) \tag{43}$$

から計算される．ここで Q 項はクーロン・エネルギー，α は交換の寄与を示す．この式ではすべての非隣接炭素の中心間の相互作用を無視している．$Q+\alpha$ は C－C 結合エネルギーを表わすから，もし二つの形の結合エネルギーの相対的な量に関して通常の仮定をおけば，Morse の式を用いて種々の距離に対する Q と α とを別々に導くことができる．このようにして計算すると，E_1 曲線と E_2 曲線の最低の交差点はクーロン・エネルギーが15％のときには 37 kcal となり，この種の結合エネルギーが10％のときには 32 kcal という活性化エネルギーに対応することがわかる．これらの値は 第XXII表 に

---

60) G. B. Kistiakowsky and J. R. Lacher, *J. Am. Chem. Soc.*, **58**, 123 (1936).
61) Evans, 参考文献 59.

記載されているものよりずっと高いから，考えている型の反応では，活性化状態における共鳴エネルギーを無視することは明らかに許されない．この状態を完全に記述するには，上に示した5個の正準構造の間の共鳴が必要であることを認識するならば，このような結論もそれ程驚くには当らない．

エチレン，プロピレン，ブチレンおよびアミレンの二量体化反応はすべて約 38 kcal の活性化エネルギーを要する[62]ことを指摘することは興味深い．これは上に書いたエチレンのブタジエン付加について共鳴エネルギーを無視した計算値に非常に近い．したがって恐らくこれらの二量体化の過程では，活性化状態における共鳴エネルギーはほとんどないと思われる．このことは，初め，終りおよび活性化状態を完全に記述するには

$$\begin{matrix} a & c \\ | & | \\ b & d \end{matrix} \quad \text{および} \quad \begin{matrix} a & - & c \\ b & - & d \end{matrix}$$

で表わされる二つの結合固有函数だけで充分であることから，期待されないことではない．しかし反応にあずかるオレフィン分子が一対の共役二重結合をもつときは，活性化状態において数個の構造間に共鳴が存在する．量子力学的計算によると，活性錯合体をよく表わしていると思われる型のラジカルの共鳴エネルギーは約 15 kcal である．したがって 38-15 すなわち 23 kcal という活性化エネルギーは合理的であるように思われる．ブタジエン，メチルブタジエンおよびペンタジエンの二量体化に対する実験値はすべて 25 kcal 程度なのである．

エチレンの二量体化

頻度因子の問題はエトロンピーの観点から研究することができることは201頁で示したが，この問題の状況はエチレンの二量体化を例としてよく説明される．[63] しばらくはエチレンのブチレンへの重合の実測された速度は，

---

62) H. M. Stanley, J. E. Youell and J. B. Dymock, *J. Soc. Chem. Ind.*, **53**, 206 (1934); M. V. Krauze, M. S. Nemtzov and E. A. Soskina, *Compt. rend. U. R. S. S.*, **3**, 262, 301 (1934); *J. Gen. Chem. U. S. S. R.*, **5**, 343, 382 (1935).

63) F. P. Jahn, *J. Am. Chem. Soc.*, **61**, 798 (1939).

実験的活性化エネルギー 35.0 kcal を用いて単純な衝突説から計算した値より約 2,000 倍遅いことが知られていた．この食い違いは，透過係数を1と仮定した第Ⅳ章 (158) 式の形

$$k_p = \frac{kT}{h} e^{-\Delta H^{\ddagger}/RT} e^{\Delta S_p^{\ddagger}/R} \tag{44}$$

の絶対反応速度論を適用することによって直ちに除かれる．エチレンの二分子会合の第一次生成物質は確かにブチレンであって，その構造は恐らくブテン-1 のそれに似ているであろう．ゆえにもし活性錯合体が直線状ならば，それはこの特別なブチレンと同じエントロピーをもつと仮定するのは合理的のようである．1 mole のブテン-1 と 2 mole のエチレンとのエントロピー差は，おのおのの場合について標準状態を 1 気圧，25°C における理想気体とすれば，-30.1 cal/deg (22頁第Ⅱ表を見よ) である．これはこの条件における $\Delta S_p^{\ddagger}$ を与えるが，他の温度におけるエントロピー変化を計算するには，
p. 268
活性錯合体の形成にともなう熱容量の変化を知らねばならない．必要な数値は 1 mole の活性錯合体と 2 mole のエチレンとの熱容量の差であるが，これは極く近似的に見積ることができる．すぐ後でわかるように，こうして入ってくる誤差は大したものではない．活性錯合体は二個のエチレン分子より多くの振動様式をもつが，恐らくその振動数は小さく，したがって熱容量への振動の寄与は初めと活性化状態とでほとんど同じである．ゆえに熱容量の差は主に二分子のエチレンが活性錯合体に転ずるとき消失する三つの並進および三つの廻転の自由度にある．各自由度の寄与を古典的な値 $\frac{1}{2}R$ に等しいとすれば，$\Delta C_p^{\ddagger}$ は約 $-3R$ cal となる．そうすると任意の温度 T における定圧の活性化エントロピーは式

$$\Delta S_p^{\ddagger} = -30.1 - 3R \ln \frac{T}{298} \tag{45}$$

から計算され，上に得た結果を利用すれば，298°K で $\Delta S_p^{\ddagger}$ は -30.1 である．

活性化熱 $\Delta H^{\ddagger}$ の温度変化は，$\Delta C_p^{\ddagger}$ が常に一定で $-3R$ であると仮定す

れば，Kirchhoff の式で表わされる：すなわち

$$\Delta H^{\ddagger} = \Delta H_0^{\ddagger} + T\Delta C_p^{\ddagger} \tag{46}$$

$$= \Delta H_0^{\ddagger} - 3RT \tag{46a}$$

である．(45) および (46a) 式を (44) 式に入れて対数をとり微分すると，

$$\frac{d\ln k}{dT} = \frac{-2RT + \Delta H_0^{\ddagger}}{RT^2} \tag{47}$$

$$\therefore \frac{d\ln(kT^2)}{d(1/T)} = -\frac{\Delta H_0^{\ddagger}}{R} \tag{48}$$

となり，したがって $\Delta H_0^{\ddagger}$ は $\ln kT^2$ の実験値を $1/T$ に対して描くことによって求められる．このようにして $\Delta H_0^{\ddagger}$ は 36.74 kcal になることが見出され，したがって任意の温度における $\Delta H^{\ddagger}$ は (46) 式から計算される．さて種々の温度における比反応速度の計算に必要なすべての知識がそろった．
p. 269
得られた結果を 第XXIII表 にのせる．

第XXIII表 エチレンの二量体化

T, °K	$-\Delta S_p^{\ddagger}$, E.U.	$\Delta H^{\ddagger}$, kcal	k, atm^{-1} hr^{-1} 計算値	k, atm^{-1} hr^{-1} 実験値
623	34.50	33.03	0.0070	0.0056
673	35.00	32.73	0.0545	0.0374
723	35.38	32.43	0.316	0.243
773	35.78	32.13	1.45	1.3

エントロピーの標準状態を 1 気圧にとったから，(44) 式で与えられる速度定数は atm^{-1} sec^{-1} 単位を用いている．最後の欄に引用した atm^{-1} hr^{-1} 単位の実験値[64]と比べるには，3,600 を掛ける必要がある．さらに (44) 式はブチレンの生成する速度を与える式であるから，速度をエチレンの消失で表わすためには係数 2 を導入する必要がある．

速度定数の計算と実測との一致は非常に著しい．もし 723°K でもっている $\Delta S_p^{\ddagger}$ および $\Delta H^{\ddagger}$ の値，すなわちそれぞれ 35.38 E.U. (cal/deg) およ

---

64) R. N. Pease, 同誌, **53**, 613 (1931).

び 32.43 kcal が温度の全範囲にわたって適用されるとしても，なお比反応速度の計算値と実験値との一般的な一致はよい＊ことを述べておいてもよいであろう．

ブタジエンの重合[65]

440 から 660°K までの温度範囲にわたるブタジエンの二量体化の速度定数の実測値は式

$$k = 9.2 \times 10^9 \times e^{-23,690/RT} \text{ cc mole}^{-1} \text{ sec}^{-1}$$

で表わされる．頻度因子は，したがって 9.2×10^9 であり，単純な衝突の仮説から導かれる約 10^{14} という値と対照される．第Ⅰ章で簡単に述べたように，絶対反応速度論を用いればその食い違いは起らないので，この問題についてもう少し詳しく取扱ってみよう．二分子のブタジエンの会合の結果環状化合物，3-ビニル・シクロヘキセンができる．

$$\begin{array}{c}CH_2\\ \parallel \\ CH \\ | \\ CH \\ \parallel \\ CH_2\end{array} + \begin{array}{c}CH_2 \\ \parallel \\ CH-CH=CH_2\end{array} \rightarrow \begin{array}{c}CH_2 \\ \diagup \quad \diagdown \\ CH \quad CH_2 \\ \parallel \quad \quad \diagdown \\ CH \quad CH-CH=CH_2 \\ \diagdown \quad \diagup \\ CH_2\end{array}$$

活性錯合体が生成物質の構造に類似の構造すなわち閉環状の構造であるか，またはそれが遊離の二価ラジカル，すなわち

$$\overset{|}{C}H_2-CH=CH-CH_2-CH_2-\overset{|}{C}H-CH=CH_2$$

であって，これに続いて二つの遊離原子価の結合によって閉環が起るかどうかという問題が起る．予備的計算によって，活性錯合体が環状構造をもつと仮定すると，絶対反応速度論によって実験結果を説明するためには，この型

＊ Burnham および Pease (*J. Am. Chem. Soc.*, **62**, 453, 1940) によれば，エチレンの重合は酸化窒素で禁止されるから，したがって過程は連鎖機構を含む．それで観測される反応速度は二，三倍高くなりすぎ，計算した速度は第ⅩⅩⅢ表に見られるようにはよく一致しない．それにもかかわらず単純な衝突説から得られるものよりはずっとよい．

65) W. E. Vaughan, 同誌, **56**, 3863 (1932); Kistiakowsky and Lacher, 参考文献 60; J. B. Harkness, G. B. Kistiakowsky and W. H. Mears, *J. Chem. Phys.*, **5**, 682 (1937).

ブタジエンの重合

の分子にしては低すぎる振動数を仮定しなければならないことが示される．したがって活性錯合体を二価ラジカルと考える必要がある．また，したがって，まずこのような構造がエネルギー的に可能かどうかを見る必要がある．二分子のブタジエンから上に書いたような二価ラジカルができるためには二つの二重結合が開いて一重結合となり，炭化水素連鎖の中央に一つの一重結合ができることが容易にわかる．B を二重結合を一重結合に換えるために必要なエネルギー，A を一重結合のエネルギーとすれば，必要な結合の変化を起すためには $2B-A$ だけの量のエネルギーが供給されなければならない．しかし関与しているエネルギーはこれらだけではない．何故ならば二つのブタジエン分子の共鳴エネルギー $2R_B$ が供給されなければならず，一方同時に，二価ラジカルの共鳴エネルギー R_D が利用できるようになるからである．それ故，二分子のブタジエンから二価ラジカル活性錯合体の生成のエ
p. 271
ネルギーは $2B-A+2R_B-R_D$ となり，これは反応の活性化エネルギーすなわち 23.7 kcal より大きくてはならない．$B-A$ の値は熱化学的数値から -24.5 kcal と推定されており，また R_B および R_D は分子軌道法によって，それぞれ 5 および 30 kcal であると計算されている．故に A は 93 kcal 以下でなければならない．炭化水素連鎖の中央の C–C 結合の正確な強さについては多少の疑問はあるが，それは確かにこの数字よりも小さく，従って二価ラジカル生成は可能と思われる．

二価ラジカルは共鳴しているため，その構造は対称的な配置

$$\underset{1}{H_2C}\cdots\underset{2}{CH}\cdots\underset{3}{CH}-\underset{4}{CH_2}-\underset{5}{CH_2}-\underset{6}{CH}\cdots\underset{7}{CH}\cdots\underset{8}{CH_2},$$

によって表わされる．活性錯合体の四つの並進の自由度の他に，三つの廻転の自由度，および，それぞれ 3-4，4-5 および 5-6 結合のまわりの三つの内部廻転の自由度および残りの50個の振動の自由度がある．他の分子の類似した結合の既知の振動数と比較して見積った適当な振動数を対応する分配函数から導かれるエントロピーの寄与とともに第XXIV表に掲げる．

全振動エントロピーは，それ故 1 mole 当り 44.0 E.U. である．並進エン

第XXIV表 二価ラジカルの振動数とエントロピー

振 動 の 型	数	振 動 数 cm^{-1}	エントロピー E. U.
H—C 伸縮	12	3,000	0.12
H—C—H 屈曲	4	1,440	1.16
H—C—C 屈曲	18	950	13.27
C—C 伸縮	2	1,000	1.34
C⋯C 伸縮	4	1,335	1.45
C—C—C 屈曲	2	320	5.14
C—C⋯C 屈曲	2	320	5.14
C⋯C⋯C 屈曲	2	336	4.95
C—C 捩れ	2	190	7.20
C⋯C 捩れ	2	407	4.24

トロピーは 43.7 E.U., 内部および外部の廻転に基づくものは C⋯C 結合距
p. 272
離を 1.40 Å, 正規の一重結合距離を 1.53 Å と仮定すると 51.4 E.U. である；後者は活性錯合体の対称因子すなわち 2 と，推定された電子多重度すなわち 4 との寄与を含む. それ故活性錯合体の全エントロピーは 1 気圧の圧力の下では 1 mole 当り 139.1 E.U. となる. 同一条件の下で 2 mole のブタジエンのエントロピーは 177.6 E.U. であり，従って 22頁第II表に記載したように，$\Delta S_p^{\ddagger}$ は -38.5 である. 205頁 (176) 式を使えば，二分子のブタジエンが二価ラジカルの活性錯合体を形成する二分子反応では $k = Ae^{-E\exp/RT}$ なる式の頻度因子 A は 600°K で

$$A \equiv 2e^2 \frac{kT}{h} e^{\Delta S_p^{\ddagger}/R} RT = 2.8 \times 10^{10} \text{ cc mole}^{-1} \text{ sec}^{-1}$$

によって与えられる. 因子 2 が導入されているのは，比速度がブタジエンの mole 数を用いて与えられており，また活性錯合体の形成には二分子が与かるためである. この結果は本節の初めにあげた実験結果に非常に近い. 環状錯合体を仮定し同様の計算が行なわれているが，このようにして得られた頻度因子は約 10^3 倍も低すぎる.

三　分　子　反　応

序

　一個の原子または分子が二つの他の物体，一般には原子またはラジカルの間の反応の際に放出されるエネルギーの大部分を持ち去るという三体衝突を別にすると，あらゆる既知の三次の気相反応には二分子の酸化窒素が関与している．衝突説によってこれらの反応の説明が試みられたが，[66] ほとんど成功していない．すなわち第一に，反応速度の温度係数が少くとも一つの場合，すなわち酸化窒素-酸素反応では負であり，また第二には，実測される速度が計算値よりずっと低い．しかし絶対反応速度論を適用すれば，酸化窒素の与かるある種の三分子反応の結果が満足に説明されるのである．[67]

p. 273
酸化窒素を含む反応

　X を水素，重水素，酸素，塩素または臭素とすると，

$$2NO + X_2 = 2NOX$$

の型の反応に対して絶対反応速度論に基づく比反応速度は

$$k = \kappa \frac{g_\ddagger}{g_i} \cdot \frac{\dfrac{(2\pi m_\ddagger kT)^{3/2}}{h^3}}{\prod\limits^3 \dfrac{(2\pi m_i kT)^{3/2}}{h^3}} \cdot \frac{\dfrac{8\pi^2(8\pi^3 ABC)^{1/2}(kT)^{3/2}}{h^3 \sigma_\ddagger}}{\prod\limits^3 \left(\dfrac{8\pi^2 I_i kT}{h^2 \sigma_i}\right)} \cdot \frac{\prod\limits^{11}(1-e^{-h\nu_\ddagger/kT})^{-1}}{\prod\limits^3(1-e^{-h\nu_i/kT})^{-1}} \cdot \frac{kT}{h} e^{-E_0/RT} \quad (49)$$

で与えられる．ただし κ は透過係数，$g_\ddagger$ および g_i はそれぞれ活性化および初めの状態の電子的多重度，$\sigma_\ddagger$ および σ_i は対称因子である．反応はオルト-パラ比の変化を全くともなわないから，核スピンの寄与は省略してあ

---

66) L. S. Kassel, *J. Phys. Chem.*, **34**, 1777 (1930); "Kinetics of Homogeneous Gas Reactions," Chemical Catalog Co., Inc., Chaps. IV and IX, 1932; C. N. Hinshelwood, "Kinetics of Chemical Change," Oxford University Press, 4th ed., Chap. VI, 1940.
67) H. Gershinowitz and H. Eyring, *J. Am. Chem. Soc.*, **57**, 985 (1935).

る．一般に添字 i は初めの状態を，‡ は活性錯合体を示す．また後者の三個の慣性能率を A, B および C で表わす．活性錯合体は6個の原子を含んでいる．また通常の三つの並進の自由度と分解座標に沿った一つの並進の自由度とがあるから，分配函数には11個の振動項があることになり，これらは速度式の分子の中に含まれる．分母は3個の二原子分子の分配函数の積からなっており，しかもこれらはすべて同じ形をもっているため，(49) 式には簡略した形で書いてある．もし温度の函数である量を他と分離し，後者を G で表わすと，(49) 式は

$$k = G \frac{\prod^{11}(1-e^{-h\nu_\ddagger/kT})^{-1} e^{-E_0/RT}}{\prod^{3}(1-e^{-h\nu_i/kT})^{-1} T^{7/2}} \tag{50}$$

p. 274

$$\therefore\ k \frac{\prod^{3}(1-e^{-h\nu_i/kT})^{-1}}{\prod^{11}(1-e^{-h\nu_\ddagger/kT})^{-1}} T^{7/2} = G e^{-E_0/RT} \tag{51}$$

となる．ただし透過係数 κ を1とした．対数をとり，$1/T$ で微分すれば，

$$\frac{d}{d(1/T)} \ln\left[k \frac{\prod^{3}(1-e^{-h\nu_i/kT})^{-1}}{\prod^{11}(1-e^{-h\nu_\ddagger/kT})^{-1}} T^{7/2} \right] = -\frac{E_0}{R} \tag{52}$$

となることがわかる．故にもし量

$$\ln k + \ln \prod^{3}(1-e^{-h\nu_i/kT})^{-1} + \tfrac{7}{2}\ln T - \ln \prod^{11}(1-e^{-h\nu_\ddagger/kT})^{-1} \tag{53}$$

を $1/T$ に対して描けば，得られた直線の勾配は $-E_0/R$ になるはずである．こうして一連の温度における k の測定から E_0 が算出される．

上に導いた式の定量的な応用を考える前にその定性的な意味を吟味することは興味がある．もし振動がすべてかなり高い振動数のものであるならば，すべての振動様式に対して分配函数 $(1-e^{-h\nu/kT})^{-1}$ はほとんど1となり，このような条件では (50) 式は

$$k = \frac{G}{T^{7/2}} e^{-E_0/RT} \tag{54}$$

の形になる．明らかに，もし E_0 が小さいか零ならば，比反応速度は酸化窒素と酸素との反応で実際に見られるように，温度の上昇とともに減少する．

もし E_0 が小さくもなくあまり大きくもなければ，速度定数は低温では温度とともに増大する．しかし高い温度になると，k は極大に達して後減少し始める．振動数が比較的低いときは，分母の $T^{7/2}$ なる項の効果はある程度相殺される．すなわちこのときは振動の分配函数の寄与は温度の上昇とともに相当増大する．

酸化窒素-酸素反応

速度定数の計算を推し進めるためには，活性錯合体の形状と振動数についていくらかのことを知る必要がある．問題は第III章の方法で取扱うには複雑すぎるから，合理的な構造を仮定しなければならない．それには2分子の酸化窒素と1分子の酸素との反応には，第72図に描いた構造を以下の取扱いの

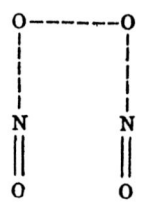

```
    O------O
    |      |
    |      |
    |      |
    N      N
    ‖      ‖
    O      O
```

第72図 酸化窒素と酸素との間の反応に対して仮定される活性錯合体

基礎として仮定することができる．酸素原子は互に一重結合で結合されているから，この結合のまわりに自由廻転が可能であろう．* そうすると活性化状態の11個の振動様式は10個の振動と1個の内部廻転となり，後者の分配函数は (271頁参照)

$$\frac{(8\pi^3 I_D kT)^{1/2}}{h}$$

である．ここに I_D は O-O 結合のまわりの廻転の慣性能率である．反応速度は，分子にある振動様式の一つに対する分配函数が内部廻転の寄与で置き換えられる他は，(49) 式と同様な式で与えられる．新しい速度式で温度に

---

* N_2O_4 の2個の窒素原子は原子価結合で結合しているから，活性錯合体内のこれら原子間にある程度の結合が存在する可能性がある．もしそうならば，分子内には自由廻転はないであろう．

依存する因子は $T^{7/2}$ の代りに，今度は T^3 を含むことがわかるであろう．従って

$$\ln k + \ln \prod_{i}^{3}(1-e^{-h\nu_i/kT})^{-1} + 3\ln T - \ln \prod_{\ddagger}^{10}(1-e^{-h\nu_{\ddagger}/kT})^{-1} \quad (55)$$

なる量を $1/T$ に対して描けば，$-E_0/R$ が得られる．普遍定数に数値を入れ，分子量 M をグラム，慣性能率を 1 mole 当り グラム-$\overset{\circ}{\mathrm{A}}{}^2$ 単位で表わすと，cc^2 $mole^{-2}$ sec^{-1} 単位で

p. 276

$$k = 1.6 \times 10^{19} \times \frac{g_{\ddagger}}{g_i} \left(\frac{M_{\ddagger}}{\prod_{3} M_i}\right)^{3/2} \cdot \frac{(ABC)^{1/2} I_D^{1/2}}{\sigma_{\ddagger} \prod_{3}(I_i/\sigma_i)}$$

$$\cdot \frac{\prod_{\ddagger}^{10}(1-e^{-h\nu_{\ddagger}/kT})^{-1}}{\prod_{i}^{3}(1-e^{-h\nu_i/kT})^{-1}} \cdot \frac{1}{T^3} e^{-E_0/RT} \quad (56)$$

となる．活性化状態の振動数は，N_2O_4 のそれと類似すると思われ，第一近似では，それらは同じであると仮定できるであろう．[68] 興味ある温度範囲，すなわち 80 から 660°K では 900 cm^{-1} よりも大きい振動数の効果は無視される．さらに最低の振動数は錯合体内の自由内部廻転で置き換えられるから，活性化状態に適用されるとして考察する必要のある N_2O_4 の振動数は 7 種だけとなる．これらは 283, 380, 500, 600, 752, 813 および 813 cm^{-1} である．酸化窒素と酸素の振動数は非常に高く，それらの分配函数は実質的に 1 である．これは E_0 を求める式を簡単にする効果をもち

$$\ln k + 3\ln T - \ln \prod_{\ddagger}^{7}(1-e^{-h\nu_{\ddagger}/kT})^{-1} \quad (57)$$

なる量を $1/T$ に対して描けば，勾配 $-E_0/R$ の直線となるはずである．与えられた 7 個の振動数を入れ，異なる温度における k の既知の値を利用すれば，第73図に示されている結果を得る．1 mole 当り 200 cal 程度の低い活性化エネルギーが図に適当に示した直線の勾配を与えるから，明らかに

p. 277

E_0 は極めて小さいかまたは零である．この非常に小さい活性化エネルギーは一見奇異に思われるが，酸化窒素も酸素も常磁性であり，したがって事実上遊離ラジカルとして振舞うことを思えば，この結果は不合理とは考えられ

---

68) G. B. B. M. Sutherland, *Proc. Roy. Soc.*, 141, A, 342 (1933).

酸化窒素-酸素反応

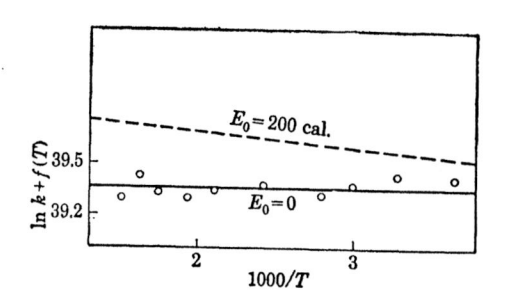

[図: 横軸 1000/T、縦軸 ln k+f(T)、E₀=200 cal. と E₀=0 の線]

第73図 酸化窒素と酸素との反応の活性化エネルギーの導出

ない．

(56)式の振動の分配函数について上に説明した近似を導入し，E_0 を零とすれば，速度式は

$$k = \frac{g_{\ddagger}}{g_i} \left(\frac{M_{\ddagger}}{\prod^3 M_i}\right)^{3/2} \frac{(ABC)^{1/2} I_D^{1/2}}{\sigma_{\ddagger} \prod^3 (I/\sigma_i)} \prod^7 (1-e^{-h\nu_{\ddagger}/kT})^{-1}$$
$$\times \frac{1.6 \times 10^{19}}{T^3} \tag{58}$$

となる．反応分子の慣性能率は分光学的測定から導かれるが，活性錯合体のそれの計算はその配置および大きさの知識を要する．第72図の N=O および O—O 距離は 1.22 および 1.32 Å であって正規の値に近いと仮定し，N—O 距離は，水素原子の結合における活性化状態の H—H 距離との類推から 5 Å にとる (134頁を見よ)．この数字は他のものや振動数と同様に重大なものではない．すなわち合理的な最大の変動でも最終結果に約10倍以上の影響は与えないであろう．活性錯合体の中の O—O 結合のまわりの自由廻転が主慣性能率に与える影響は比較的小さいので，錯合体を剛体分子として取扱っても大きな誤りはない．酸素と活性錯合体の対称数は共に2であるが，酸化窒素では1である．慣性能率を(58)式に入れると，次の結果を得る．

$$k = \frac{g_{\ddagger}}{g_i} \cdot \prod^7 (1-e^{-h\nu_{\ddagger}/kT})^{-1} \times \frac{3.2 \times 10^{17}}{T^3} \text{ cc}^2 \text{ mole}^{-2} \text{ sec}^{-1} \tag{59}$$

ここで g_i は2分子の酸化窒素および1分子の酸素の電子的多重度の積であり，$g_{\ddagger}$ は活性錯合体のそれである．これらの電子的統計的重価は分光学的測定から導かれる．酸化窒素の正規状態は $^2\Pi$ であり，準位の分離を考慮すれば，常温における統計的重価は 3.1 となる．酸素分子は $^3\Sigma$ 状態にあるが，三つの準位は互に極めて接近しているので，対応する統計的重価は 3.0 としてよく，したがって g_i は $3\times(3.1)^2$ となる．活性化状態は一方では $2NO+O_2$ （これに対する電子的統計的重価は初めの状態における値，すなわち $3\times(3.1)^2$ であろう）と他方では $2NO_2$ （このときの統計的重価は4であろう *）との間のどこかにある．それ故 $g_{\ddagger}/g_i$ は 1 と $4/[3\times(3.1)^2]$，すなわち 1 と 1/7.2 との間にある．活性化状態が N_2O_4 と同じ電子的多重度，すなわち 1 をもつかも知れないから，この場合は $g_{\ddagger}/g_i$ は $1/[3\times(3.1)^2]$ すなわち 1/28.8 となるであろう．この因子の正確な値は演繹的な決定をすることはできないと思われるので，計算には中間の値 1/7.2 を用いる．とに角これは10倍以内の正確さはもてないが，誤差はあっても重大なものではない．活性化状態の振動数は既に与えられているので，比反応速度の計算に必要な数値が出そろったわけである．透過係数を1と仮定して得られた結果を，同温度における実験値[69]とともに，第XXV表に示す．

速度定数の実測値と計算値とを比べると，満足に一致していることがわかるが，これは反応速度の取扱いのこの一般的方法と共に意外に低い活性化エネルギーを支持する．計算値は $560°K$ 附近で極小を通るように見えるが，このような極小が $627°K$ で観測されていることは極めて驚嘆すべきことである．一つの振動数を少し修正すれば速度係数の大きさに実質的に影響せずに，これらの温度を一致さすことができるであろう．上に示したように，極小値が現われるのは，温度が上ると振動様式の分配函数が大きく増大し，そ

---

* 各 NO_2 分子は1個の不対電子をもち，スピン量子数は ½ である．二分子が結合して活性錯合体になると合成スピンは 0 または 1 となる．これら二つの状態の多重度，すなわち $2i+1$ はしたがってそれぞれ 1 および 3 である．それ故三重および一重項状態のエネルギーがあまり異ならなければその合計は 4 になる．

69) E. Briner, W. Pfeiffer and G. Malet, *J. chim. phys.*, **21**, 25 (1924); M. Bodenstein *et al.*, *Z. Elektrochem.*, **24**, 183 (1918); *Z. physik. Chem.*, **100**, 87, 106 (1922).

第XXV表 NO-O₂ 反応の速度の計算値と実測値

T,°K	$k \times 10^{-9}$, cc² mole⁻² sec⁻¹	
	計算値	実測値
80	86.0	41.8
143	16.2	20.2
228	5.3	10.1
300	3.3	7.1
413	2.2	4.0
564	2.0	2.8
613	2.1	2.8
662	2.0	2.9

の結果生じる (58) 式の分子における増加がついに T^3 の項から来る分母の増加に打ち勝つようになるからである．

酸化窒素-塩素反応

反応

$$2NO + Cl_2 = 2NOCl$$

は，酸化窒素と酸素との反応について上に述べた方法と本質的に同じ方法で取扱われ，活性錯合体は第72図に示されている酸素分子を塩素分子で置き換えた配置をもつものと仮定する．振動数は厳密にはきめられないが，類似分子の分光学的数値から類推して，7個の代表的な振動数を 200, 300, 300, 500, 500, 700 および 700 cm⁻¹ ととってよい．前と同じように，式

$$\ln k + 3\ln T - \ln \prod_{}^{7}(1-e^{-h\nu_i/kT})^{-1} \qquad (60)$$

を $1/T$ に対して描くと直線になる．その勾配から E_0 は 1 mole 当り 4,780 cal であると見積られる．活性錯合体では，Cl-Cl 距離を部分的に解離した塩素分子における値として 2.5 Å にとり，N-Cl 距離を 4 Å にとる．これらの値を用いて活性化状態の慣性能率を推定することができる．これらと分光学的観測から得た酸化窒素 および 塩素の慣性能率を入れると，(58) 式は cc² mole⁻² sec⁻¹ 単位で

$$k = \frac{g_{\ddagger}}{g_i} \prod^{7} (1-e^{-h\nu_{\ddagger}/kT})^{-1} \times \frac{5.6 \times 10^{16}}{T^3} e^{-4,780/RT} \qquad (61)$$

となる．塩素分子は正規状態では一重項状態であるから，$g_{\ddagger}/g_i$ の限界値は 1 と $4/(3.1)^2$ である．簡単のため前者をとれば，透過係数を 1 と仮定して，第XXVI表に示した速度係数が得られる．

実験値[70]はあまり信頼できないが，明らかに計算された比速度は実測値の 5 から 10 倍以内にある．活性化状態に対して違った振動数を選べばもっとよい一致が得られるであろうが，より正確な情報が欠けているので，表の最後の二つの欄の一般的な一致は絶対反応速度論の三分子反応への応用に支持を与えるものとみなしてよいであろう．

第XXVI表　$NO-Cl_2$ 反応に対する速度の計算値と実測値

T, °K	$k \times 10^{-6}$ cc^2 $mole^{-2}$ sec^{-1}	
	計　算　値	実　測　値
273	1.4	5.5
333	2.2	9.5
355	8.6	27.2
401	18.3	72.2
451	25.4	182
506	64.7	453
566	120.2	1,130

その他の三分子反応

酸化窒素-臭素反応では E_0 の計算を行うに充分な数値が欠けている．塩素より重いハロゲン原子であるから，対応する塩素反応の場合より振動数は恐らく一層小さく，また $Br-Br$ 結合は $Cl-Cl$ 結合より弱いために，活性化エネルギーも塩素の場合より小さいであろう．したがって (61) 式から，酸化窒素と臭素との反応の速度は同温度の塩素との反応より当然大きいこと

---

70) M. Trautz *et al., Z. anorg. Chem.*, **88**, 285 (1914); **97**, 241 (1916); **110**, 237 (1920); A. von Kiss, *Rec. trav. chim.*, **42**, 112, 665 (1923); **43**, 68 (1924).

にとなるが，この推定は実験と一致している．[71]

酸化窒素と水素との反応は約 47.0 kcal の見掛けの活性化エネルギーをもち，このように高い値では速度定数が酸化窒素と酸素や塩素との反応に対して上に用いた方法ではとても説明できないほど大き過ぎる．水素反応は恐らく他のものより遙かに複雑な機構をもつのであろう．[72] 酸化窒素および酸素はともに常磁性であるという類似性と水素-酸素反応の複雑性とを考えれば，酸化窒素-水素反応の 多分連鎖反応をも含むと思われる 比較的複雑な機構が予想されないことはないであろう．

単 分 子 反 応

衝突による取扱い

単分子反応の衝突説[73]によると（9頁を見よ），反応分子は他分子と衝突することによって数個の自由度にその活性化エネルギーを獲得する．A^* を活性化分子とすれば，

$$A + A \to A^* + A$$

となる．c_A を A 分子の濃度とすれば，活性化分子の生成速度は $k_1 c_A^2$ で与えられる．ただし k_1 は活性化過程の比速度である．もし分子が分解する場合には，こうして獲得したある最小量のエネルギーは切断される一つあるいはそれ以上の結合に渡されねばならない．このようにして

$$A^* \to B + C$$

となり，したがってこの反応速度は $k_2 c_{A^*}$ である．ここに c_{A^*} は活性化分子の濃度，k_2 は速度定数である．活性化と分解との間に経過する時間内に，活性化分子は一個の A 分子と衝突して脱活性化されることもある．このと

---

71) M. Trautz and V. P. Dalal, *Z. anorg. Chem.*, **102**, 149 (1918).
72) C. N. Hinshelwood and T. E. Green, *J. Chem. Soc.*, **129**, 720 (1926); J. W. Mitchell and C. N. Hinshelwood, 同誌, 378 (1936).
73) F. A. Lindemann, *Trans. Faraday Soc.*, **17**, 599 (1922); また参考文献 66, Chap. V も見よ．

き脱活性化の速度は $k_1'c_A*c_A$ である．定常状態では活性化分子の生成速度は分解と脱活性化の速度の和に等しい．すなわち

$$k_1 c_A^2 = k_2 c_A* + k_1' c_A* c_A \tag{62}$$

ゆえに反応速度は

$$-\frac{dc_A}{dt} = k_2 c_A* = \frac{k_1 k_2 c_A^2}{k_1' c_A + k_2} \tag{63}$$

で与えられる．これは次数が1と2との間にある反応に対する式である．もし c_A が大きく，すなわち比較的高圧であって，脱活性化の速度 $k_1'c_A*c_A$ が分解速度 $k_2 c_A*$ に比して大きいとき，すなわち k_2 を $k_1'c_A$ に比して無視してよければ，(63) 式は

$$-\frac{dc_A}{dt} = \frac{k_1 k_2}{k_1'} c_A \tag{64}$$

になる．これらの条件下では，反応は結局動力学的に一次である．低圧で c_A が小さいときには，脱活性化の速度は分解速度に比して小さい．すなわち (62) 式の $k_1' c_A * c_A$ は $k_2 c_A *$ に比して無視することができる．そうすると (63) 式は

$$-\frac{dc_A}{dt} = k_1 c_A^2 \tag{65}$$

となり，従って反応は二次になる．圧力が低下するにつれて一次から二次の動力学に移るこの変化は多くの場合に観察されており，その結果は上に概説した理論を一般的に支持するものとされている．過程が一次である限り，反応のある割合を完結すべき時間は圧力に無関係であるが，二次の挙動に近づくと，変化の速度は圧力の減少とともに低下する．

見掛けの単分子速度係数 k_{uni} を

$$反応速度 = -\frac{dc_A}{dt} = k_{uni} c_A \tag{66}$$

なる式で定義するものとすると，k_{uni} はすべての圧力を通じては定数ではない．従って (63) 式から

衝突による取扱い

$$k_{\text{uni}} = \frac{k_1 k_2 c_A}{k_1' c_A + k_2} \tag{67}$$

$$\therefore \frac{1}{k_{\text{uni}}} = \frac{k_1'}{k_1 k_2} + \frac{1}{k_1 c_A} \tag{68}$$

となる．実験的数値から得られる $1/k_{\text{uni}}$ を $1/c_A$ に対して描けば直線を与えるはずである．しかし実際は第74図* に見るように，完全にはそうならない．この結果は，活性化分子の分解の比速度 k_2 が一定ではなくて，これらの分子がある最小値より以上に余分にもっているエネルギーに依存すると仮定することによって，衝突説を用いて説明されている．この問題を論じる前に，衝突説の他の側面を考察する必要がある．

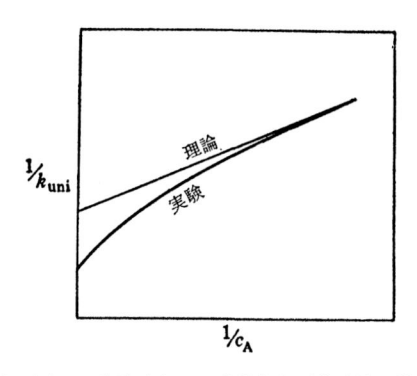

第74図 単分子反応の理論的および実験的比速度

単分子反応に対する頻度因子はしばしば単純な衝突説によって与えられるものよりずっと大きいことをすでに述べた（9頁）．この困難は，大抵の単分子過程には比較的大きい分子が与かるので，数個 (n) の二乗項が活性化エ
p. 284
ネルギーに寄与できるという示唆によって克服された．[74] 一分子がエネルギ

---

* この図はしばしば理論と実験との曲線が高圧側，すなわち $1/c_A$ の小さいところで漸近するように描かれる．これは間違いである．というのはこれによると低圧の所で速度定数は単純な理論から期待されるものより大きいことを示唆することになるが，しかし実際は恐らく同じであろう．

74) C. N. Hinshelwood, *Proc. Roy. Soc.*, **113**, A, 230 (1926); R. H. Fowler and E. K. Rideal, 同誌, **113**, A, 570 (1927); G. N. Lewis and D. F. Smith, *J. Am. Chem. Soc.*, **47**, 1508 (1925) 参照．

$-E$ をもつ確率はこの場合 $e^{-E/RT}$ よりずっと大きく，反応速度は，第一近似で，

$$k = Z\frac{(E/RT)^{\frac{1}{2}n-1}}{(\frac{1}{2}n-1)!}e^{-E/RT} \tag{69}$$

という式で与えられる．ここに Z は前のように衝突数である（6頁）. n に適当な値を選ぶことによって実験値に合わせることができる．一般に結果を説明するに必要な自由度の数は分子の既知の大きさと一致する．(69)式は正規分子と活性化分子との間に平衡が存在しているときだけしか適用されないことが指摘される．すなわちそれは高圧の領域においてだけ成立し，したがって速度が顕著な低下を示すときは用いてはならない．

O. K. Rice および H. C. Ramsperger [75] および L. S. Kassel [76] が発展させた理論によると，速度定数 k_2 は，分子がそのいろいろの自由度中にもつ実際のエネルギーの函数であると考えられる．すなわちこのエネルギーが大きい程，その必要量が与えられた結合に移る確率は大きく，したがって分解反応の比速度は大きくなるであろう．振動エネルギーの j 個の量子をもつ s 個の振動自由度の系の統計的重価は j 個のものを s 個の箱に，おのおのの箱に入れる数に制限なく，分割する方法の数に等しい．異なる配置の数は

$$\frac{(j+s-1)!}{j!(s-1)!}$$

である．j 個の量子が s 個の振動子に分配され，ある特定の振動子が m 個の量子をもつ状態の統計的重価は，同様にして

$$\frac{(j-m+s-1)!}{(j-m)!(s-1)!}$$

であることが見出される．ゆえにすべての s 個の振動子が j 個の量子をもつとき，特定の振動子が m 個の量子をもつ確率はこれらの量の比となる；すなわちもし j が極めて大きいならば

---

75) O. K. Rice and H. C. Ramsperger, 同誌, **49**, 1617 (1927); **50**, 617 (1928).

76) L. S. Kassel, *J. Phys. Chem.*, **32**, 225 (1928); "Kinetics of Homogeneous Gas Reactions," Chemical Catalog Co., Inc., Chap. V, 1932. また E. Patat, *Z. Elektrochem.*, **42**, 85 (1936) を見よ．

絶対反応速度論

$$\frac{(j-m+s-1)!\,j!}{(j-m)!\,(j+s-1)!} \approx \left(\frac{j-m}{j}\right)^{s-1} \quad (70)$$

である．必要なエネルギーが特定の自由度に入る速度はこの確率に比例し，また k_2 もこれに比例する．したがって

$$k_2 = k_2'\left(\frac{j-m}{j}\right)^{s-1} \quad (71)$$

量子の総数 j は分子の有する全エネルギー E に比例するとしてよいが，他方 m は結合が分解する前にもっていなければならない最小のエネルギー E_0 に比例する．したがって

$$k_2 = k_2'\left(\frac{E-E_0}{E}\right)^{s-1} \quad (72)$$

となる．E_0 から無限大までのすべてのエネルギーが可能であるから，この限界の間にわたって積分する必要がある．エネルギーの Maxwell-Boltzmann 分布を仮定して，この積分が図形的に行われ，合理的な s の値を選ぶことによって，実験結果を説明することができることが示された．

絶対反応速度論

単分子反応の際の大きな頻度因子は，もし必要ならば，反応速度の統計的取扱いによって説明できることを第Ⅰ章で見た．それ故絶対反応速度論の一般理念を拡張して単分子反応の問題の他の面をも説明できるかどうかをみることは興味あることである．反応 $A = B + C$ では，系は正および逆反応の両方に対して同じである活性錯合体 $A^\ddagger$ を通過しなければならない．すなわち

$$A \leftrightarrows A^\ddagger \rightarrow B + C$$

適当な一個または数個の結合の中に充分なエネルギーが移るような具合に二分子の A が衝突するとき，それらの分子の一つが恐らく反応の活性錯合体を形成するであろう．すなわち

$$A + A \rightarrow A^\ddagger + A$$

p. 286
しかも相当な高圧では $A^\ddagger$ の平衡濃度を維持するに充分な数の衝突が存在す

るであろう．第Ⅳ章の取扱いにしたがい，初めおよび活性化状態を含む系に対する平衡定数は

$$K = \frac{c_A c_\ddagger}{c_A^2} = \frac{c_\ddagger}{c_A} = \frac{F'_\ddagger}{F_A} \tag{73}$$

$$\therefore c_\ddagger = c_A \frac{F'_\ddagger}{F_A} \tag{74}$$

で表わせる．ここに記号 ‡ は活性化状態を示す．第Ⅳ章 (132) 式によって

$$反応速度 = c_\ddagger \left(\frac{kT}{2\pi m^*}\right)^{1/2} \frac{1}{\delta} \tag{75}$$

$$= c_A \frac{F'_\ddagger}{F_A} \left(\frac{kT}{2\pi m^*}\right)^{1/2} \frac{1}{\delta} \tag{76}$$

$$= c_A \frac{F_\ddagger}{F_A} \cdot \frac{kT}{h} e^{-E_0/RT} \tag{77}$$

ただし $F_\ddagger$ は前と同じく単位体積当りの分配函数であって，分解座標に沿う自由度の寄与を除いてある．また零点因子はいつものようにして分配函数から消去されている．反応速度は反応物質 A の濃度の一乗に比例することが (77) 式からわかる．したがってエネルギー障壁の通過が反応速度を決定するという (75) 式に含まれる基本的仮定が正しい限り，この過程は動力学的に一次となるであろう．活性化が二分子間の衝突を含んでいるという事実にもかかわらず，活性化状態が二重分子 $A_2^\ddagger$ でなく単一分子 $A^\ddagger$ から成り立つために，反応は一次となるのである．

単分子反応の透過係数

この取扱いでは今まで透過係数を考慮しなかった．しかしこれは単分子反応では重要な役割を演じるので考察しなければならない．もし反応が上に仮定した型，すなわち一分子の A が B と C とに解離する型のものであるならば，律速段階となりうる二つの段階がある：（1）衝突分子のエネルギーが活性錯合体の正しい自由度のエネルギーに移動すること* を含む活性化過

---

　* ある条件の下で内部自由度の間のエネルギーの再分配が律速段階になるという可能性は後で考察する．

p. 287

程，および（2）活性錯合体がポテンシャル障壁を越えて通過し，その結果分解が起る．このことはそれぞれ比速度定数 k_1 が k_2 に比べて小さいというか，または k_2 が k_1 に比べて小さいというのと同じである．ただし記号 k_1 と k_2 は289頁の場合と実質的に同じ意味である．一般にかなり高圧で起るようにもしエネルギー移動過程が速ければ，k_2 は比較的小さいであろう．もしこれを（63）式の $k_1'c_A$ に比して無視すれば，その結果は（64）式と同じになる．反応は一次で，その速さは活性錯合体が障壁を過ぎる速度に依存する．そうすれば透過係数を近似的に1として，(77) 式および第I章の式が適用できる．

圧力が低下するにつれて，気体の圧力の二乗に比例する活性化を起す衝突の数は障壁通過の速度よりも速かに減少するので，エネルギーの移動が律速段階になるであろう．その結果，1よりも小さくて，その値が圧力に依存する透過係数を導入することが必要となる．正および逆の両反応の透過係数 κ は同じでなければならない（222頁を見よ）から，κ についての必要な情報は逆反応の考察からも得られる．もし二つの粒子，すなわち原子または分子 B および C が $A^{\ddagger}$ を形成するに充分なエネルギーをもって衝突すれば，その生成物質は他の物質，例えば一分子の A が過剰のエネルギーを除去してくれるときだけ安定化する．この型の極端な場合は二つの水素原子が会合するときに起る．220頁に見たように，このときには透過係数は第三体がなければ 10^{-14} 程度に小さい．ν_c を活性化分子 $A^{\ddagger}$ と正規分子 A との間の衝突頻度，α_c を衝突の際に起る脱活性化の確率とすれば，考えている過程の透過係数は

$$\kappa = \frac{\alpha_c \nu_c}{A + \alpha_c \nu_c} \tag{78}$$

p. 288

と書ける．ただし A は反応の頻度因子で kT/h に等しいとおいてよい．この関係は単位時間当りエネルギー障壁を通過する系の総数 $A+\alpha_c\nu_c$ の中，脱活性化して A 分子を生じる分率を与える．ν_c は気体の圧力に依存するから，正反応，すなわち $A \rightarrow B+C$ にも通用するこの型の透過係数は明らかに圧

力に依存する．低圧では k_1 と k_1' (290頁) は，その両方に含まれている κ が1より遙かに小さいために，小さくなることは明らかである．この条件においては，(63) 式の $k_1'c_A$ は k_2 に比して無視することができ，その結果 (65)式になる．このようにして単分子反応は低圧では二次になるはずである．

反応物質 A が二つまたはそれ以上の生成物質分子に分解する限り，反応で切断された結合に再びその活性化エネルギーがもどる確率は非常に小さい．しかし異性体化の場合では，生成物質は一個の分子だけであるから，もし活性化された分子のエネルギーが種々の内部自由度に速かに移行し，引き続いて他の分子との衝突によって除去されないならば，エネルギーが反応点に復帰し，過程は逆に進むこともあろう．もし遅い段階が内部自由度から衝突分子の並進エネルギーへのエネルギー移行である場合には，透過係数の取扱いはすでに与えたものに類似する．低圧で起る低い活性化エネルギーのシス－トランス異性化過程は明らかにこの場合である (p. 329)．透過係数と比速度は全圧に依存する．他方，もし内部自由度間の エネルギー の移行が律速段階[77]であるならば，透過係数は近似的に

$$\kappa = \frac{\sum_{i=1}^{m} \alpha_i \nu_i}{A + \sum_{i=1}^{m} \alpha_i \nu_i} \tag{79}$$

p. 289

なる式で与えられるであろう．ただし ν_i は "内部衝突"(internal collision) の頻度，すなわち他の自由度にエネルギーが移行する可能性の起る頻度，α_i は i 番目の自由度に対してその1回の内部衝突当りの移行の確率で，このような自由度は全部で m 個あるとする．ν_i は圧力に無関係であるから，このような場合 κ は反応系の全圧によっては変化しない．このような条件は明らかに高い活性化エネルギーを要する シス－トランス 異性化の際に存在する (p. 331)．ここに考えた三つの場合は極端な例であって，上に述べた三つの過程のどれもが完全な律速段階ではないような条件が起り得るし，また確かにしばしば起っていることに注意しておく．このときの振舞いは上に挙げた

---

77) E. A. Guggenheim and J. Weiss, *Trans. Faraday Soc.*, **34**, 57 (1938)参照．

型の中間のものである.

　反応の遅い段階がエネルギー移行を含んでいるような状況のときは，活性化分子は大多数の反応物質と平衡にあるとはもはやみなせない．それ故系がエネルギー障壁を通過する正味の速度を計算する問題は，他の可能な方法は p. 327 に概説するけれども，シス-トランス異性化の研究[78] に使用される方法によって量子力学的に取扱うべきものである．

　律速段階の性質から全く離れても，もし過程が本質的に非断熱的であり，ポテンシャル・エネルギー面の交差があれば，単分子反応の透過係数は小さいであろう．完全に確立されたわけではないが，亜酸化窒素の熱分解の頻度因子の小さいことをこのように説明することができる (p. 336)．低い活性化エネルギーのシス-トランス異性化については，高圧においてさえ透過係数が小さいことが実験的に見出されているが，このこともまたポテンシャル・エネルギー面の交差に基づく考察の助けをかりて説明されている．

エネルギー移動

　反応物質の分子が正当な自由度に適当な量のエネルギーを獲得する機構は，すぐ上で見たように，これが低圧における律速段階となりうるので，ここで考察する必要がある．この課題に関するいくつかの情報は種々の原子または分子が会合反応の過剰エネルギーを除去するときの効率を考察することによって得られる．二原子の結合で生じた水素分子は，他の原子または分子との衝突によって振動エネルギーの一部が運動または他の形のエネルギーとして除去されるときだけ安定化することを第Ⅲ章で見た．ポテンシャル・エネルギー面（第24および25図）によれば，逆の過程，すなわちある分子の運動エネルギーの他の分子の振動エネルギーへの転換は同じように可能である．したがって単分子分解をうける反応物質の分子は衝突の際のエネルギーの移動と再配分との結果，そのエネルギーを獲得すると思われる．この見解はある種の気体が単分子反応の高圧速度を維持するのに特に有効であるという事実か

---

[78] J. L. Magee, W. Shand and H. Eyring, *J. Am. Chem. Soc.*, **63**, 677 (1941).

ら支持される．例えば水素が存在すれば，プロピオンアルデヒドや他のアルデヒド類およびエーテル類の分解速度は，たとえその反応物質の分圧が著しく低下しても，なお高いままである．一方，窒素またはヘリウムの添加は低圧で観測される反応速度の低下に比較的小さい影響しかない．添加気体の効果は種々の単分子反応について研究されたが，どれだけの量の気体を加えても，高圧における限界値以上にはその比速度を上げることができないことが見出されている．それ故添加された分子は化学反応全体に干渉するのではなく，その機能は活性化分子の平衡濃度を維持することであると思われる．しかしこれに関して最も有効な添加物質は解離する分子と相互作用するなんらかの傾向をもっているものであるといってよい（118頁参照）．このことについてすぐ後で少し詳しく考察したい．[79]

活性錯合体の形成に要する一つあるいはそれ以上の自由度へエネルギーを移動する際の種々の分子の相対的効率は次のようにして導かれる．A の単分子分解が，その実験条件下では A と認められるほどには反応をしない他物質 X の存在のもとで進行するものとしよう．つぎに活性錯合体の生成は平衡過程

$$A + A \rightleftarrows A^\ddagger + A$$

および

$$A + X \rightleftarrows A^\ddagger + X$$

において起る．これに対する正方向の速度はそれぞれ k_1 および k_X であり，逆方向の反応の速度は k_1' および k_X' である．つぎに活性錯合体の分解

$$A^\ddagger \to B + C$$

は前の通り比速度 k_2 で起る．前に与えた取扱い（290頁）と類似の取扱いによって，容易に

$$-\frac{dc_A}{dt} = k_2 c_\ddagger = k_2 \frac{k_1 c_A^2 + k_X c_A c_X}{k_1' c_A + k_X' c_X + k_2} \tag{80}$$

であることが見出される．X と A の濃度，すなわち c_X と c_A の変化にと

---

[79] J. Franck and A. Eucken, *Z. physik. Chem.*, B, **20**, 460 (1933) 参照．

もなう反応速度の変化から，衝突でエネルギーを移動する際の X 分子の効率を表わす k_X の値を計算することができる．これは A 分子自身の効率に対する k_1 と対比される．一酸化弗素,[80] 亜酸化窒素[81] およびアゾメタン[82] の単分子分解で得られた k_X/k_1 の結果のいくつかを第XXVII表に示す．

第XXVII表　単分子分解に際してエネルギー移動を行う気体の相対効率

添加気体	F_2O (250°C)	N_2O (653°C)	アゾメタン (310°C)
He	0.40	0.66	0.07
A	0.82	0.20	……
Kr	……	0.18	……
SiF_4	0.88	……	……
N_2	1.01	0.24	0.21
O_2	1.13	0.23	……
F_2	1.13	……	……
CO	……	……	0.13
CH_4	……	……	0.20
CO_2	……	1.32	0.25
H_2O	……	1.5	0.46
D_2	……	……	0.46

p. 292

添加気体が分解をうけるものと同じ型の分子であってもなんら特異性はなく，事実ある例では異種の添加気体が活性化分子の平衡濃度を維持するのに一層有効でさえあることをこの数値は示している．エネルギー移動の効率は概して不活性気体が最低である．このことは118頁での議論のように，それらが反応物質と化学的に結合する傾向をもたないことから予期されることである．

活性錯合体の平衡濃度を維持し，したがって単分子反応速度の低下を防ぐ添加気体の性質が，それらのエネルギーの一部を反応分子の振動エネルギーに移動する能力に帰せられるならば，この点に関する効率と会合反応の過剰エネルギーの除去に対する効率との間には，ある種の平行性が期待されるは

---

80) W. Koblitz and H. J. Schumacher, 同誌, B, **25**, 283 (1936).
81) M. Volmer et al., 同誌, B, **19**, 85 (1932); B, **21**, 257 (1933); B, **25**, 81 (1934).
82) D. V. Sickman and O. K. Rice, *J. Chem. Phys.*, **4**, 608 (1936).

ずである．会合過程

$$A + B + X \rightarrow AB^{\ddagger} + X \rightarrow AB + X^*$$

に対しても，その逆の単分子反応

$$AB + X^* \rightarrow AB^{\ddagger} + X \rightarrow A + B + X$$

と同じポテンシャル・エネルギー面が適用される．ただし X^* は比較的多量の並進エネルギー* をもつ添加分子を表わす．したがって添加分子が与えられた分子中で並進エネルギーと振動エネルギーとの交換を引き起す能力は両方向に作用するに違いないということになる．ゆえにハロゲン原子の結合を容易にする種々の気体の相対的効率を吟味することは興味がある．その実験結果を第XXVIII表[83]）に示す．

第XXVIII表　ハロゲン原子の結合の触媒になる気体の相対的効率

	He	A	H_2	N_2	O_2	CH_4	CO_2
臭　素	1.00	1.68	2.85	3.25	4.10	4.65	7.15
沃　素	1.00	1.94	2.16	3.60	5.67	6.57	9.85

第XXVIII表におけるように不活性気体は，予期された通り効果は最小であることがわかる．もちろん二つの相反する方向におけるエネルギー移動の効率に対する結果の間の正確な平行性は，同じ反応を両方の場合について考察しない限り，期待することができない．第XXVII および XXVIII表の結果の間の一般的な類似性は充分に明確な意義をもっている．

分子の衝突によるエネルギー移動の別な様子が高振動数の音の分散に対する添加気体の影響に関連して見出されている．音速が振動数に依存する原因は外部すなわち並進の自由度と内部すなわち振動の自由度との間のエネルギー交換の速度がおそいことであるとされる．音速の分散をさまたげる際の添加気体の影響は必然的にエネルギー移動の効率の尺度とみなされる．音速が

---

* もし X が原子であるならば，そのエネルギーは純粋に並進的のものであろう．しかしもしそれが分子であるならば，過剰エネルギーはある程度までは他の自由度の中にもあり得る．

83) E. Rabinowitch and W. C. Wood, *Trans. Faraday Soc.*, 31, 689 (1935); 32, 907 (1936); *J. Chem. Phys.*, 4, 497 (1936).

研究された気体について，これらの相対的効率のいくつかの実験値[84]を第XXIX表に載せる．

第XXIX表　音の分散の値から得られたエネルギー移動の際の気体の相対的効率

添加気体	塩素	亜酸化窒素	二酸化炭素
N_2	0.88	………	………
A	1.1	………	1.0
He	33.3	3.3	33.3
D_2	………	12.5	………
H_2	50	9.1	125
CO	107	1.6	………
CH_4	200	6.7	25
HCl	200	………	500
NH_3	………	12.5	………
H_2O	………	………	2,000

不活性気体はやはり比較的効果が小さいが，ヘリウムの影響はあるときには予想以上に大きい．それでも添加気体と音速が測定される気体の間で反応
p. 294
が起る傾向のあるときには，添加気体の効率は比較的高い．注意すべきことは音の分散からの結果と化学反応速度からの結果との間に多少の食い違いが期待されないことはないことである．これは前者の場合温度が低く，大抵の分子が低いエネルギー状態にあるからである．ゆえにこの系はポテンシャル・エネルギーの谷の遙か下方を運動する質点で表わすことができ，添加気体の反応性があまり高くなければ，ポテンシャル・エネルギー面のこの領域内ではそれ程の彎曲はないであろう．これらの条件におけるエネルギー移動の効率と高温で見出される反応性との間の一般的な関係についてはそれ故ここでは前ほどはっきりわからないかも知れない．

原子または分子 X が二原子分子 AB に接近する最も簡単な場合にはエネルギーの移動は，分子が充分近づいて，系がポテンシャル・エネルギー面の曲った領域内にあるときに起る．このとき分子 AB は振動的に励起され，

---

84) A. Eucken, *Oester. Chem.-Ztg.*, 1 (1935); O. Oldenberg and A. A. Frost, *Chem. Rev.*, 20, 99 (1937); E. Patat, *Z. Elektrochem.*, 42, 265 (1936) を見よ．

Xはそれに相当した量のエネルギーを失う．これはXが原子であるならば，専ら並進エネルギーである．反応分子が多原子分子である場合はこの振動エネルギーは，活性錯合体が形成される前に，多くの可能なものの中の一つか二つの特別な結合に入らねばならない．このような場合には，多次元ポテンシャル・エネルギー面を用い，問題になっている結合に対応する領域の曲率を考察することが必要であろう．この議論から添加気体の効果は分子全体とよりもむしろ切断されるはずの特定の結合との反応性に関係づけられるものと推測される．

現在の観点からは低圧領域での全体としての反応速度をきめる活性化速度は衝突系の全エネルギーの函数であると期待される．このエネルギーが大きい程その系は活性化状態へ進むことが容易であろう．活性化の確率は系が通過しなければならないエネルギー E に対応した間隙の幅に依存する．第75図が鞍部におけるポテンシャル・エネルギー面の断面を示すものとし，E_0

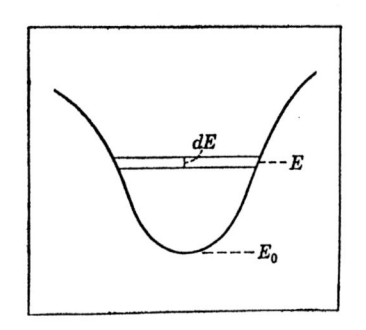

第75図　鞍部におけるポテンシャル・エネルギー面の断面

は活性化状態の形成に必要な最小エネルギーであるとしよう．間隙の幅は E と E_0 とのエネルギー差に関係し，これは $(E-E_0)^n$ の形の式で表わされる．$E-E_0$ の値が小さくて振動が調和的であるときは，n は 0.5 であるが，それは E の増加とともに大きくなる．ゆえに289頁の速度定数 k_1 に含まれる因子の一つである活性化の確率 P は，一般に E と $E+dE$ との間のエネルギーに対して

単分子反応におけるエントロピー変化

$$P \infty (E-E_0)^n dE \qquad (81)$$

で与えられる．それ故 E_0 と E との間のエネルギーをもつ分子に対する全確率は

$$\int_{E_0}^{E}(E-E_0)^n dE \propto (E-E_0)^{n+1} \qquad (82)$$

で与えられ，これは293頁の(72)式に比較される．活性錯合体の形成速度，したがって反応速度をきめるためには，確率 $(E-E_0)^n dE$ を E_0 と無限大との間のすべてのエネルギーにわたって積分する必要があろう．非平衡条件下のエネルギー分布あるいはあるエネルギー範囲にわたる n の値について何も知られていないのであるから，なんらかの基本的な仮定を導入しないで，結果を定量的に吟味することは不可能と思われる．

単分子反応におけるエントロピー変化

比反応速度を k とすると，単分子反応の速度は kc_A で表わすことができるから，(77)式から

$$k = \frac{kT}{h} \cdot \frac{F^{\ddagger}}{F_A} e^{-E_0/RT} \qquad (83)$$

$$= \frac{kT}{h} K^{\ddagger} \qquad (84)$$

$$= \frac{kT}{h} e^{-\Delta H^{\ddagger}/RT} e^{\Delta S^{\ddagger}/R} \qquad (85)$$

となり，$\Delta H^{\ddagger}$ を実験的活性化エネルギーでおき換えると，(85)式は〔205頁(177)式参照〕

$$k = \kappa e \frac{kT}{h} e^{-E_{\exp}/RT} e^{\Delta S^{\ddagger}/R} \qquad (86)$$

p. 296

になる．ここでは前にははぶいた透過係数 κ を入れた．第I章で，単分子反応の活性錯合体は初めの状態に似ていることが予想されると述べた．したがって活性化エントロピーは一般に小さいはずである．この結論は別の言い方をすれば，頻度因子 A は 10^{13} から $10^{14}\,\text{sec}^{-1}$ の数位のはずであるということである．単分子反応の比速度は濃度の単位に無関係であるから，これ

らは頻度因子と関連して述べられるものではなく，また $\Delta S^{\ddagger}$ は標準状態に無関係である (205頁を見よ) ことに注意すべきである．最近の研究から連鎖反応や他の複雑な反応をともなわない単純な単分子反応は稀れであると考えられるが，第XXX表の結果[85] は予想と一致するものと考えられる．

第XXX表 単分子気相反応におけるエントロピー変化

分解分子	温度, °K	A, sec^{-1}	E, kcal	$\Delta S^{\ddagger}$, E.U.
N_2O_5	300	4.8×10^{13}	24.7	-2.5
$CH_3 \cdot O \cdot CH_3$	780	1.6×10^{13}	58.5	2.5
$n\text{-}C_3H_7 \cdot O \cdot NO$	500	2.7×10^{14}	37.7	3.0
$CH_3 \cdot N_3$	500	3.0×10^{15}	43.5	8.2
C_2H_5I	550	1.8×10^{13}	43.0	-1.2
$CH_3 \cdot N:N \cdot CH_3$	600	8.0×10^{15}	50.0	10.8
$(CH_2)_2O$	700	6.3×10^{14}	52.0	5.5
$SiMe_4$	950	1.7×10^{14}	78.8	2.2

第XXX表の $\Delta S^{\ddagger}$ の値の計算においては透過係数 κ を1と仮定してあるが，反応速度が非常に大きいと思われるので，このように近似することは正当である．しかし多くの場合 10^{10} またはこれ以下の数位の頻度因子も観測されている．これらの低い値は，295頁に説明した理由で，しばしば小さい透過係数に起因しているが，その他の例では活性化の過程がエントロピーの相当の減少をともなうことが可能である．例えばエチリデンジアセテートや一般式が $R \cdot CH(O \cdot CO \cdot R)_2$ である他のエーテル類の分解[86] では，透過係数を1と仮定して，活性化エントロピーが -10 から -18 E.U. になることが計算されている．これらの反応では，活性錯合体はもとの分子よりも多くの結合をもっており，したがって

---

85) H. J. Schumacher, "Chemische Gasreaktionen," T. Steinkopf, 1938; Patat, 参考文献 84 からの数値．
86) C. C. Coffin, Can. J. Res., 5, 636 (1931); 6, 417 (1932).

$$\begin{matrix} H & O\cdot CO\cdot R' \\ & C \\ R & O\cdot CO\cdot R'' \end{matrix} \rightarrow \begin{matrix} H & O\cdots\cdots O \\ & C\quad\quad C \\ R & O\quad R' \\ & CO\cdot R'' \end{matrix} \rightarrow \begin{matrix} H & CO\cdot R' \\ & CO+O \\ R & CO\cdot R'' \end{matrix}$$

　　初めの状態　　　　活性化状態　　　　　終りの状態

となるので，初めの状態の内部廻転の三つの自由度が活性状態では振動になる．このような変化はエントロピーの減少をともなうであろう．これはもちろん反応分子よりも活性錯合体の方がその運動に大きな制限をもつことと一致している．環の破壊[87]を含み，したがってエチリデンジアセテートの分解の逆の型の反応とみなされる反応は比較的大きいエントロピーの増大をともなうことを述べておくのは興味があることである．酸化エチレンおよびトリオキシメチレンの分解に対する $\Delta S^{\ddagger}$ の値はそれぞれ +7.5 および +17.5 E. U. である．メチルラジカルの生成を含むある種の反応，例えばアゾメタンの分解の高い活性化エントロピーはメチルラジカルのもつ多量の廻転エネルギーに由来する．

---

87) H. C. Ramsperger, *J. Am. Chem. Soc.*, **49**, 912, 1495 (1927); O. K. Rice and H. Gershinowitz, *J. Chem. Phys.*, **3**, 479 (1935).

Eyring, H.: The Theory of Rate Processes. I

1964年8月15日　第1刷発行
1974年7月15日　第6刷発行　　定価 3,000 円

訳　者　　　　　　平　井　西　夫　他

発　行　京都市左京区田中門前町　株式会社 吉　岡　書　店
　　　　　　　　　　　　　　　　　　　吉　岡　　清

組版・天業社／印刷・桜井印刷／製本・池田製本

絶対反応速度論(上) [POD版]

2000年2月15日	発行
著　者	アイリング著
訳　者	長谷川繁夫・平井西夫・後藤春雄
発行者	吉岡　　誠
発　行	株式会社 吉岡書店 〒606-8225 京都市左京区田中門前町87 TEL 075-781-4747 FAX 075-701-9075
印刷・製本	ココデ印刷株式会社 〒173-0001 東京都板橋区本町34-5

ISBN978-4-8427-0278-0　　　Printed in Japan

本書の無断複製複写(コピー)は、特定の場合を除き、著作者・出版社の権利侵害になります。